完全独習
現代の
宇宙物理学

Modern Astrophysics
Jun Fukue

福江 純

講談社

はじめに

　現代の宇宙物理学は，小は素粒子や生命の起源から大は宇宙全体の構造や起源まで，取り扱う範囲は膨大で奥行きも果てしないところまで拡がってしまった．数式を用いない解説書でさえ，宇宙物理学全体を網羅して紹介するのは大変だし，ましてや数式も多用する教科書となると，宇宙物理学全体をていねいに描くためには10数冊のシリーズになる．さらには観測技術の進歩や理論的な手法の進展によって，10年単位で宇宙に関する理解は深まり，新しい発見や知見で古い概念は塗り替えられてきている．たとえば，宇宙の年齢がほぼ確定したのも21世紀に入ってからだし，冥王星が惑星から外されたのも近年だし，つい最近は系外惑星のリストがついに1000個を超えた．

　本書は，このような現代の宇宙物理学を，比較的身近な太陽系から星・銀河・宇宙の順に，数式や図版を多用しながらも，できるだけわかりやすく，ていねいに解説しようと試みたものだ．宇宙物理学の本質を理解するため，文章と図版だけで説明する一般向けの解説書と異なり，微分方程式や積分なども含め，数式もためらわずに使っている．難易度が高い部分は結果だけ示したところもあるが，高校数学のレベルでも解けそうな部分は，できるだけ数式をきちんと解いて途中経過を示し，結果まで導くようにした．現代の宇宙物理学には，さまざまな物理過程が関与しており，それらが複雑に絡み合っているので，一筋道で理解できるというものでもないが，行ったり来たりしながらも一つひとつ理解していってもらえればと思う．

　本書の構成は以下のようになっている．まず第1章では単位や座標などの基礎的用語と，重力・流体・輻射という宇宙物理学を理解するために必要な基礎物理について，概要をまとめておいた．輻射輸送や降着流など，宇宙物理学特有の基礎物理については，それらが必要な章で説明してある．第2章以降は，まず太陽系の惑星（第2章）と太陽（第3章）からスタートし，恒星の観測（第4章）と形成（第5章）と内部構造（第6章）と進化（第7

章)まで,星を中心とする内容がつづく.そして連星と降着円盤(第8章)と天体降着と天体風(第9章)に変化し,天の川銀河(第10章)と銀河および活動銀河(第11章)へと進んで,宇宙全体(第12章)と系外惑星(第13章)で締めくくった.また,付録では,本書で使用している定数表(付録A)や参考文献(付録C)をまとめてある.紙数の関係で,定数表など以外の付録(付録B)はweb版(http://quasar.cc.osaka-kyoiku.ac.jp/~fukue/lecture/astronomy/appendix_B.pdf)とした.

なお,数式の導出などを含め,できるだけ踏み込んだ解説をするために,比較的よく知られている天体現象の説明はかなり切り詰めた.にもかかわらず,現代の宇宙物理学はあまりにも広範なので,前著『完全独習 現代の宇宙論』に詳細に書いたことなどを中心に割愛した話も多い.しかし従来の入門書とはひと味違ったレベルで,現代の宇宙物理学のほぼ全容を描けたのではないかと考えている.

本書が宇宙に関心をもつ多くの方々の役に立てば幸いである.

著者

目次

はじめに　*iii*

第 1 章　基礎概念　Fundamental Concepts　*1*

1.1　単位と次元　unit and dimension *1*
1.2　天球座標と時刻システム　celestial coordinates and time system *11*
1.3　重力と自己重力　gravity and self-gravity *16*
1.4　流体と圧力　fluid and pressure *19*
1.5　電磁波と輻射　electromagnetic wave and radiation *24*
1.6　天体の階層と宇宙の歴史　astronomical scale and cosmos history *37*
1.7　専門用語　technical terms and jargons *39*

第 2 章　太陽系と惑星　Solar System and Planets　*43*

2.1　太陽系の諸天体　planets and other objects *43*
2.2　ケプラーの法則　Kepler's law *51*
2.3　惑星の楕円軌道　planet elliptic orbit *55*
2.4　慣性力としての遠心力　centrifugal force *59*
2.5　惑星の大気構造　planetary atmosphere *61*
2.6　地上での太陽光　sunlight *65*
2.7　温室効果　greenhouse effect *68*
2.8　惑星の内部構造　planet internal structure *71*
2.9　太陽系の起源　origin of the Solar System *78*

第 3 章　太陽物理学　Solar Physics　*85*

3.1　太陽表面現象　solar phenomena *85*
3.2　太陽放射スペクトル　solar spectrum *90*

- 3.3 平均自由行程と光学的厚み　mean free path and optical depth ... *92*
- 3.4 周縁減光効果　limb-darkening effect ... *94*
- 3.5 太陽コロナ　solar corona ... *97*

第4章　恒星物理学　Stellar Astrophysics　*104*

- 4.1 星の等級と光度　magnitude and luminosity ... *104*
- 4.2 星のスペクトル分類　spectral classification ... *108*
- 4.3 ヘルツシュプルング・ラッセル図（HR図）　HR diagram ... *110*
- 4.4 主系列星の物理量　physical quantities ... *112*
- 4.5 スペクトル線の形成　formation of spectral lines ... *114*
- 4.6 恒星大気と輻射輸送　stellar atmosphere and radiative transfer ... *119*

第5章　星間物質と星の形成　Star Formation　*128*

- 5.1 星間物質　interstellar matter ... *128*
- 5.2 星間分子　interstellar molecule ... *132*
- 5.3 重力不安定（ジーンズ不安定）　gravitational instability ... *135*
- 5.4 原始星と林フェイズ　protostar and the Hayashi phase ... *140*

第6章　星の構造　Stellar Structure　*151*

- 6.1 レーン・エムデン方程式　Lane-Emden equation ... *151*
- 6.2 エネルギーの発生と輸送の釣り合い　energy balance ... *161*
- 6.3 吸収係数とロスランド不透明度　absorption coefficient and Rosseland opacity ... *168*
- 6.4 核融合反応　nuclear reaction ... *176*
- 6.5 主系列星の内部構造と質量光度関係　main sequence star ... *180*

第7章　星の進化と終末　Stellar Evolution　*188*

- 7.1 赤色巨星と進化の最終段階　red giant and stellar death ... *188*
- 7.2 超新星と超新星残骸　supernova and SNR ... *198*
- 7.3 白色矮星　white dwarf ... *201*
- 7.4 中性子星　neutron star ... *207*
- 7.5 ブラックホール　black hole ... *212*
- 7.6 星とガスの輪廻　recycle ... *218*

第8章　連星系天文学と降着円盤　Binary and Accretion Disk　*220*

- 8.1　連星の構造とその種類　binary and its types *220*
- 8.2　連星系力学：一般化されたケプラーの第3法則　generalized Kepler's third law.. *222*
- 8.3　近接連星とロッシュ・ポテンシャル　Roche potential *227*
- 8.4　降着円盤の形成と構造　accretion disk *232*
- 8.5　激変星　cataclysmic variable *239*
- 8.6　X線連星　X-ray binary *242*
- 8.7　ブラックホール連星　black hole binary *244*
- 8.8　宇宙トーラス　astrophysical torus *246*

第9章　天体降着流と天体風　Accretion and Wind　*254*

- 9.1　定常球対称流：連続の式とベルヌーイの式　spherical flow *254*
- 9.2　自由落下流と等速風　freefall flow and constant wind..................... *260*
- 9.3　ボンヂ降着と太陽風　Bondi accretion and solar wind..................... *261*
- 9.4　エディントン降着　Eddington accretion *264*
- 9.5　宇宙ジェット　astrophysical jets *268*

第10章　銀河系天文学　Galactic Astronomy　*272*

- 10.1　銀河系の構造　structure of the Galaxy *272*
- 10.2　銀河円盤の鉛直構造　vertical structure of disk galaxy *273*
- 10.3　球状星団　globular cluster *276*
- 10.4　銀河系中心いて座A*　Sagitarius A* *279*
- 10.5　電子・陽電子対消滅事象　pair annihilation event....................... *282*

第11章　銀河と銀河活動　Active Galaxy　*288*

- 11.1　銀河のハッブル分類　Hubble classification *288*
- 11.2　円盤銀河の回転曲線　rotation curve of disk galaxy *290*
- 11.3　活動銀河とクェーサー　active galaxy and quasar *292*
- 11.4　活動銀河の宇宙ジェットと超光速運動　superluminal motion *298*
- 11.5　超大質量ブラックホール　supermassive black hole *307*
- 11.6　銀河団　cluster of galaxies *312*
- 11.7　重力レンズとダークマター　gravitational lens and dark matter *315*

第12章　宇宙論　Cosmology　*322*

12.1　ハッブルの法則と宇宙の膨張　Hubble's law and expansion of universe *322*
12.2　宇宙背景放射　Hubble classification *324*
12.3　ビッグバン宇宙モデル　big bang model *326*
12.4　ダークエネルギーと宇宙の内容物　dark energy *331*

第13章　宇宙と生命　Astrobiology　*334*

13.1　系外惑星　exoplanet *334*
13.2　ハビタブルゾーン　habitable zone *339*
13.3　銀河ハビタブルゾーン　galactic habitable zone *342*

付録* Appendix　*346*

付録A　付表 *346*
付録C　参考文献 *353*

おわりに　*354*

索引　*355*

＊ 付録Bはweb版 (http://quasar.cc.osaka-kyoiku.ac.jp/~fukue/lecture/astronomy/appendix_B.pdf) とした.

第 1 章

Fundamental Concepts
基礎概念

　宇宙の環境は一般に地上とは大きく異なっているため，地上ではメジャーなものが宇宙ではマイナーだったり（地上には固体物質が多いが宇宙ではガス物質が多い），地上では取るに足らない現象が宇宙では重要だったりする．また天文学特有の単位システムもある．そこで本章では，天体現象を解き明かすための基礎的な概念について整理しまとめておこう．

1.1　単位と次元　unit and dimension

　大きい数字のことを天文学的数字ということがあるように，天文学では，日常のスケールとは甚だしくかけ離れた，きわめて大きな数字を扱うことが多い．天文学者だって血の通った人間だから，あまり大きな数字は扱いたくないので，天文学で使う単位も扱いやすいように工夫されてきた．

　日常使われる**国際単位系／SI 単位系**[*1]では，長さ（m），質量（kg），時間（s），電流（A），温度（K），物質量（mol），光度（cd）の 7 基本単位を使う（1960 年の国際度量衡総会で策定）．古い学問である天文学では，一昔前の **cgs 単位系**［長さ（cm），質量（g），時間（s）］もよく使う（付録 A）．

■**(1) 長さの単位**
　国際単位系 SI では長さの基本単位は**メートル** m（meter）[*2] で，cgs 単位系

[*1] インターナショナルシステムで IS 単位系になりそうな気がするが，フランスが作ったメートル法がベースになっており，原綴りがフランス語の Système international d'unités なため．
[*2] ギリシャ語の $\mu\acute{\epsilon}\tau\rho o\nu$ = metron（尺度，測定する）から，フランス語の mètre になり，英語へ転化した．

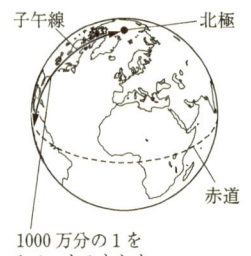

図 1.1 メートル法.メートル法を採用していない国は,ほぼアメリカ合衆国のみ(リベリアとミャンマーは移行中).

ではセンチメートル cm (centimeter) である.光の波長などでは,ナノメートル nm ($= 10^{-9}$ m) やオングストローム Å ($= 10^{-10}$ m) も併用する.

SI のもとになった"メートル法"は,フランスで 1789 年に提唱,1799 年に公布されたもので,地球の周囲がキリのいい 4 万 km になるような長さとして人為的に決めた尺度だ(図 1.1).しかし技術が進展し測定精度が上がると,たとえば光速の値の有効数字がどんどん長くなるなど不具合が生じてきた.そこで現在では自然そのものの性質を基準に単位を決める方向だ.

具体的には,長さについては,1983 年に策定された現在の定義では,1 m は光が真空中を 2 億 9979 万 2458 分の 1 秒間に進む距離に等しいとする:

$$1 \text{ m} = 真空中の光速度 \times 1/299792458 \text{ 秒}. \tag{1.1}$$

この結果,真空中の光速度は定義値となる:

$$真空中の光速度\ c = 299792458 \text{ m s}^{-1}. \tag{1.2}$$

しかし,天体は非常に遠くにあり,メートルで表すと大きな数になってしまう.天体間の距離に見合った単位として作られたのが,"天文単位","光年","パーセク"などである.

天文単位 AU (astronomical unit) は,太陽と地球の平均距離で,

$$1 \text{ 天文単位 (1 AU)} = 1.49597 \times 10^{11} \text{ m} \tag{1.3}$$

1.1 単位と次元　unit and dimension

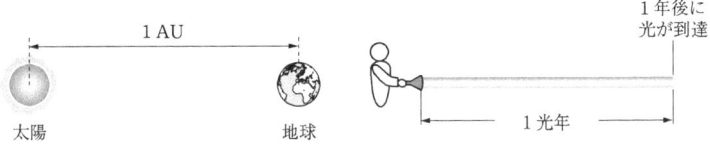

図 **1.2**　1 天文単位と 1 光年.

とする（図 1.2）．太陽系の広がり程度のスケールでは，天文単位がよく使われる．冥王星軌道の半径は 6×10^{12} m だというよりは，冥王星軌道の半径は約 40 天文単位だといった方が，太陽系のイメージが浮かびやすい．

星の世界になると天文単位でも表しにくく，光が何年かかって到着するかという距離単位の**光年** ly（light year）がよく使われる：

$$1 \text{光年} = \text{光速度} \times 1 \text{年} = 9.46 \times 10^{15} \text{ m} \tag{1.4}$$

（1 AU のざっと 10 万倍と覚えるとよい）（図 1.2）．たとえば，太陽を除いて地球にもっとも近い恒星であるケンタウルス座 α 星までの距離は約 4.3 光年だし，銀河系の直径はだいたい 10 万光年で，さらにお隣のアンドロメダ銀河 M31 までの距離は約 230 万光年になる．

最後のパーセクというのは，観測的な要請から専門的に作られた単位で，少しわかりにくい．地球軌道の半径（1 天文単位）から星を見込むときの角度を**年周視差**（annual parallax）というのだが（図 1.3），この年周視差が角度

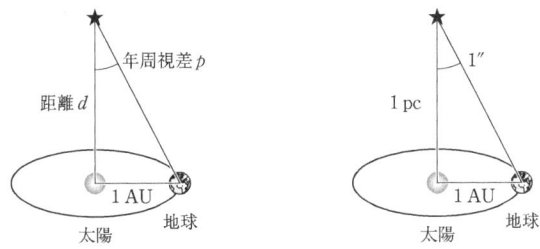

図 **1.3**　年周視差と 1 パーセク.

で 1″（= 1 秒角 = 1/3600°）になる天体までの距離を 1 **パーセク** pc（parsec）*3 と定義する．具体的には，

$$1 \text{ pc} = 3.26 \text{ 光年} = 3.09 \times 10^{16} \text{ m} \tag{1.5}$$

である．パーセクを使えば，ケンタウルス座 α 星までの距離は約 1.3 pc で，アンドロメダ銀河 M31 までの距離は約 0.7 Mpc（メガパーセク）になる．

■**(2) 質量の単位**

国際単位系 SI では質量の基本単位**キログラム** kg（kilogram）*4 で，cgs 単位系では**グラム** g（gram）*5 になる．

星などの天体は質量が大きいので，kg などでは大きな数になってしまう．ならば，星自身を質量の単位にしてしまおうということで，母なる太陽の質量——**太陽質量**（solar mass）と呼ぶ——を単位として測る：

$$1 \text{ 太陽質量} = 1.99 \times 10^{30} \text{ kg} = 1.99 \times 10^{33} \text{ g}. \tag{1.6}$$

さらに，いちいち，"太陽質量"（英語だと "solar mass"）と書くのも煩わしい．そこで，太陽質量を表す単位記号は，質量（mass）を意味する M*6 に太陽を意味する天文記号 ⊙ を添え字で付けて，

$$M_\odot$$

[*3] 英語の parsec は，parallax（視差）と second（秒）を合成した言葉．

[*4] 現行の kg の定義は，キログラム原器という人工物に依存している．しかし，光速を定義値にして長さを決めたように，プランク定数を定義値にして質量の単位を決めることが提案されており，2014 年の国際度量衡総会で，将来の改訂に盛り込まれることが決議された．

[*5] 言葉の由来は，ギリシャ語の $\gamma\rho\alpha\mu\mu\alpha$ = gramma（文字，小さな重さ）からフランス語の gramme になり，英語の gram へ変化した．余談だが，日本語の 1 貫（= 3.75 kg）は，"裸一貫" というように，生まれたばかりの赤ん坊の重さから．

[*6] トリビア的なことをいうと，科学論文では通常の文字は立体（M など）で表し，変数はイタリク／斜字体（M など）で表すというルールがある．このルールは添え字にも適用され，初期値（initial value）を表す i を添え字にした変数は x_i となるが，i 番目の変数は x_i となる．単位記号は変数ではなく通常の文字の扱いなので，メートルの m もパーセクの pc も立体で，したがって太陽質量も M$_\odot$ が正しいのだが，慣用的にイタリクの $M_\odot$ もよく使う．

としている[*7].たとえば,われわれの銀河系の質量は,星などの目に見えている質量がだいたい,2×10^{44} g $= 10^{11} M_\odot$ ということになる.

■**(3) 時間の単位**

国際単位系 SI でも cgs 単位系でも,時間の基本単位は**秒** s (second) になる.秒の上の単位で 1 時間を 60 分割した単位が**分** (minute) だ[*8].角度でも分や秒を使うが,順序としては,角度の 1° を 60 分割していった minute (分) と second (秒) が先で,それが時間にも使われるようになった.

年や月や日などの時間単位は,もともとは,太陽や月や地球の周期的な動きをもとに定められた.そして,60 進法で数えて,1 日を 24 に分割したものが 1 時間,1 時間を 60 に分割したものが 1 分,そして 1 分を 60 に分割したものが 1 秒だった.しかし,長年の間には太陽や地球の運動は少しずつ変動するので,1 秒の長さも変動してしまう.そこで現在では原子的な指標をもとに 1 秒を定義している.すなわち現在使用されている**原子時** (atomic time) の 1 秒は,セシウム 133 (^{133}Cs) 原子のある特定の遷移で放射される光の 9192631770 周期の継続時間と定義されている:

$$1 \text{ s} = {}^{133}\text{Cs 原子の}$$
$$\text{超微細準位遷移の放射の 9192631770 周期の継続時間.} \quad (1.7)$$

太陽のまわりを回る地球の公転にもとづいた時間単位が**年** (year) だ[*9]:

$$1 \text{ 年} = 3.16 \times 10^7 \text{ s}. \quad (1.8)$$

天文学では年単位の現象も多い.宇宙の年齢は約 4×10^{17} s だというよりは,宇宙の年齢は約 138 億年だといった方が,感覚的にまだ把握できるだろう.

[*7] 系外惑星がたくさん発見されている昨今では,木星質量 $M_{\rm J}$ や地球質量 $M_\oplus$ もよく目にするようになった.

[*8] 漢字の秒という字は"稲の穂先"の意味から,転じて,微小なものの意味になった.また分という字は"刀で切りわける"という意味の会意形声文字.英語の minute は中世ラテン語の minuta prima (第 1 の小さな部分) に由来する.すなわち,60 進法で分割したとき,最初の 60 分の 1 の部分を意味する.さらにつぎの 60 分の 1 の分割,minuta secunda (第 2 の小さな部分) から second が生まれた.

[*9] この"年"という漢字は,もとは稲の穂が実るという意味の字で,それから転じて,実る周期である 1 年という時間の単位へ転用されるようになった.

■(4) 力とエネルギーと光度

　国際単位系 SI での力の単位は**ニュートン** N（newton）で，cgs 単位系では**ダイン** dyn（dyne）となる*10：

$$1 \text{ N} = 1 \text{ kg m s}^{-2} = 10^5 \text{ dyn}. \tag{1.9}$$

　国際単位系 SI でのエネルギーの単位は**ジュール** J（joule）で，cgs 単位系では**エルグ** erg（erg）となる*11：

$$1 \text{ J} = 1 \text{ kg m}^2 \text{ s}^{-2} = 10^7 \text{ erg}. \tag{1.10}$$

　X 線天文学など高エネルギー分野でよく使われる**電子ボルト** eV（electron volt）は，1 個の電子を 1 ボルトの電位差で加速したときに電子の得る運動エネルギーである：

$$1 \text{ eV} = 1.602 \times 10^{-19} \text{ J}. \tag{1.11}$$

　X 線領域では，電磁波の波長や振動数の代わりに，しばしば keV（キロ電子ボルト）などで測った光子のエネルギーを用いる．光子の振動数 ν にプランク定数 h（$= 6.626 \times 10^{-34}$ J s）を掛けたものが光子のエネルギーなので，$h\nu = 1$ keV のエネルギーに相当する振動数 ν と波長 λ は，

$$\nu = 2.42 \times 10^{17} \text{ Hz}, \tag{1.12}$$
$$\lambda = 1.24 \times 10^{-9} \text{ m} = 1.24 \text{ nm} \tag{1.13}$$

になる（$\nu\lambda = c$）．だいたい 1 keV 〜 1 nm で換算すると覚えやすい．

　さらに，国際単位系 SI で，**放射率／光度**（luminosity）――単位時間あたりに放射されるエネルギー――の単位は**ワット** W（watt）になる*12：

$$1 \text{ W} = 1 \text{ J s}^{-1} = 10^7 \text{ erg s}^{-1}. \tag{1.14}$$

---

*10 N の由来は，もちろんアイザック・ニュートン（Sir Isaac Newton；1642〜1727）から．dyn の方はギリシャ語の $\delta\acute{\upsilon}\nu\alpha\mu\iota\varsigma$ = dynamis（力）から．

*11 J の由来はイギリスの物理学者ジェームズ・ジュール（James Joule；1818〜1889）から．erg の方はギリシャ語の $\acute{\epsilon}\rho\gamma o\nu$ = ergon（働き，仕事，活力）から．

*12 蒸気機関で有名なイギリスの発明家ジェームズ・ワット（James Watt；1736〜1819）から．

天文学では，**太陽光度** $L_\odot$（solar luminosity）もよく使う：

$$1L_\odot = 3.85 \times 10^{26} \text{ J s}^{-1} = 3.85 \times 10^{33} \text{ erg s}^{-1}. \tag{1.15}$$

■**(5) 温度の単位**

日常的に使う**摂氏温度**（centigrade/Celsius）は，よく知られているように，水の凝固点と沸点をそれぞれ 0°C，100°C として，その間を 100 等分したものだ[*13]．一方，科学の世界では，あらゆる揺らぎがなくなりエントロピーが 0 となる理想的な極限を 0 度とする**絶対温度** K（absolute temperature）を使う[*14]．

絶対温度の 1 度の目盛りは摂氏温度と同じである．摂氏温度（°C）と絶対温度（K）の換算は，以下のようになる：

$$\text{K} = {}^\circ\text{C} + 273.15. \tag{1.16}$$

■**(6) 角度の"単位"**

宇宙の彼方にある天体は，距離がわからないことが多いので，しばしば天体を見込む**角度**（angle）が，天体の見かけの大きさを見積もる上での重要な測定量になる．角度を測る方法には，円周を 360° に分割する度数法と，2π ラジアンに分割する弧度法がある．

度数法では，「°（度），′（分角），″（秒角）」という"単位"[*15]を使って，円周を 360° に分割し，1° を 60′（60 分角）とし，さらに 1′ を 60″（60 秒角）とする（図 1.4）．時間のところで書いたように，この分割から，minute や second が生まれた[*16]．

[*13] 単位記号の °C は，スウェーデンの天文学者アンデルス・セルシウス（Anders Celsius；1701〜1744）に由来する．単位記号に "°" が付いているのは，すでに電荷の単位として使われていた C（クーロン）と区別するため．

[*14] 絶対温度の単位記号 K は，ケルビン卿（Lord Kelvin），本名ウィリアム・トムソン（William Thomson；1824〜1907）に由来する（この場合，"°" は決して付けない）．

[*15] 角度は（長さや質量のような）次元をもった量ではないので，本来は単位（次元）をもたない．ただし，ここでは慣例に従って，角度の"単位"としておく．

[*16] ちなみに，人間の正常な目の分解能がだいたい 1′（1 分角）ぐらいだ．視力表の下の方の視力 1 の欄にあるスキマのある環（ランドルト環という）を標準の 5 m の位置から見た

第 1 章 基礎概念　Fundamental Concepts

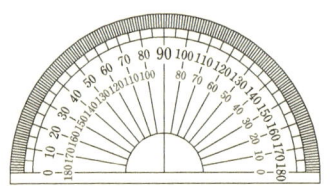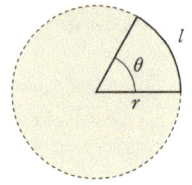

図 **1.4**　度数法と弧度法.

日常的には，秒角はもちろん分角さえ使わないが，天文学の世界では，望遠鏡の分解能が非常によくなってきたため，秒角よりももっと細かい構造が見えるようになってきた．そこで，見かけの大きさが小さい天体に対しては，**ミリ秒角** mas（milliarcsecond）や**マイクロ秒角** μas（microarcsecond）を使う：

$$1 \text{ ミリ秒角} = 10^{-3} \text{ 秒角} = (1/60000) \text{ 分角} = (1/3600000)°, \quad (1.17)$$
$$1 \text{ マイクロ秒角} = 10^{-6} \text{ 秒角} \quad (1.18)$$

たとえば，太陽を見込む角度，**視直径**は約 32.0′ で，月の視直径は約 31.1′ になる．

　弧度法の方は，角度が次元をもたない量だという観点から作られた"単位"だ．円周の一部——弧（arc）——を考えてみよう（図 1.4）．円の半径 r と弧の長さ l が与えられれば，弧を見込む角度 θ は必ず一意に定まる．そこで，弧の長さ l と半径 r の比率として角度 θ を定義してしまうのが弧度法だ：

$$\theta = \frac{l}{r}, \quad \text{あるいは} \quad l = r\theta. \quad (1.19)$$

弧の長さも半径も，長さの次元をもつので，その比率である角度には次元はない．弧度法の 1 単位として，弧の長さがちょうど半径に等しくなったときの角度（$r = l$ だから $\theta = 1$）を 1 **ラジアン** rad（radian）と呼ぶ．円の周囲は $2\pi r$ なので，円周は 2π ラジアンになる．ラジアンという名前は付いている

とき，環のスキマを見込む角度が 1′（1 分角）になる．つまり，視力 1 というのは，1′（1 分角）離れたものを見わける分解能があることを意味している．

が，あくまでも次元はもたない量である．

たとえば，1 光年の距離から太陽を見たときの視直径は，弧度法だと，太陽の実直径 140 万 km を 1 光年で割って，140 万 km/1 光年 = 1.5×10^{-7} ラジアン，とすぐに算出できる．

円周の 1 周は，度数法では 360°，弧度法では 2π ラジアンなので，1° と 1 ラジアンは次の式で互いに換算される．

$$1 \text{ ラジアン} = (360/2\pi)° = (180/\pi)° \sim 57.3°, \tag{1.20}$$

$$1° = (2\pi/360) \text{ ラジアン} \sim 0.0175 \text{ ラジアン} \tag{1.21}$$

この換算を使うと，たとえば，こと座リング星雲 M57 の視直径が $\theta = 1'$ で，距離が $r = 2600$ 光年であることを知れば，実直径 D は，$D = \theta(\text{ラジアン}) \times r = 1' \times (1/60) \times (\pi/180) \times 2600$ 光年 $= 0.77$ 光年，と計算できる．

この弧度法の考えを円周から球面に発展させると，天球上で広がりをもった天体の"見かけの面積"を測る**立体角**（solid angle）を定義できる（図 1.5）．すなわち，仮想的な天球の半径を r，天球上での天体の面積を S とすると，

$$\Omega \equiv \frac{S}{r^2} \tag{1.22}$$

が立体角 Ω である．立体角の"単位"は**ステラジアン** sr（steradian）と呼ばれる．球の面積は $4\pi r^2$ なので，全球の立体角は 4π ステラジアンになる．

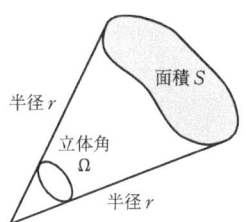

図 **1.5** 立体角．

■**(7) 星の明るさの"単位"**

天体の明るさを表す基本的な単位（ただし次元はない）が，**等級**（magnitude）

である（図1.6）．光度と異なり，等級は対数的なスケールになっている[*17]．人の目が明るさを感じるときには，対象の明るさが等比級数的に変化したときに，同じくらいずつ明るくなったように感じる．このような人間の目の感覚的な性質をもとに，等級が決められた[*18]．

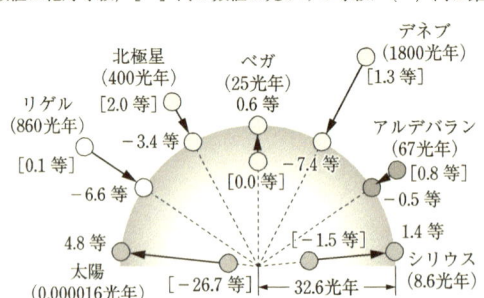

図 1.6 見かけの等級と絶対等級．天体の真の明るさは同じでも，天体の距離が近いと見かけの上では明るくなるし，遠ければ暗くなる．すなわち，見かけの等級は，天体の真の明るさには対応していない．そこで，地球から 10 pc（32.6 光年）の距離に天体があるとした場合の等級を絶対等級と定義する．

■**(8) 次元解析とプランクスケール**

次元解析の手法で自然界の基本定数からプランク時間を導いてみよう．まず基本定数（光速度 c，万有引力定数 G，プランク定数 h）の単位から，それぞれの基本定数がどのような次元（長さ L，時間 T，質量 M）をもっているかを調べ，[基本定数] $= L^a T^b M^c$ の形に表す．次に右辺の次元量（L, T, M）から長さ L と質量 M を消去すると，時間 T を基本定数だけで表すこと

[*17] 光度と等級の関係など詳しくは第 4 章で説明する．
[*18] 音の大きさのデシベルや音階も同じである．たとえば，バッハの平均律では，1 オクターブを等比級数的に 12 の半音にわける．1 オクターブでは音の振動数は 2 倍違うので，一つの半音あたりでは，$2^{1/12} = 1.0595$ 倍違うことになる．具体的な振動数は，ド（262 Hz），レ（294 Hz），ミ（330 Hz），ファ（349 Hz），ソ（392 Hz），ラ（440 Hz），シ（494 Hz），ド（523 Hz）となる．

ができる．基本定数の組み合わせで導くことができる時間の次元を持った量は，$t_P = \sqrt{Gh/c^5}$ のように唯一決まり，それが**プランク時間**（Planck time）である．プランク時間は時間の最小単位でもあり，宇宙開闢（かいびゃく）時の最初の時刻でもある．同様に，空間の最小単位である**プランク長さ**（Planck length）は，$\ell_P = \sqrt{Gh/c^3}$ となる．

プランク時間 t_P，プランク長さ ℓ_P，そしてプランク質量 m_P は，それぞれ以下となる：

$$t_P = \sqrt{\frac{Gh}{c^5}} \sim 1.4 \times 10^{-43} \text{ s}, \tag{1.23}$$

$$\ell_P = \sqrt{\frac{Gh}{c^3}} \sim 4 \times 10^{-33} \text{ cm}, \tag{1.24}$$

$$m_P = \sqrt{\frac{hc}{G}} \sim 5 \times 10^{-5} \text{ g}. \tag{1.25}$$

1.2 天球座標と時刻システム　celestial coordinates and time system

天体現象を考える際には，日常の出来事と同様に，**天体**（astronomical object）の位置（見かけの位置；視位置）と時刻が基礎情報になる．

1.2.1 天球座標

だだっぴろい場所で天空を仰いでみると，まるで空の彼方には透明な丸いドームがあって，太陽や星などはその球状の天に張り付いているような錯覚を覚える．この仮想的な球面を**天球**（celestial sphere）と呼ぶ（図 1.7）．

宇宙空間はもともとは 3 次元で，天体はその 3 次元空間内に存在するのだから，天体の位置を決めるためには本来は三つの座標が必要だ．具体的には，直角座標 (x, y, z) だったり，観測者を中心とする球座標 (r, θ, φ) だったりする．しかし，天体は一般に十分遠方にあり見かけの位置をあまり変えない．そこで距離と方向を切りわけて，天体は天球上にあると考えても，実用的には差し支えないことが多い．この仮想的な天球上で，天体の位置や動きを考える．

地球上の位置は緯度と経度で表すが，天球上の位置も同じ方法で表せる．

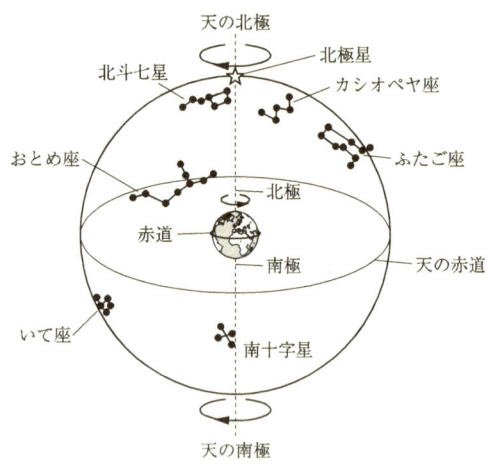

図 1.7 天球の概念図.

そのような天球上に設定した座標を**天球座標**（celestial coordinates）という．天球座標には，地球上に固定し地平面に準拠した地平座標，天球上に固定し地球の赤道面に準拠した赤道座標，さらに地球の軌道面に準拠した黄道座標，銀河面に準拠した銀河座標などがある．

■**(1) 地平座標**

地球上に固定して地平面に準拠し，高度と方位を要素とするのが**地平座標**（horizontal coordinates）である（図 1.8）．

まず観測地点（図中の O）で重力の方向である鉛直方向を決め，重力の向きと反対方向を天頂（zenith），重力の方向を天底（nadir）とする．天頂と天底を通る大円を垂直圏（vertical circle）と呼び，また鉛直方向に垂直でかつ観測地点を含む平面を地平面（horizon）とする．天体の**高度** h（altitude）とは，垂直圏に沿って地平面から天頂に向けて測った角度だ（0° から 90° まで）．なお，天頂から地平面に向けて測った角度のことは天頂距離 ζ（zenith distance）という（$\zeta = 90° - h$）．

つぎに日周運動の軸（地球の自転軸）の方向を天の北極（南極）という．とくに天頂と天の両極を通る大円を子午圏／子午線（meridian）と呼び，子

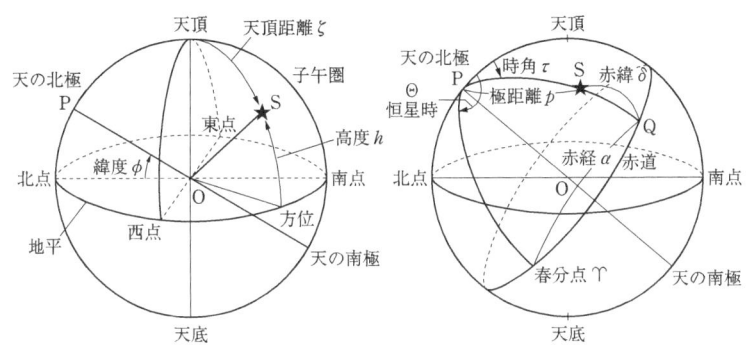

図 **1.8** 地平座標(左)と赤道座標(右).

午圏が地平面と交わる点を,北点・南点とする.天体の**方位角** A (azimuth)とは,天体を含む垂直圏と子午圏のなす角度で,南点を起点として西回りに測る(0°から360°まで).方位90°の方向を西点,270°の方向を東点という.

■**(2) 赤道座標**

星や銀河はお互いの位置をほとんど変えないので,その位置を表すには,星に対して固定した座標系の方が便利だ.そのような座標系の中で,地球の自転軸(赤道面)に準拠し,赤経と赤緯を要素とするのが**赤道座標** (equatorial coordinates) である(図 1.8).

赤道座標では,まず,地球の自転軸に垂直な面が天球を切る大円を**天の赤道** (equator) とする.天の赤道は地平面と東点および西点で交わる.**赤緯** δ (declination) とは,天体と天の両極を通る大円に沿って,天の赤道から天体まで測った角度のことだ.赤緯 δ は角度の度分秒(° ′ ″)で表し,北半球を正,南半球を負とする.なお,極から天体までの角度を**極距離** p (polar distance) という($p = 90° - \delta$).

また,天球上で太陽の通り道である**黄道** (ecliptic) と天の赤道が交わる点のうち,太陽が南から北へ横切る点を**春分点** (vernal equinox) という.赤道座標では,この春分点を経度方向の原点とする.そして**赤経** α (right ascension)

とは，春分点から天体と両極を通る大円が天の赤道と交わる点まで測った角度のことだ．赤経 α は，春分点から東回りに（太陽の年周運動の方向），時間の時分秒（h m s）で表す．なお，24 h が $360°$ に相当する[*19]．

1.2.2 時刻システム

日常生活で考えてみたとき，日常の時刻は太陽を基準にしていて，太陽が南（真上）の空にあるときと正午が関係しているらしいことは容易にわかる．一方，夏の真夜中には南天にさそり座がみえ，冬の真夜中にはオリオン座がみえるので，星を基準にした時刻システムは，太陽を基準にした時刻システムとは異なるだろう．

■(1) 太陽時と恒星時

太陽の日周運動を基準にした時刻システムを**太陽時**（solar time）という．太陽時では，

$$\text{太陽が南中（真南にある）したときの時刻} = \text{正 12 時} \quad (1.26)$$

とする．実際の太陽の運動を用いる時刻を真太陽時という．しかし地球の公転速度が一定でないため太陽の移動速度が一定でないことなどから，真太陽時は一様な時間の流れにならない．そこで天の赤道上を 1 年に等しい周期で一定の速さで運行する仮想的な平均太陽を考えて，日常生活では，その平均太陽に準拠した平均太陽時を用いる（図 1.9）．すなわち，実際の太陽ではなく，平均太陽が南中したときの時刻が正午なのだ．平均太陽と実際の太陽は最大で 15 分ぐらいずれることがあるので，日常生活で時計が正午を示したとき，太陽は真南から少しずれていることも多いだろう．

一方，恒星など天体の運動（地球の自転）を基準にした時刻システムを**恒星時**（sidereal time）という．恒星時では，

[*19] 専門的な星図や星表では，天体の位置は赤道座標で表されている．ただし，地球の運動や星自身の固有運動のために，天体の位置は長年の間に少しずつ変化する．そこで精密な位置を知る必要がある場合には，西暦何年の座標かを指定しなければならない．現在は通常，西暦 2000 年の赤道座標（2000 年分点という）が使われている．

1.2 天球座標と時刻システム　celestial coordinates and time system

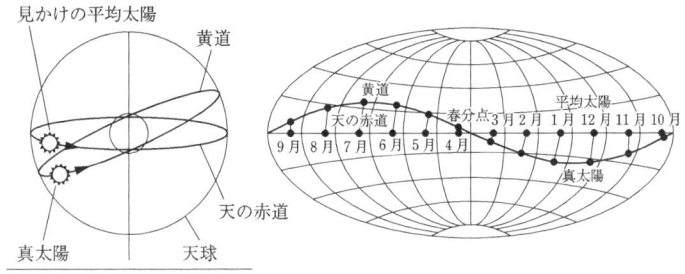

図 **1.9**　平均太陽と真太陽.

$$\text{うお座の春分点が南中したときの時刻} = \text{正 0 時} \quad (1.27)$$

とする．太陽のまわりの地球の公転運動のために，地球が太陽に対して 1 回自転するのは，恒星に対して 1 回自転するのより，約 4 分長い（図 1.10）．

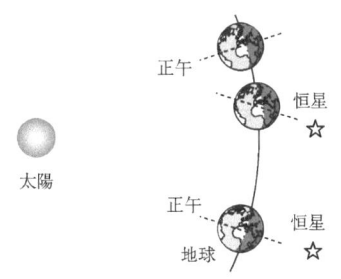

図 **1.10**　恒星時と太陽時.

あるまとまった地域では，同一の時刻を用いる方が便利である．これを**標準時**（standard time）という．また時刻を定義する子午線の経度を標準子午線の経度という．さらに，グリニッジ子午線（経度 = 0°）による標準時をとくに**世界時**（Universal Time；UT）という．日本で使われる**日本標準時**（Japan Standard Time；JST）の標準子午線は東経 135°（9 h）であり，世界時より 9 時間早い．

■(2) 平均太陽時と恒星時の変換

　地球が太陽のまわりを回るとき，ある位置からはじめて，同じ位置まで戻ってくる時間が 1 **(回帰) 年**（tropical year）だ．太陽に対する地球の自転運動と，恒星に対する地球の自転運動を考えてみるとわかるが，1 年の日数は，平均太陽時と恒星時とでは 1 日の差がある．すなわち，以下のようになる：

$$1 \text{ 回帰年} = 365.2422 \text{ 平均太陽日} = 366.2422 \text{ 恒星日}. \tag{1.28}$$

　このことから，ある時間間隔を恒星時で測った値と平均太陽時で測った値の比 $1+\mu$ は，

$$1+\mu = 1 \text{ 平均太陽日}/1 \text{ 恒星日} = 366.2422/365.2422 = 1.0027379 \tag{1.29}$$

となる．この割合は 1 日につき約 4 分になる．

　なお，日常に使っているグレゴリオ暦では，1 年の日数を，

$$1 \text{ 年} = 365.2425 \text{ 日} \tag{1.30}$$

と近似して，平均太陽日とのわずかな違いを閏日（うるう）を設けて調整している[20]．

1.3 重力と自己重力　gravity and self-gravity

　ここでは天体スケールで重要になる重力などについて，まとめておこう．

1.3.1 ニュートンの運動方程式

　質量 m の粒子に力 $\boldsymbol{F}$ が働いて加速度 $\boldsymbol{a}$ で動くとき[21]，粒子がしたがう**運動方程式**（equation of motion）は，以下の式である[22]：

---

[20] 地球の運動などの自然現象による揺らぎがない人為的な値として，**ユリウス年**（Julian year）というものもある．1 ユリウス年は 365.25 日と定義される．

[21] 高校数学や高校物理ではベクトル量を $\vec{a}$ のように矢印を付けた記号で示すが，科学の世界では $\boldsymbol{a}$ のような太字のイタリックか，成分を明示して a_i のように表すことが多い．

[22] 運動方程式は，「ニュートンの運動の第 2 法則（運動の法則）」として知られている．ところで，力が働いていなければ，この法則から粒子の運動は**等速直線運動**（速度が 0 の

1.3 重力と自己重力　gravity and self-gravity

$$ma = F \tag{1.31}$$

力 F は剛体的な力でも，摩擦力でも，電磁気力でも，そして重力でもよい．

上の (1.31) 式は，性質の異なった三つの物理量 m, a, F を結び付けたもので，以下のように読むことができる：

- 質量 m の粒子に力 F が働いたときの加速度は a になる．
- 質量 m の粒子に加速度 a を与える力は F である．
- 力 F を働かせて加速度が a になれば，質量は m である．

1.3.2 重力と重力ポテンシャル

宇宙でもっとも重要な力は，質量をもったあらゆる物体の間に働く**万有引力**（universal gravitation）である[23]．

質量 M の天体と質量 m の物体の間に働く**重力**（gravitational force）F および，単位質量あたりの重力すなわち**重力加速度**（gravitational acceleration）g は，それらの間の距離を r として，それぞれ以下のように表される[24]：

$$F = -\frac{GMm}{r^2}\frac{r}{r}, \quad g = \frac{F}{m} = -\frac{GM}{r^2}\frac{r}{r} \tag{1.32}$$

のようになる．ここで，G ($= 6.67 \times 10^{-8}$ dyn cm^2 g^{-2}) は万有引力定数である．また，r/r は半径方向の単位ベクトルである．

質量 M の天体と質量 m の物体の間の**位置エネルギー**（potential energy）E および，単位質量あたりの位置エネルギーすなわち**ポテンシャル**（poten-

---

静止状態を含む）になる．これは「運動の第 1 法則（慣性の法則）」そのものだ．また右辺の力として，作用と反作用の両方を考えれば，この法則は「運動の第 3 法則（作用・反作用の法則）」になる．したがって，運動の第 2 法則は，実はニュートンの運動の三つの法則をすべて含んでいる．

[23] 3 次元空間内で働く力は，一般に 3 次元のベクトル量だが，その力があるスカラー関数の空間微分（勾配〔こうばい〕）で表されるとき，そのような力を**保存力**と呼び，そのときのスカラー関数を**ポテンシャル**（potential）と呼ぶ．万有引力（重力）も保存力の一つで，ポテンシャルをもつ．

[24] 質量 M に地球の質量 $M_\oplus$ ($= 5.98 \times 10^{27}$ g)，距離 r に地球半径 $R_\oplus$ ($= 6378$ km) を入れると，地球表面での重力加速度 $g_\oplus$ が，$g_\oplus = GM_\oplus/R_\oplus^2 = 980$ cm s^{-1} となることは容易に確かめられるだろう．

tial) ϕ は，それらの間の距離を r として，それぞれ以下のようになる：

$$E = -\frac{GMm}{r}, \quad \phi = \frac{E}{m} = -\frac{GM}{r}. \tag{1.33}$$

最後に，重力加速度 g とポテンシャル ϕ の関係は，

$$g = -\nabla\phi \tag{1.34}$$

と表せる[*25]．ここで，∇ はベクトル演算子で**ナブラ**（nabla）と呼ばれる[*26]．
ベクトル演算子 ∇ は，直角座標系 (x, y, z)，円筒座標系 (r, φ, z)，球座標系 (r, θ, φ) では，それぞれ以下のようになる：

$$\nabla = \left(\frac{\partial}{\partial x}, \frac{\partial}{\partial y}, \frac{\partial}{\partial z}\right), \tag{1.35}$$

$$\nabla = \left(\frac{\partial}{\partial r}, \frac{1}{r}\frac{\partial}{\partial \varphi}, \frac{\partial}{\partial z}\right), \tag{1.36}$$

$$\nabla = \left(\frac{\partial}{\partial r}, \frac{1}{r}\frac{\partial}{\partial \theta}, \frac{1}{r\sin\theta}\frac{\partial}{\partial \varphi}\right). \tag{1.37}$$

質点のポテンシャル (1.33) に ∇ を演算して，偏微分を実行し，質点の重力加速度を求めるのは比較的簡単だろう．

1.3.3 自己重力とポワソン方程式

惑星運動や降着円盤の構造を考える際には，中心天体の重力場を外力として与えればいい．しかし，恒星自体や星団さらに銀河系など，天体を形作る物質による重力場のもとで天体構造を考える際には，自分自身の重力場——**自己重力**（self-gravity）——を考えないといけない．幸い，重力は保存力であり，自己重力もポテンシャル ϕ で表せる．そして，物質が密度 $\rho(\boldsymbol{r})$ で

[*25] 重力と位置エネルギー，重力加速度とポテンシャルの間には，それらが距離 r だけの1次元の関数の場合，以下の関係が成り立つ：

$$F = -\frac{dE}{dr}, \quad g = -\frac{d\phi}{dr}.$$

[*26] ギリシャの竪琴（たてごと）に形が似ていることから，竪琴の意でナブラ（nabla）と呼ぶ．

空間的に分布している場合，自己重力ポテンシャルは下記の**ポワソン方程式**（Poisson equation）に従うことがわかっている（web 付録 B 参照）：

$$\nabla^2 \phi(\boldsymbol{r}) = \Delta \phi(\boldsymbol{r}) = 4\pi G \rho(\boldsymbol{r}). \tag{1.38}$$

ここで，Δ は**ラプラシアン**（Laplacian）と呼ばれるスカラー演算子で，ベクトル演算子 ∇ どうしの内積 $\nabla \cdot \nabla = \nabla^2$ を取ったものである．

スカラー演算子 Δ は，直角座標系 (x, y, z)，円筒座標系 (r, φ, z)，球座標系 (r, θ, φ) では，それぞれ以下のようになる：

$$\Delta = \frac{\partial^2}{\partial x^2} + \frac{\partial^2}{\partial y^2} + \frac{\partial^2}{\partial z^2}, \tag{1.39}$$

$$\Delta = \frac{1}{r}\frac{\partial}{\partial r}\left(r\frac{\partial}{\partial r}\right) + \frac{1}{r^2}\frac{\partial^2}{\partial \varphi^2} + \frac{\partial^2}{\partial z^2}, \tag{1.40}$$

$$\Delta = \frac{1}{r^2}\frac{\partial}{\partial r}\left(r^2\frac{\partial}{\partial r}\right) + \frac{1}{r^2 \sin\theta}\frac{\partial}{\partial \theta}\left(\sin\theta\frac{\partial}{\partial \theta}\right) + \frac{1}{r^2 \sin^2\theta}\frac{\partial^2}{\partial \varphi^2}. \tag{1.41}$$

たとえば，系が球対称で 1 変数 r にしか依存しない場合，ポワソン方程式は，

$$\frac{1}{r^2}\frac{d}{dr}\left(r^2\frac{d\phi}{dr}\right) = 4\pi G \rho(r) \tag{1.42}$$

となる．半径 r 内の質量を M_r と置けば，重力場とポテンシャルの関係は，

$$g = -\frac{GM_r}{r^2} = -\frac{d\phi}{dr} \tag{1.43}$$

と表されるので，ポワソン方程式は，

$$\frac{dM_r}{dr} = 4\pi r^2 \rho(r) \tag{1.44}$$

のように書き換えることができる．これは連続の式と呼ばれている（第 6 章）．

1.4 流体と圧力　fluid and pressure

宇宙に存在する大部分の天体は，ガス（gas）からできている．したがって，惑星の大気構造，星の内部構造，星間ガス，降着円盤の活動，そして宇宙そのものを調べるために，**流体力学**（hydrodynamics）の手法が用いられる．

1.4.1 流体と宇宙流体

　物質の状態には，**固体**（solid），**液体**（liquid），**気体**（gas），そして**プラズマ**（plasma）すなわち**電離気体**（ionized gas）の四つの状態がある．これら四つの状態の中で，液体・気体・プラズマについては，力を加えたときに容易に変形したり，周囲に圧力（pressure）を及ぼすなど，共通する性質が少なくない．そこでそれらを総称して**流体**（fluid）と呼ぶ．

■(1) 宇宙流体の特徴

　宇宙に存在する流体すなわち**宇宙流体**（astrophysical fluid）の特徴として，

　i) 作用する力の中で遠達力としての重力が重要であること，
　ii) 極度に圧縮されうること，
　iii) しばしば電離していて電磁場の影響を強く受けること，
　iv) さまざまな機構により電磁波を放射していること，

などが挙げられる（表 1.1）．

表 1.1　いろいろな天体の密度．

地球大気	高度 [km]	密度 [kg m^{-3}]
	100	5.6×10^{-7}
	10	0.41
	1	1.11
	0	1.22
太陽	場所	密度 [g cm^{-3}]
	太陽表面	2.7×10^{-7}
	太陽中心	156
		平均密度 [g cm^{-3}]
星間ガス		10^{-23}
太陽		1.4
白色矮星		10^6
中性子星		5×10^{14}

■**(2) 質点と流体の物理量**

太陽のまわりを回る惑星の運動など質点の力学と，空気の流れや星の構造など流体の力学とでは，物理量の表し方が少し異なる（図 1.11，表 1.2）．

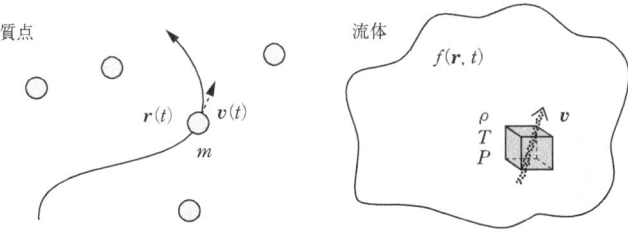

図 **1.11** 質点と流体の物理量．

表 **1.2** 質点と流体の物理量．

	質点	流体
座標などの物理量	時間 t 位置 $r(t)$ 速度 $v(t)$	時間 t 位置 r 速度 $v(r,t)$
属性などの物理量	質量 m 電荷 q	密度 $\rho(r,t)$ 温度 $T(r,t)$ 圧力 $P(r,t)$
物理法則	運動方程式	運動方程式

質点の力学の場合は，質点の運動を表す運動方程式を解いて，その質点が"いつ" t，"どこで" r，"どのような"速度 v をもっているか調べる．このとき質点は，質量 m や電荷 q などをもった具体的な対象として特定でき，基本的にはその運動をずっと追跡することができる[*27]．

一方，流体の場合は，1 個 1 個の流体粒子の運動を追跡することは，現実的には不可能である．そこで流体の一部分，**流体要素**（fluid element）を考

[*27] ラグランジュ（Lagrange）的な見方と呼ぶ．

え，その部分の密度 ρ や圧力 P そして速度 v などの平均物理量が，位置 r および時間 t の関数として，どのように変化するかを調べることになる[*28]．

1.4.2 圧力勾配力と静水圧平衡

流体には圧力があるので，流体要素には圧力に起因する力が働く．重要な点は，この力が，圧力そのものではなく圧力の差による力であることだ．

この圧力の差による力を求めるために，重力場のもとで静止している流体（たとえば地球の大気）を考えてみよう（図 1.12）．

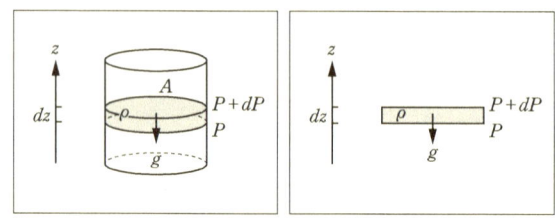

図 1.12 静水圧平衡．

流体は，水平方向にも垂直方向にも広がっているわけだが，その内部に仮想的な薄い円柱を想定し，その円柱に働く力の釣り合いを調べてみる．この円柱に働いている力は，まわりの流体から円柱の周囲にかかる圧力と円柱の重心に働く重力である．このうち，水平方向の力は圧力のみで，しかも対称性からそれらの圧力は釣り合っている．そこで以下では，垂直方向の力のみ考える．

仮想的な円柱の断面積を A，厚さを dz とする．さらに円柱の下面の単位面積あたりに働く圧力を P，上面の単位面積あたりに働く圧力を $P + dP$ としよう．円柱の流体は下ほど圧力が高いので $dP < 0$ である．また円柱が非常に薄いので，円柱内部の密度 ρ は考えている範囲で一定とする．最後に，円柱の重心に下向きに働く重力加速度を g とする．

これらを合わせると，この気体円柱に働く力（上向きを + とする）は，

[*28] オイラー（Euler）的な見方と呼ぶ．

1.4 流体と圧力 fluid and pressure

結局,

上面での全圧力↓	$-(P + dP)A$
下面での全圧力↑	PA
重心に働く重力↓	$-\rho g\, A dz$
トータル	$-dP - \rho g dz = 0$

である.あるいは,微分方程式の形に変形して,以下のようになる:

$$-\frac{1}{\rho}\frac{dP}{dz} = g. \tag{1.45}$$

この (1.45) 式の,右辺は,下向きに働く単位質量あたりの重力すなわち重力加速度である.一方,左辺が圧力による(単位質量あたりの)力だが,圧力そのものではなく圧力の勾配による力なので,**圧力勾配力**(pressure gradient force)と呼ぶ.圧力勾配力は圧力の高い部分から低い部分に向かう[*29].

流体に働く重力や圧力勾配力が釣り合っていて流体が重力場のもとで静止している状態を,**静水圧平衡**(hydrostatic equilibrium)と呼ぶ.

1.4.3 理想気体の状態方程式

密度・温度・圧力などは物質の熱力学的状態を表す物理量だが,流体の構造を調べるためには,これらの物理量の間に成り立つ関係式が必要である.その関係式のことを**状態方程式**(equation of state)という.液体の場合,気体の場合,超高密度物質の場合など,流体の形態によって状態方程式は異なるが,ガスの場合はしばしば**理想気体の状態方程式**がよい近似になっている.

理想気体の状態方程式は,気体の密度を ρ, 温度を T, 圧力を P として,

$$P = \frac{\mathcal{R}_g}{\bar{\mu}}\rho T \tag{1.46}$$

[*29] 上の (1.45) 式を,より一般的にベクトル形式で表すと,

$$-\frac{1}{\rho}\nabla P + \boldsymbol{g} = 0$$

と表せる.$\boldsymbol{g}$ は加速度ベクトルで,上の例では $\boldsymbol{g} = (0, 0, -g)$ である.

と表せる．ただし，ここで

$$\mathcal{R}_g = 8.3145 \times 10^7 \text{ erg K}^{-1} \text{ mol}^{-1} \tag{1.47}$$

は**気体定数**（gas constant）で，$\bar{\mu}$ は気体の**平均分子量**（mean molecular weight）すなわち粒子 1 個あたりの分子量である[*30]．

また，気体が断熱変化をしている場合には，密度 ρ と圧力 P の間には，

$$P = K\rho^\gamma; \quad K \text{ と } \gamma \text{ は定数} \tag{1.48}$$

という関係が成り立つ．ただしここで，γ は気体の**比熱比**（ratio of specific heats）である[*31]．この (1.48) 式は，断熱変化以外の場合でも，しばしば用いる（**ポリトロピック関係式**と呼ぶ）[*32]．

1.5　電磁波と輻射　electromagnetic wave and radiation

天文学においては，対象となる**天体**（object）がきわめて遠方にあるために，太陽系内のごく一部を除いて，対象を直接調べることができない．対象の状態を知るほとんど唯一の手段は，天体が発する電磁波（光）を"観る"ことである[*33]．すなわち天文学では，電磁波の**観測**（observation）によって，対象に関するさまざまな情報を得ている．

[*30] いくつかの物質の平均分子量を挙げておく．
- 中性水素ガス（H I）：$\bar{\mu} = 1$
- 水素分子（H$_2$）：$\bar{\mu} = 2$
- 電離水素ガス（H II）：$\bar{\mu} = 1/2$（p と e の 2 個の粒子に対して，分子量が 1 なので）
- 空気：$\bar{\mu} = 28.84$（分子量 28 の窒素分子 78 %，分子量 32 の酸素分子 21 %，原子量 40 のアルゴン 1 % の混合気体なので，$\dfrac{1}{\bar{\mu}} = \dfrac{0.78}{14 \times 2} + \dfrac{0.21}{16 \times 2} + \dfrac{0.01}{40}$ より）

など．

[*31] 比熱比は，単原子理想気体（水素原子，ヘリウム原子など）の場合は $\gamma = 5/3$, 2 原子理想気体（水素分子，窒素分子，酸素分子など）の場合は $\gamma = 7/5$ となる．

[*32] 一般的には，圧力が密度だけの関数で表される関係を**順圧関係**（barotropic relation）と呼び，表されない場合を**傾圧関係**（baroclinic relation）と呼ぶ．順圧関係の中で，とくに，密度のべき関数になっている場合が，**ポリトロピック関係**（polytropic relation）となる．

[*33] 他の手段としては，高速で飛来する宇宙線の観測，相互作用をほとんどしない素粒子ニュートリノの観測，直接的な検出はまだだが重力波の観測などがある．

具体的には，天体の形状や色などの特性とか天体を作っている物質の化学組成，天体の温度・密度・圧力・電離度などの物理状態，空間内の移動や自転・公転そして膨張・収縮・乱流などの運動状態，天体のまわりの時空の性質，さらに天体と地球の間の宇宙空間の性質，などの情報が得られる．さらにこれらの観測から，場合によっては，天体までの距離や天体の質量や年齢などを導くこともできる．

ここでは，電磁波の基本的な性質と主な輻射(ふくしゃ)機構について，簡単にまとめておこう．

1.5.1 電磁波とスペクトル図

電波・赤外線・可視光線・紫外線・X 線・ガンマ線など，光の仲間を一般に電磁波と呼んでいる[*34]．

■(1) 光子の波長と振動数

電磁波（光子）は，特定の波長 λ（ラムダ）と振動数 ν（ニュー）をもつ[*35]．真空中では，それらの積は光速 c（$= 3 \times 10^8$ m s^{-1}）に等しい：

$$\lambda \nu = c. \tag{1.49}$$

波長が短い（振動数が大きい）電磁波から波長が長い（振動数が小さい）電磁波まで，電磁波を波長（あるいは振動数）の順に並べたものを電磁波の**スペクトル**（spectrum）という（図 1.13）．電磁波は，波長が長い順に，**電波**（radio），**赤外線**（infrared），**可視光**（visual light；optical light）[*36]，**紫外線**（ultraviolet），**X 線**（X-ray），**ガンマ線**（gamma-ray）と分類される．

[*34] 電磁波（光）は波としての性質をもつ一方で粒子としての性質ももっている．前者の特徴を表すときには**電磁波**（electromagnetic wave），後者の場合は**光子**（photon）と使いわけることもあるが，ここではとくに区別せずに用いる．

[*35] 波長は長さなので，SI での基本単位は m だが，ミリ波と呼ばれる短波長の電波では mm（$= 10^{-3}$ m），赤外線や可視光では μm（$= 10^{-6}$ m：マイクロメートル），可視光ではさらに nm（$= 10^{-9}$ m：ナノメートル）や Å（$= 10^{-10}$ m：オングストローム）を用いることも多い．一方，1 秒あたりの振動数は Hz（ヘルツ）で測る．

[*36] 目に見える光で，波長はだいたい 380 nm ぐらいから 770 nm ぐらいの電磁波である．

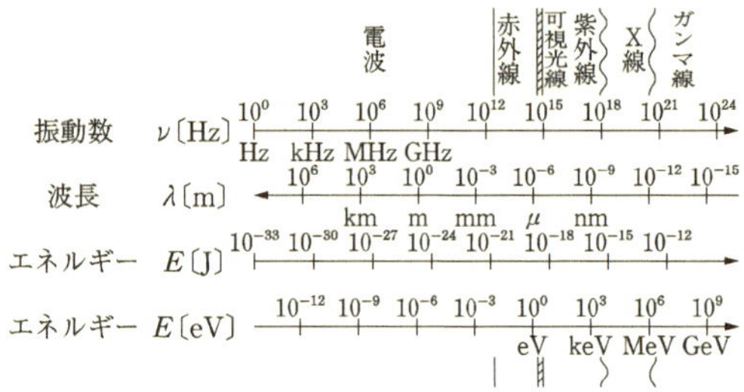

図 1.13 電磁波の分類.

■**(2) 光子のエネルギーと運動量**

電磁波が粒子として振る舞うとき，1 個の光子は特定のエネルギー E と運動量 p をもつ．光子のエネルギー E は，振動数に比例し（波長に反比例する），運動量はエネルギーを光速で割ったものになる：

$$E = h\nu = ch/\lambda, \qquad (1.50)$$
$$p = E/c = h\nu/c = h/\lambda. \qquad (1.51)$$

ここで h はプランク定数（$= 6.626 \times 10^{-34}$ J s）である．

X 線やガンマ線領域の電磁波は，粒子としての性質が強いので，しばしば波長や振動数の代わりに，電子ボルト eV などのエネルギーで測る．

■**(3) 連続スペクトルと線スペクトル**

白熱電球や太陽の光などはさまざまな波長の光を含んでおり，光を波長にわけたときになめらかなスペクトルになるが，これを**連続スペクトル**（continuum, continuous spectrum）という（図 1.14 上）．一方，星やクェーサーのスペクトルのように，ある特定の波長でとくに光が強かったりあるいは弱かったりする場合，画像の上で線のように見えることから**線スペクトル**（line spectrum）という（図 1.14 下）．また，特定の波長で光の強度が強い場合を**輝線**（emission line），弱い場合を**吸収線**（absorption line）とか**暗線**という[*37]．

[*37] 太陽のスペクトルも細かくみれば多数の吸収線（フラウンホーファー線）をもっている．

1.5 電磁波と輻射　electromagnetic wave and radiation　　27

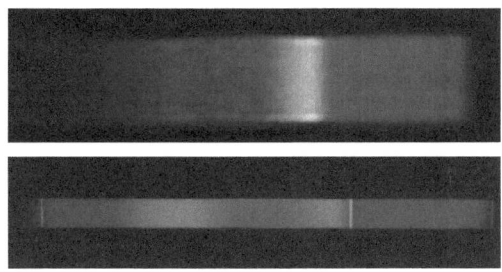

図 1.14　連続スペクトル（白熱電球）と輝線スペクトル（銅の炎色反応）
（岡山天体物理観測所＆粟野諭美他『宇宙スペクトル博物館』）．

■**(4) スペクトル図**

　スペクトル画像のままでは光の強度などがわかりにくい．そこで視覚的に見やすくするために，横軸に電磁波の波長（または振動数）を取り，縦軸に電磁波の強さを取った**スペクトル図**（spectral diagram）が用いられる．波長や強度が何桁にもわたることも多く，対数スケールで表現することも多い（図 1.15）．

　電磁波の発生機構の違いや，対象の状態，伝播途中の宇宙空間による吸収や赤方偏移，さらには地球大気の吸収などによって，スペクトル図の輪郭(りんかく)は千差万別なものになる．逆に言えば，スペクトルを詳細に調べることによって，発生源の温度や密度などの物理状態，元素の組成，物質の運動状態，天体と地球との間の宇宙空間の状態などが解明されるのである．

1.5.2　天体における放射機構

　天体プラズマの内部には，原子に束縛された電子や電離して束縛を離れた自由電子が多数存在している．そして，光子が原子に吸収されたり原子から放射されたり，また原子核の近傍(きんぼう)で自由電子が軌道を曲げられる際などに，光子が放射・吸収される．また光子は，原子核や分子とも相互作用するし，自由電子とも衝突するし，磁場の影響も受ける．このような相互作用の結

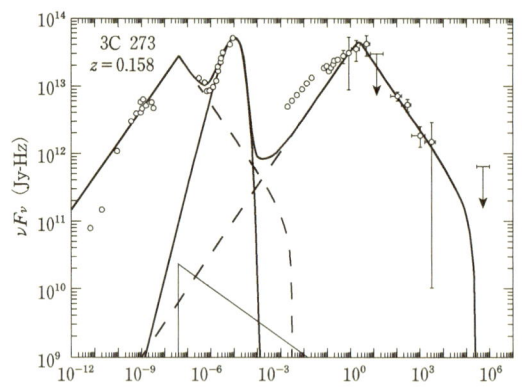

図 1.15 クェーサー 3C273 のスペクトル図（NASA）．白丸が実際の観測値で，実線や破線はモデル計算の例．

果，連続スペクトルや線スペクトルなどの多彩なスペクトルが生じる．ここではさまざまな放射過程について，表にまとめ概観しておこう（表 1.3）．

表 1.3 天体における放射機構．

連続スペクトル	熱的	黒体輻射	星，降着円盤
		熱制動放射	H{\sc ii} 領域，コロナ，銀河間ガス
連続スペクトル	非熱的	シンクロトロン放射	超新星残骸，活動銀河
		逆コンプトン散乱	X 線星，活動銀河
線スペクトル		21 cm 水素微細構造線	星間中性水素ガス
		分子スペクトル	星間ガス，分子雲
		原子スペクトル	星，銀河，活動銀河
		サイクロトロン線	白色矮星，X 線星
		電子・陽電子対消滅線	銀河系中心，ブラックホール

連続スペクトルのうち，光子と原子が十分に相互作用を行い，熱平衡状態になったガスから放射されるものを**熱的スペクトル**（thermal spectrum）という．ガスが**光学的に厚い**（optically thick）場合，すなわち十分に"不透明な"場合，プラズマ内部での光子とガスの個々の相互作用の特徴は失われ，

全体として**黒体輻射**（blackbody radiation）に近づく．星のスペクトルや降着円盤のスペクトルは黒体輻射に近い．一方，ガスが**光学的に薄い**（optically thin）場合，すなわち"ほぼ透明"ないし"半透明な"場合，光子とガスの相互作用の素過程のスペクトルが見える．通常は原子核の近傍で自由電子が軌道を曲げられる（制動を受ける）際に放出される光子のスペクトルになるが，これを**熱制動放射**（bremsstrahlung）あるいは**自由‐自由放射**（free-free emission）と呼ぶ．星間プラズマなどのスペクトルはしばしば熱制動放射のものである．

熱的スペクトル以外のものを**非熱的スペクトル**（nonthermal spectrum）という．たとえば磁場の中に相対論的な速度で運動する高エネルギーの電子が飛び込んでくると，磁場から力を受けてその軌道が曲げられ，その結果，連続的な電磁波が放出される．これを**シンクロトロン放射**（synchrotron radiation）という（web 付録 B）．かに星雲のような超新星残骸や活動銀河などのスペクトルがシンクロトロン放射で説明されている．

また，非常に高エネルギーの電子がエネルギーの低い光子に衝突して，光子を高エネルギー状態にたたき上げる過程も存在する．光子が電子に衝突して電子にエネルギーを与える，いわゆるコンプトン散乱の逆過程であることから，**逆コンプトン散乱**（inverse Compton scattering）と呼ばれる（web 付録 B）．X 線星や活動銀河のスペクトルには逆コンプトン散乱によるものもある．

線スペクトルのうちもっともありふれているのが，**原子スペクトル**（atomic spectrum）である（web 付録 B）．原子内で電子の取りうる軌道は量子力学的な効果によってとびとびで，したがって電子の結合エネルギーも離散的である．原子内に束縛された電子は，他の粒子や光子との相互作用によって，しばしばあるエネルギー状態から別のエネルギー状態に**遷移**（transition）する．その際に，状態間のエネルギー差に対応して，特定の波長の光子を放出したり吸収したりする．原子スペクトルは星をはじめ多くの天体で観測される．

分子の回転状態や振動状態が変化する際に発生するスペクトルを**分子スペクトル**（molecular spectrum）という（5.2 節）．分子スペクトルでは状態間のエネルギー差が小さいため，スペクトル線の波長はしばしばミリ波や電波の

波長帯にくる．分子スペクトルは星間ガスでも密度の濃い分子雲中などに見られる．

その他，星間ガスで見られる中性水素ガスの出す 21 cm **水素微細構造線**や，X線パルサーなどで発見されている磁場のまわりを螺旋運動する電子の**サイクロトロン吸収線**（cyclotron line），電子と陽電子が対消滅するときに発生する**対消滅線**（annihilation line）（10.5 節）などがある．

1.5.3 黒体輻射

連続スペクトルの中でもっとも基本的なものが，物質と熱平衡状態にある輻射場のスペクトル，すなわち黒体輻射（黒体放射）である．

ガス粒子の衝突が十分に起こると，天体のガスは一つのパラメータ：**温度**（temperature）で特徴付けられる**熱平衡状態**（thermodynamic equilibrium）に達する．そのときのガス粒子の速度分布は，その温度で指定される**マクスウェル・ボルツマン分布**（Maxwell-Boltzmann distribution）になっている．さらに熱平衡状態になったガスが放射（光子）を頻繁に吸収放出すると，放射場が一様かつ等方で熱力学的な平衡状態に到達する．そのときの光子の分布は，ガスと同じ温度で指定される**プランク分布**（Planck distribution）になっている．このプランク分布になった輻射場が**黒体輻射／黒体放射**（blackbody radiation）である（図 1.16）．

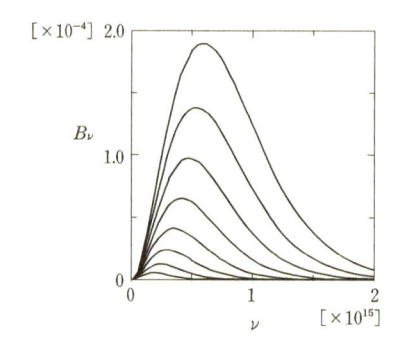

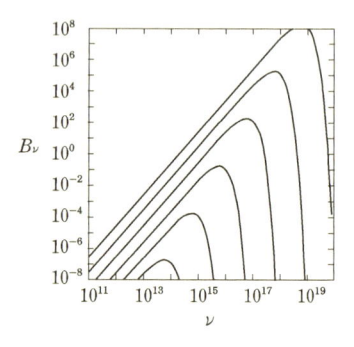

図 **1.16** 黒体輻射スペクトル．左は真数スケール，右は対数スケール．

1.5 電磁波と輻射　electromagnetic wave and radiation

星の内部などにおいては，局所的にはガスは熱平衡状態[*38]になっており，放射場との相互作用も大きいので，ほぼ黒体輻射が実現している[*39]．

■**(1) 黒体輻射強度**

単位振動数あたりに放射される黒体輻射のスペクトル強度を**黒体輻射強度** $B_\nu(T)$ と呼び，黒体 (blackbody) を示すために変数 B を用いて表す．黒体輻射強度の単位は [erg s^{-1} cm^{-2} sr^{-1} Hz^{-1}] である．

黒体輻射強度 $B_\nu(T)$ は，振動数 ν（あるいは波長 λ）以外には唯一，熱平衡温度 T（**黒体温度**）だけに依存する．黒体輻射強度（プランク分布）は，

$$B_\nu(T) = \frac{2h}{c^2} \frac{\nu^3}{e^{h\nu/kT} - 1}, \tag{1.52}$$

$$B_\lambda(T) = \frac{2hc^2}{\lambda^5} \frac{1}{e^{hc/\lambda kT} - 1} \tag{1.53}$$

と表される．前者は単位振動数あたりで後者は単位波長あたりのものである．また $c\,(= 2.9979 \times 10^{10}\text{ m s}^{-1})$ は光速，$h\,(= 6.6261 \times 10^{-27}\text{ erg s})$ はプランク定数，$k\,(= 1.3807 \times 10^{-16}\text{ erg K}^{-1})$ はボルツマン定数である．

いろいろな温度 T を取ったときの，$B_\nu(T)$ のグラフを図1.16に示す．対数スケールで表すと，違う温度の黒体輻射スペクトルは相似になる．

■**(2) ウィーンの変位則**

黒体輻射スペクトルはピークをもっている．ピークの位置は，

$$\nu_{\max} = 5.88 \times 10^{10} T\ [\text{Hz}], \tag{1.54}$$

$$\lambda_{\max} = 2.90 \times 10^3 / T\ [\mu\text{m}] \tag{1.55}$$

で与えられ，**ウィーンの変位則**（Wien's displacement law）と呼ばれている．

■**(3) レイリー - ジーンズ分布とウィーン分布**

プランク分布 (1.52) 式は，長波長側（$h\nu \ll kT$）では，

$$B_\nu(T) \sim \frac{2kT\nu^2}{c^2}, \tag{1.56}$$

[*38] **局所熱力学的平衡**（local thermodynamic equilibrium）と呼び，LTE と略す．
[*39] 熱した鉄や地球表面や人体などでも，外部の放射源や内部の熱源と熱力学的平衡状態にあれば，黒体スペクトルを放射する．

と近似され，レイリー-ジーンズ分布として知られているものになる．また短波長側（$h\nu \gg kT$）では，

$$B_\nu(T) \sim \frac{2h\nu^3}{c^2}e^{-h\nu/kT} \tag{1.57}$$

と近似され，ウィーン分布として知られているものになる．

■**(4) ステファン-ボルツマンの法則**

単位振動数あたりの黒体輻射強度 $B_\nu(T)$ を振動数で積分したもの $\int B_\nu(T)d\nu$ を**全黒体輻射強度** $B(T)$ [erg s^{-1} cm^{-2} sr^{-1}] という．積分を実行した結果，

$$B(T) = \frac{\sigma}{\pi}T^4 \tag{1.58}$$

が，**ステファン-ボルツマンの法則**（Stefan-Boltzmann law）である．ただしここで σ は，ステファン-ボルツマンの定数と呼ばれる：

$$\sigma = \frac{2\pi^5 k^4}{15c^2 h^3} = 5.6705 \times 10^{-5} \text{ erg cm}^{-2} \text{ K}^{-4} \text{ s}^{-1}. \tag{1.59}$$

1.5.4 原子スペクトル

量子力学的な理由によって，原子にはとびとびのエネルギー状態しか許されない．その状態が変化する際には，その原子特有の波長の光を放出あるいは吸収して線スペクトルが形成される．それが**原子スペクトル**（atomic line spectrum）だ．また，特定の波長で光が強い場合を**輝線**（emission line），特定の波長で光が弱い場合を**吸収線，暗線**（absorption line）という．原子の線スペクトルは，現代天文学の礎を築いたもっとも重要な基礎過程の一つである．

■**(1) エネルギー準位**

原子は，陽子や中性子からなる原子核とその周囲に束縛された電子からできている（図1.17）．原子を特徴づけるのは，原子核に含まれる陽子の個数（原子核の電荷数）を表す**原子番号** Z（atomic number）と，原子核に含まれる陽子と中性子の総数（原子核の質量に比例する）**質量数** A（mass number）

である．また陽子の数と電子の数が同じものを**中性原子**（neutral atom），いくつかの電子が電離したものが**電離原子**（ionized atom）である．

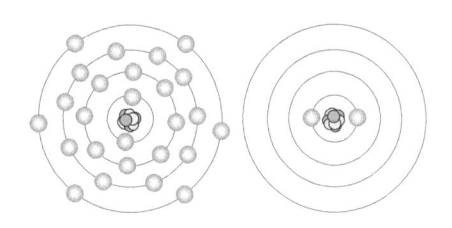

図**1.17** 鉄原子のモデル．中性の鉄は26個の陽子と26個の中性子からなる原子核の周囲を，26個の電子が取り巻いている．

原子に結合している電子は，**エネルギー準位**（energy level）と呼ばれるとびとびのエネルギー状態しか取ることができない．エネルギー準位の中で，もっともエネルギーの低い状態を**基底状態**（ground state），それ以外の状態を**励起状態**（excited state）という．これらのエネルギー状態は，量子数と呼ばれる自然数 n で番号付けられる．また電子が原子の束縛を離れた状態が**電離状態**（ionized state）で，原子に束縛されていない電子を**自由電子**（free electron）という．

基底状態や励起状態，電離状態の間を移り変わることを**遷移**（transition）と呼ぶが，束縛状態間の遷移，**束縛-束縛遷移**（bound-bound transition）では特定の波長の光子が吸収・放出され（図 1.18），**束縛-自由遷移**（bound-free transition）や**自由-自由遷移**（free-free transition）では任意の波長の光子が吸収・放出される（電離状態のエネルギーは任意の値が取れる）．

■**(2) リュードベリの公式**

束縛-束縛遷移で吸収あるいは放出される光子の波長 λ（あるいは振動数 ν）は，**リュードベリの公式**（Rydberg formula）で与えられる：

$$\frac{1}{\lambda} = \frac{\nu}{c} = Z^2 R_y \left(\frac{1}{n^2} - \frac{1}{n'^2} \right). \tag{1.60}$$

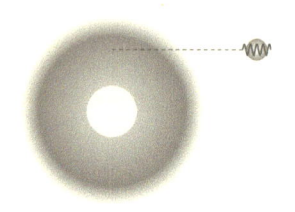

図 1.18 中性水素原子から光が放出される模式図．高いエネルギー準位から低いエネルギー準位に状態が遷移すると，そのエネルギー差に相当するエネルギーの光子が放出される．

ここで Z は原子番号で，また n と n' はエネルギー準位を指定する量子数で $n < n'$ なる自然数である．さらに R_y は**リュードベリ定数**である[*40]：

$$R_y = 1.09737 \times 10^7 \text{ m}^{-1}. \tag{1.62}$$

とびとびの波長（振動数）をもつ線スペクトルの並びは，それぞれの原子特有の規則正しいものになる（図 1.19）．したがって，線スペクトルの並びを観測すれば，どんな原子から生じたスペクトル線かがわかるわけだ．

この原子特有の並びを**スペクトル系列**という．スペクトル系列には名前が付いていて，$n = 1$ と n' ($> n$) の状態間の遷移に対応する線スペクトルを**ライマン系列**（Lyman series），$n = 2$ と n' ($> n$) の間を**バルマー系列**（Balmer series），$n = 3$ と n' ($> n$) の間を**パッシェン系列**（Paschen series）などと呼ぶ．水素原子の場合，ライマン系列は紫外域，バルマー系列は主として可視域，パッシェン系列は赤外域にくる（図 1.20）．そして，波長の長い方から，ライマン系列は Lα, Lβ, Lγ, バルマー系列は Hα, Hβ, Hγ, そしてパッシェン系列は Pα, Pβ, Pγ などと呼ぶ．

[*40] リュードベリ定数は，量子力学の理論からは，

$$R_y = \frac{1}{1 + m/M} \frac{2\pi^2 m e^4}{ch^3} \tag{1.61}$$

と表される．ただし M と m はそれぞれ原子核および電子の質量 ($= 9.1094 \times 10^{-28}$ g；m/M は通常無視できる），e は電子の素電荷 ($= 4.8032 \times 10^{-10}$ esu)，c は光速 ($= 2.9979 \times 10^{10}$ cm s^{-1})，h はプランク定数 ($= 6.6261 \times 10^{-27}$ erg s) である．esu は cgs 静電単位系での電荷の単位で，SI 単位系のクーロンとの換算は 1 C $= 2.9979 \times 10^9$ esu．

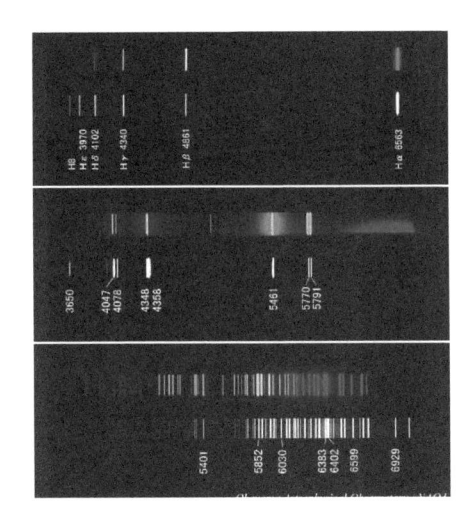

図 **1.19** 上から，水素，水銀，ネオンのスペクトル線（岡山天体物理観測所＆粟野諭美他『宇宙スペクトル博物館』）．

基底状態の水素原子が電離する際（$n=1$, $n'=\infty$）に，吸収される光のエネルギーを，水素の**電離エネルギー**（ionization energy）という．電子ボルトでは 13.6 eV で，波長は 91.2 nm になる．すなわち，91.2 nm より波長に短い紫外線が当たると水素は電離する（光電離）．

1.5.5 ドップラー効果と赤方偏移

線スペクトルに関連して，スペクトルから天体の運動状態を知る方法について一言触れておく．

救急車が近づくときにはピーポー音が高くなり，遠ざかるときにはピーポー音が低くなる．これは音が波であるために起こる現象だ．すなわち，進行方向前方では一定時間内に届く波の数は多く（振動数は高く）なり，逆に進行方向後方では波の数は少なく（振動数は低く）なるために生じる．この現象を**ドップラー効果**（Doppler effect）と呼ぶ[41]．

---

[41] 1842 年に最初に研究したオーストリアの物理学者クリスティアン・ヨハン・ドップラー（Christian Johann Doppler；1803〜1853）にちなむ．

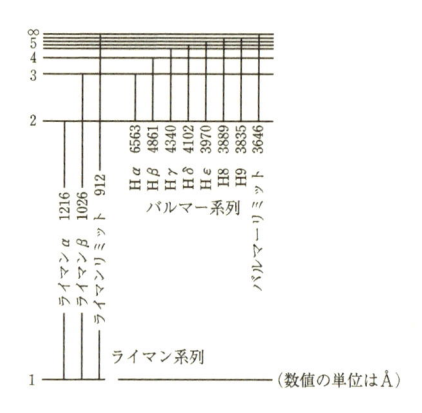

図 **1.20** 水素のスペクトル系列.

　光も波の一種なので，音のドップラー効果と同じ現象が起こる．光源と観測者の間の相対的な運動によって，観測される光の波長（振動数）が実験室で測定されるものとずれる現象を，「光のドップラー効果」と呼ぶ．

　天体から到来する光は，ドップラー効果その他いろいろな原因で波長がずれて観測される（web付録B）．もし天体から発した光の波長が長くなって（振動数は低くなって）観測されたなら，色でいえば黄色の光が赤色の方に移動するので，**赤方偏移**（redshift）という．赤外線や電波あるいはX線などの場合でも，可視光の呼び方を踏襲して，波長が伸びる方向へのずれを赤方偏移と呼ぶ．逆に，もし波長が短くなって（振動数は高くなって）観測されたなら，色でいえば黄色の光が青色の方に移動するので，**青方偏移**（blue shift）という．これらスペクトル線の偏移を"赤方偏移"と総称し，変数 z で表す．

　赤方偏移は，その原因がなんであれ，あくまでも観測的に決められる量で，光のもとの波長（実験室での波長）を λ_0，観測された光の波長を λ とすると，

$$\text{赤方偏移 } z = \frac{\lambda - \lambda_0}{\lambda_0} \tag{1.63}$$

で定義される．波長が長くなる赤方偏移では z の値は正になり，波長が短くなる青方偏移では z は負になる．

1.6 天体の階層と宇宙の歴史　astronomical scale and cosmos history

宇宙には，実にさまざまなものが存在している．身のまわりの世界の事物は原子や分子のような非常に微小な粒子が大量に組み合わさってできている．そして非常に大量の物質が集まって，惑星や太陽のような星々を形作っている．さらに太陽のような星々が何千億個も集まって銀河のような巨大な天体になっている．そのような銀河が宇宙全体に何千億個も散らばって分布している．さらにダークマターやダークエネルギーと呼ばれる，謎に包まれた存在もある．宇宙には，さまざまなスケールでさまざまな天体が存在し，相互に関連しつつ複雑な階層構造をなしている（表1.4）．

表 1.4　宇宙の階層構造．

空間スケール	典型的な物体・天体
10^{-10} m（1 Å）	原子サイズ：水素原子半径（5×10^{-11} m），水分子（～1 Å）
10^{-8} m（10 nm）	ウイルスサイズ：ウィルス（0.4～0.01 μm），C_{60}（～1 nm）
10^{-6} m（1 μm）	細胞サイズ：赤血球（～7.5 μm），ミトコンドリア（～1 μm）
10^{-4} m（0.1 mm）	ゾウリムシサイズ：ゾウリムシ（～3×10^{-4} m）
10^{-2} m（1 cm）	センチサイズ：岩石，鉱物，雪の結晶
1 m	ヒトサイズ：ここでやっと人の大きさだ
10^{2} m	建物サイズ：野辺山電波望遠鏡の口径は45mある
10^{4} m	山サイズ：富士山（= 3776 m），日本海溝，中性子星
10^{6} m	地球サイズ：地球（= 6378 km），白色矮星
10^{8} m	星サイズ：太陽（= 約70万 km）
10^{10} m	天文単位スケール：太陽と地球の距離（= 1天文単位）
10^{12} m	太陽系サイズ：冥王星の軌道半径（～40天文単位）
10^{14} m	太陽系辺境サイズ：オールト雲，カイパーベルト
10^{16} m（～1光年）	光年スケール：典型的な星間距離（～1光年）
10^{18} m（～100光年）	星団サイズ：巨大分子雲，星団（数光年～10光年）
10^{20} m（～1万光年）	銀河サイズ：天の川銀河系（～10万光年）
10^{22} m（～100万光年）	銀河団サイズ：銀河団，宇宙ジェット
10^{24} m（～1億光年）	大規模構造サイズ：超銀河団，大規模構造
10^{26} m（～100億光年）	宇宙サイズ：宇宙全体

大昔から人々は宇宙（世界）という概念はもっていた．しかし，本当の宇宙の姿が観測的にわかってきたのは，ほんの100年ほど前ぐらいからだ．観

測技術が進んで宇宙に散らばっている銀河の振る舞いが調べられるようになると，多くの銀河がお互いに遠ざかるように運動していることがわかり，宇宙全体が膨張している事実が発見された．宇宙全体が膨張しているということは，映画のフィルムを逆回しにするように過去に遡って考えると，宇宙はどんどん小さくなり1点にまでなるだろうと想像できる．現在の宇宙に存在するあらゆる物質が1点にまで凝縮されるのだから，さぞ，高温で高圧の状態だったに違いない．これをビッグバンと呼んでいる．宇宙は高温高圧のビッグバンではじまり，現在まで膨張し続けているのだ．最近の詳細な観測から，宇宙の誕生は約138億年前だったことがわかっている（表1.5）．

表 1.5 宇宙の歴史．

時間	サイズ比	大きさ	温度	主な出来事
0	0	0	∞	無からの宇宙（時空）の誕生
				インフレーションの開始
10^{-44} 秒	10^{-33}	10^{-3} cm	10^{32} K	重力が誕生する（プランク時間）
10^{-36} 秒	10^{-30}	1 cm	10^{28} K	強い力が誕生しバリオン数が発生する
10^{-11} 秒	10^{-15}	100 AU	10^{15} K	電子が誕生する（弱い力と電磁力の分離）
10^{-6} 秒			10 兆 K	陽子・反陽子の対消滅が起こる
10^{-4} 秒			1 兆 K	中間子が対消滅しクォークがハドロンになる
10 秒	10^{-10}		30 億 K	電子・陽電子が対消滅して光になる
100 秒	10^{-8}	10^3 光年	10 億 K	元素合成のはじまり（He, D, Li など合成）
1 万年	10^{-4}			輻射の時代の終わり&物質の時代のはじまり
38 万年	10^{-3}	1 億光年	3000 K	陽子と電子が結合し水素原子ができる
				（宇宙の晴れ上がり）
2 億年				最初の天体の形成と宇宙の再電離
10 億年	0.25			クェーサー形成
10 億年				銀河ができる
90 億年	0.75			太陽と地球の誕生（約 46 億年前）
100 億年頃				生命が発生する（約 36 億年前）
138 億年				人類の誕生（約 100 万年前）
138 億年	1	138 億光年	2.7 K	現在
190 億年頃				太陽の赤色巨星化（約 50 億年後）
1 兆年頃				銀河の老齢化
100 兆年頃				星が燃え尽きる
10^{32} 年頃				陽子の崩壊
10^{100} 年頃				ブラックホールの蒸発

1.7 専門用語　technical terms and jargons

どのような業界にも業界特有の慣習や業界用語がある．天文学の"業界"にも，**専門用語**（technical term）や業界内だけで意味の通じる**特殊語句**（jargon）がある．これらの業界用語が科学の読み書き能力：リテラシー（literacy）を難しくしている側面があることは否めない．専門用語の説明は各所で行っているが，業界用語の全般的な話を少し紹介しておく[*42]．

■(1) 言葉

そもそも「天文（astronomy）」という言葉は，「地文」「人文」と同様，中国で作られた言葉で，「天の文様」，すなわち"天に記された文字"の意味である[*43]．

「宇宙（universe，cosmos，space）」も大昔の中国の書物に出てくる言葉である．紀元前2世紀の『淮南子』（斉俗篇）という書曰く：

　　　往古来今謂之宙，天地四方上下謂之宇
　　　"四方上下これを宇といい　往古来今これを宙という"

いま風にいえば3次元空間が宇宙の"宇"で，過去から未来へと途切れなく続く1次元の時間が宇宙の"宙"なのだ．宇宙というと空間的な広がりのイメージが強いかも知れないが，本来は空間と時間を合わせたもので，現代的な言い方だと，"4次元時空間"そのものなのである[*44]．

[*42] 詳しくは，福江純『最新天文小辞典』（東京書籍，2004）など参照．
[*43] 英語のastronomyは，ギリシャ語の άστρον = astron（天体，星）と νόμος = nomos（法則，秩序）からできている．一般的には，「〜学」「〜論」に対しては，ギリシャ語の λόγος = logos（言葉という意味から，思想，学問の意）から派生した"-logy"という接尾語を付けて，biology（生命 βίος〔bios〕の学問＝生物学），etymology（真義 ἔτυμον〔etymon〕の学問＝語源学）などのように表している．したがって，天文学は astrology となるべきなのだが，astrology は（現在の）占星術の方に使われているため，科学的な学問に対しては，astronomy が使われている．
[*44] 英語のuniverseは，ラテン語の unum（一つの意）と verto（変わるの意）からできていて，統合されたものという意味．また cosmos は，ギリシャ語の κόσμος = cosmos が語源で，秩序整然として調和の取れた体系を表している．なお space は地球近傍のごく狭い空間

さて本書で扱う「宇宙物理学（astrophysics）」だが，天文学や宇宙に比べれば，こちらは非常に新しい言葉だ．現代科学が発展した結果，従来の伝統的な astronomy に対して，astron + physics から astrophysics という学問分野が成立した．astronomy は古典的な天文学なのに対し，astrophysics は現代物理とくに量子論を取り入れた天文学のことだ．日本で最初に天文学科（星学科と呼んでいた）が設置されたのは，1878 年，東京帝国大学だ．その後，京都帝国大学で天文関係の講座（1921 年に学科として開設）が開かれる際，京都帝国大学では当時台頭してきた新しい astrophysics をやるというので，講座の教授の新城新蔵（しんじょうしんぞう）（1873〜1938）が"宇宙物理学"という言葉を作り，宇宙物理学教室を設置したという経緯である．

■(2) 数学記号

ベクトル記号は $\vec{a}$ のような矢印ではなく，$\boldsymbol{a}$ のように太字にすることはすでに触れた．またよく使うのが，〜という記号で，これは"だいたい等しい"を表す（等号の上下に点の付いた記号"≒"は使わない）．似たもので，不等号記号">"，"<"の下に"〜"を組み合わせた"≳"，"≲"という記号があり，≳ が"だいたい等しいか少し大きい"となる．☆（星型）や * （アスタリスク）も使う．

■(3) 定数と変数

定数（constant）や変数（variable）は，英語のアルファベットやギリシャ語のアルファベットで表すことが多いが，光速度は c，万有引力定数は G，プランク定数は h，などというように，物理定数や天文定数の記号（アルファベット）は約束事で決まっているものが多い（付録 A 参照）．

変数についても，通常は abc，未知量や座標は xyz，半径（動径 radius）は r，時間（time）は t，質量（mass）は m，波長は λ，密度は ρ など，英語やギリシャ語のアルファベットに，いろいろな意味が割り当てられている（付録 A 参照）．英語の綴りの頭文字になっていることも多い．そんなルールがある

領域を表し，宇宙全体を意味することはあまりない．ただし，相対論などでの spacetime（時空）となると，4 次元時空連続体ということで宇宙と同義になる．

のだと知っているだけでも，文脈や式の意味がわかりやすくなるだろう[*45]．

また，あまり明記されていないが，科学業界では，文字の書体（フォント）に関して，暗黙の了解事項がある．すなわち，

ローマン体（立体）　通常の文字（言葉）に使う（例：velocity, force）．
イタリク体（斜字体）　定数や変数に使う[*46]（例：速さ v, 力 F, 波長 λ）．
ボールド体（太字）　ベクトルなどに使う（例：速度ベクトル $\boldsymbol{v}$, 力 $\boldsymbol{F}$）．
スクリプト体（筆記体，花文字）　特殊な定数や変数に使う（例：因子 $\mathcal{ABCXYZ}$, 気体定数 $\mathcal{R}$）．

このルールは添え字にも適用される．たとえば，イオン（ion）にかかる力は F_i とするし，i 番目の力の場合は F_i になる．

■(4) 天文記号

太陽や惑星や星座を表す記号を天文符号（astronomical sign）とか天文記号（astronomical symbol）という．本章でもすでに登場した，太陽を表す記号 $\odot$ が代表的だ．主なものを付録 A の表 A.8 にまとめた．惑星を表す天文記号——惑星記号——の由来などには第 2 章の脚注で触れる．

■(5) 天体名

天体の名前は，固有名，カタログ名，座標名など入り乱れて，業界人間にとってもよくわからないことが多い．

明るい星の名前は，ラテン語で表した星座の学名を 3 文字に短縮した略号——**バイエル符号**（Bayer symbol）——の前に，おおむね明るい順に，$\alpha\beta\gamma\cdots$ と付ける．たとえば，全天でもっとも明るい恒星であるおおいぬ座 α 星のシリウスは，おおいぬ座を表す略号 CMa に α を付けて，α CMa と書く．

"M"に数字が付いた名前は，コメットハンターだったフランスの天文学者シャルル・メシエ（Charles Messier；1730〜1817）が作成した「メシエカタ

[*45] 定数や変数の数は多いので，アルファベットだけでは足らず，一つのアルファベットにいくつかの意味を割り当てざるを得ない．たとえば，γ（ガンマ）は高エネルギー電磁波のガンマ線，熱力学的な量の比熱比，相対論的性質を表すローレンツ因子などに使われる．
[*46] ただし，ギリシャ語の変数は立体．

ログ」の登録天体である．たとえば，M1 は超新星残骸かに星雲だ．
　"NGC" ではじまる名前は，イギリスの天文学者ウィリアム・ハーシェル（William Herschel；1738〜1822）らが作成した銀河のカタログ『New General Catalogue』の登録天体だ．たとえば，楕円銀河 M87 は NGC では 4486 番目の登録天体になる．
　電波源については，星座の中でもっとも明るい電波源から，星座名の後に ABC を付けて表す．たとえば，Vir A はおとめ座でもっとも明るい電波源だが，巨大楕円銀河 M87（NGC4486）と同一天体だ．
　X 線源は，星座の中でもっとも明るい X 線源から，星座名の後に X-1，X-2 などと付ける．たとえば，Cyg X-1 ははくちょう座でもっとも明るい X 線源だ．
　変光星の名前は，RR Lyr（こと座 RR 星）のように星座名の前にローマ字のアルファベットを付けて表す（付け方は少し複雑）．
　超新星（supernova）の場合は，SN1987A のように，supernova の頭文字 + 観測された西暦 + 順番を表すアルファベットの組み合わせだ．
　アルファベットが足らなくなると，番号を振ったり，赤道座標を用いる．たとえば，Q0957 + 561 は赤経 09 時 57 分赤緯 56.1° にあるクェーサーだ．

> **こぼれ話**
>
> 　　**磁場およびクーロン力：**　天体プラズマは磁場の影響を受けることが多いが，本書では，磁場がらみの話題はほとんど割愛した．紙数の制限が大きいが，同時に，磁場や磁力線については 3 次元的な磁場構造が本質的なので，難易度がぐっと上がるためもある．高校で物理を習うと悩まされる（悩まされた），「右手の法則」とか「左手の法則」などがその代表例である．

第 2 章

Solar System and Planets
太陽系と惑星

もっとも身近な天体といえば，太陽と月，そして惑星をはじめとする太陽系の諸天体だろう．本章では，主として力学的な立場で，有名なケプラーの法則など太陽系の諸天体を統べる性質を紹介したい．太陽系力学という言い方はおおざっぱすぎてあまり使わないが，専門的には，**天体力学**（celestial mechanics）や**惑星科学**（planetary science）などの領域になる．

2.1　太陽系の諸天体　planets and other objects

自ら輝いている太陽に対し，太陽のまわりを回る天体で，ある程度の大きさ（質量）をもったものを**惑星**（planet）[1]と称している（付録 A）[2]．現在の定義では，太陽系の惑星は，太陽に近い方から，水星，金星，地球，火星，木星，土星，天王星，海王星の八つである[3]．また惑星よりは小さいが比較的大きな冥王星や小惑星セレスなどは**準惑星**（dwarf planet）[4]と分類され，そ

---

[1] 惑星という用語は，江戸時代末期に長崎で活躍したオランダ通詞（通訳）の本木良永（もときりょうえい；1735〜1794）が創案したらしい．良永が1792年（寛政4年）に著した『太陽窮理了解説』の中で，"惑星"という言葉をはじめて使ったようだ．英語の planet は，ギリシャ語の $\pi\lambda\alpha\nu\acute{\alpha}o$ = planao（さまよい歩く）から派生した $\pi\lambda\alpha\nu\acute{\eta}\tau\eta\varsigma$ = planetes を起源としている．漫画のタイトルにもなった $\pi\lambda\alpha\nu\acute{\eta}\tau\varepsilon\varsigma$（ΠΛΑΝΗΤΕΣ）は複数形．

[2] 付録に回した惑星表は，数年おきぐらいに用意するのだが，最新の『理科年表』（今回は2015年版）と照らし合わせると，毎回どこかの数値が改訂されている．

[3] 従来は冥王星も惑星に分類されていたが，軌道の形状やサイズから惑星として疑念があり，観測の進展によって，冥王星よりも大きな天体がつぎつぎ発見された．その結果，2006年の夏にプラハで行われた第26回国際天文学連合の総会において，冥王星を惑星から外すことが決まった．

[4] 上の方での議論の末，この dwarf planet には準惑星という訳語が当てられた．しかし，従来，矮星（dwarf），矮新星（dwarf nova），矮小銀河（dwarf galaxy）などもあり，整合性

の他の小天体は**太陽系小天体**（small solar system body）とされた．科学が進歩すると共に，新しい分類や言葉が必要になってくるものだ．

太陽系の諸天体については比較的よく知られていると思うが，以下では基礎的な事項を中心に，駆け足で眺めていこう．

■(1) 水星

水星（Mercury）[*5]は太陽に一番近い惑星で，約88日で太陽を一周する．太陽に近いことや離心率が大きいこと，大気がないことなどから，昼夜の温度差が非常に大きく，昼は430℃にもなる一方で，夜は−170℃にも下がる．また大気がないため，月と同じようにクレーターに覆われている（図2.1）．

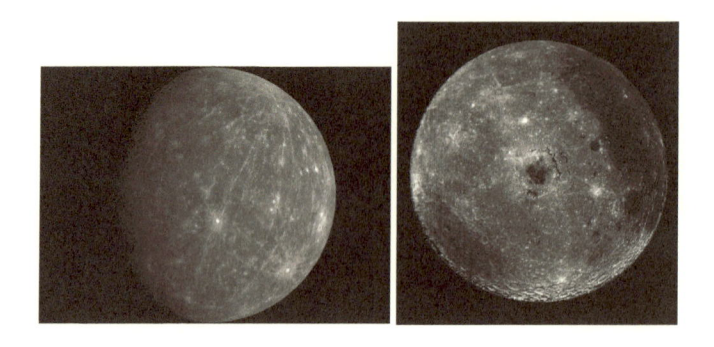

図 2.1 メッセンジャー探査機の撮像した水星（左）と月の裏側（右）（NASA）．水星の表面と海の少ない月の裏側はよく似ていることがわかる．

を保つためには，**矮惑星／矮小惑星**という訳語を当てるべきだっただろう．

[*5] 中国ではもともと水星のことを辰星（しんせい）と呼んでいたが，五行思想のもとで，すばやく動く水星は水の要素と結び付けられ水星となった．西洋では，ギリシャ神話では伝令の神ヘルメス（$E\rho\mu\acute{\eta}\varsigma$ = Hermes）であり，ローマ神話でも通商や旅行の神のメルクリウス（Mercurius）になる．水星の惑星記号は，女性記号の上に2本の角が生えたような形（☿）をしているが，これはヘルメスのもつ2匹の蛇が絡み合った杖を象っている．ちなみに，水曜日の英語 Wednesday は，北欧神話の最高神オーディン（Woden/Odin）の日という意味である．

■(2) 金星

金星（Venus）[*6]は，太陽と月を除くと，全天で一番明るく，"明けの明星"や"宵の明星"と呼ばれてきた．主に二酸化炭素からなる濃く厚い大気に包まれており，その大気の温室効果によって，金星表面の温度は 750 K にもなっている．

雲で覆われた金星は，その表面がどうなっているかは謎だったが，1990 年に金星の周回軌道に入ったマゼラン探査機の電波探査などによって，山や谷や高地や盆地などさまざまな地形に覆われていることがわかった（図 2.2）．

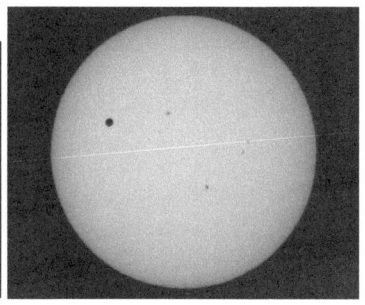

図 2.2 マゼラン探査機が明らかにした金星表面地形（NASA）．右は金星の太陽面通過（2012 年 6 月 6 日，大阪教育大学柏原キャンパスで撮影）．金星と太陽の比率がよくわかる．

金星で大きな謎は**超回転気流**（superrotation）と呼ばれる現象である．金星の上層では 100 m s^{-1} もの超高速の風が吹いており，これは金星の自転速度よりもはるかに大きいため，スーパーローテーションと名付けられた．こ

[*6] 中国ではもともと太白（たいはく）と呼んでいたが，五行思想のもとで，きらきら光る金星は金の要素と結び付けられて金星となった．西洋では美の女神が当てられ，ギリシャ神話では美の女神アプロディテ（Αφροδίτη = Aphrodite）になり，ローマ神話ではウェヌス（Venus）すなわちヴィーナスになる．金星の惑星記号は，マルの下に十字を描いた，いわゆる女性の記号（♀）である．この記号の由来については，ヴィーナスのもつ鏡だとする説と，エジプトのアンク十字架だとする説などがある．ちなみに，金曜日の英語 Friday は，北欧神話における春と愛の神フレイア（Freya）から名づけられた．

のスーパーローテーションの原因はまだ解明されていない．

■(3) 地球

母なる惑星地球（Earth）[*7]．太陽系の中で唯一，液体の水が大量に存在する惑星で，そのため"水惑星"とも呼ばれる．またわれわれの知る限り，宇宙の中でただ一つの生命が存在する惑星だ．

■(4) 火星

火星（Mars）[*8]の表面の大部分は酸化鉄を含む赤褐色の砂漠に覆われており，"赤い惑星"と呼ばれる所以(ゆえん)となっている．浸食地形などから，かつて火星に液体の水があったことは確実で，現在でも，極冠と呼ばれる氷の層として両極に残っている．火星は，0.007〜0.01気圧程度の二酸化炭素 CO_2 を主成分とする薄い大気をもっている（図 2.3）．

■(5) 小惑星

小惑星（asteroid）[*9]は，主として火星と木星の軌道の間に存在する[*10]．大小さまざまな大きさの無数の岩塊のことで，太陽系の形成時にいったん形成された微惑星が，衝突などによって破壊された残骸だと考えられている．2012 年の段階で，約 33 万個の小惑星の軌道が確定し小惑星番号が付けられている（図 2.4）．

[*7] 「地球」という言葉は，惑星と同じく，本木良永が造ったと言われている．英語では earth（といっても古代チュートン語が起源らしい），ラテン語では terra（土地の意味），ギリシャ語で相当する言葉が Γαία = Gaia, Gaea である．地球の惑星記号，マルに十字（⊕ または ♁）は，円が地球そのものを表し，十字は赤道と子午線を表している．

[*8] 中国ではもともと熒惑（けいこく／けいわく）と呼んでいたが，五行思想のもとで，赤い火星は火の要素と結び付けられて火星となった．西洋では赤い色が血や戦争を連想するので，ギリシャ神話では軍神アレス（Άρης = Ares），ローマ神話ではやはり軍神マルス（Mars）．火星の惑星記号は，マルに矢印の付いたいわゆる男性記号（♂）だが，マルスのもつ盾と槍を象ったものだと考えられている．ちなみに，火曜日の英語 Tuesday は，北欧神話における戦いの神ティール（Tyr）から付けられた．

[*9] 英語の asteroid は星に似たものという意味で，命名したのはイギリスのウィリアム・ハーシェル（William Herschel；1738〜1822）．minor planet という言い方もある．

[*10] 火星と木星の間の**小惑星帯**（メインベルト）以外にも，木星軌道上の木星トロヤ群，地球軌道近くを通る地球近傍小惑星（NEA），太陽系外縁に広がるエッジワース・カイパーベルト天体（EKBO）など，さまざまなグループが存在する．

2.1 太陽系の諸天体　planets and other objects

図 2.3　スピリット探査機の撮影した火星の日没風景（NASA）．カラーで見ると薄い青色からピンクがかった不思議な色合いをしている．火星の薄い大気に含まれる微細なチリが，空全体に赤っぽい色を作ると同時に，太陽光中の青色成分を前方散乱するため，太陽周辺は薄い青色に見える．

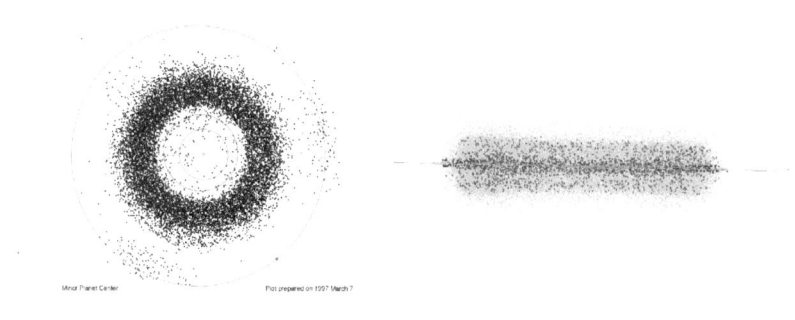

図 2.4　小惑星帯やトロヤ群の小惑星の分布図（http://airandspace.si.edu/exhibitions/exploring-the-planets）．右は横から見た分布図（http://sajri.astronomy.cz/asteroidgroups）．メインベルトとはいっても，幅はもちろん厚みもかなりある．なお，個々の小惑星の軌道は傾いた楕円軌道で，ある瞬間のスナップショットでは太陽系平面の上にあったり下にあったりして，結果として厚みをもった分布になっている．

■(6) 木星

　木星（Jupiter）[11] は太陽系最大の惑星で，太陽の約 1/1000，地球の 318 倍

---
　[11] 中国ではもともと歳星（さいせい）と呼んでいたが，五行思想のもとで，木の要素と結び付けられて木星となった．西洋では木星が堂々としていることから最高神が当てられ，

図 2.5 カッシーニ探査機が撮影した木星（NASA）．白い縞（zone）は上昇気流によって雲頂が高くなり，氷晶などによって白っぽくなっているようだ．（カラー写真では）褐色の縞（belt）は下降気流の領域で，窒素化合物の色が出ているのだろう．左下の黒い丸は衛星エウロパの影．

図 2.6 カッシーニ探査機が撮影した土星（NASA）．逆光で撮影した珍しいショット．さらに右下には地球と月（見た目ではほとんど判別できないが）も一緒に写っている．

の質量をもつ（図 2.5）．木星や土星は主に水素とヘリウムからできたガス惑星だ．木星の表面には褐色の縞模様が見られるが，これは大気にアンモニアなど窒素化合物が大量に含まれていることや，10 時間程度で高速自転していることなどによるものと考えられる．

　木星の気象の特徴は大小さまざまな渦があることで，中でも大赤斑（Great Red Spot；GRS）は名前のとおり，巨大な赤い楕円状の渦巻きだ．1664 年にイギリスのロバート・フック（Robert Hooke；1635～1703）が発見して以来，濃くなり，薄くなりして存続してきた．南半球の熱帯ゾーンにある台風のようなものらしい．1995 年に木星大気に降下したガリレオ探査機の観測により，中心ほどゆっくり回転していることや，中心部ほど高層まで伸びているという螺旋構造をしていることがわかった．

　ギリシャ神話では大神ゼウス（Ζεύς = Zeus）が，ローマ神話ではユピテル（Jupiter）が対応する．木星の惑星記号（♃）は，数字の 4 のような変な形をしているが，ゼウスの放った雷を図案化したものらしい．ちなみに，木曜日の英語 Thursday は，北欧神話の雷と農耕の神トール（Thor）から付けられた．

■(7) 土星

土星（Saturn）*12 は木星と同じくガスでできた惑星だが，平均密度は水より小さく，1 cm³ あたり 0.7 g しかない．また，美しい環をもつことで有名だ（図 2.6）．

美しい土星の環は，実は細いリングの集合体で，cm ないし m サイズの氷の粒でできており，A 環から F 環までわかれている．2004 年には，カッシーニ探査機が土星軌道に到達し，2005 年，子機のホイヘンスが土星の衛星タイタンに着陸するという快挙も成し遂げられた．最近では，衛星エンケラドスでも，氷で覆われた表面の下には液体の海があり，しかも熱水環境が存在していて，もしかしたら生命を育んでいるかもしれないと想像されている．

■(8) 天王星

天王星（Uranus）*13 は外惑星の一つで，望遠鏡で見ると青みがかって見える（図 2.7）．天王星で興味深いのは，その自転軸が黄道面に対し 98° も傾いていて，ほとんど横倒し状態で自転していることだ．また天王星にも環が発見されている．

■(9) 海王星

海王星（Neptune）*14 も青白い惑星だ（図 2.8）．ボイジャー 2 号の探査によ

---

*12 中国ではもともと塡星（てんせい）と呼んでいたが，五行思想のもとで，土の要素と結び付けられて土星となった．西洋では土星があまり動かないことから大地を連想するので，ギリシャ神話ではクロノス（$K\rho \acute{o} \nu o \varsigma$ = Cronos）が，ローマ神話では農耕の神サトゥルヌス（Saturnus）が当てられた．変形した h に横棒の付いたような土星の惑星記号（♄）は，農耕の神サトゥルヌスの鎌に由来するようだ．ちなみに，土曜日の英語 Saturday は，ローマ神話の農耕の神サトゥルヌスから付けられた．

*13 天王星は 1781 年にハーシェルが発見した．ドイツのヨハン・ボーデ（Johann Bode；1747～1826）が，ギリシャ神話の天空神ウラノス（$O \upsilon \rho \alpha \nu \acute{o} \varsigma$ = Ouranos），ローマ神話のウラヌス（Uranus）に対応させることを提唱した．"天王星"はその直訳．大文字の H とマルなどを組み合わせたような天王星の惑星記号（♅）は，ハーシェルの頭文字の H を図案化したもの．

*14 海王星は，1846 年，ベルリン天文台のヨハン・ゴットフリート・ガレ（Johann Gottfried Galle；1812～1910）が発見した．すでに 1781 年に発見されていた天王星について研究が進むと，天体力学にもとづいて計算された天王星の位置と実際に観測された位置がずれていることがわかった．イギリスのジョン・クーチ・アダムズ（John Couch Adams；1819

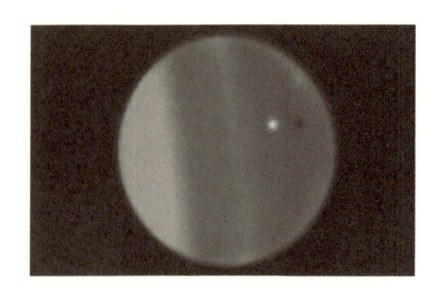

図 2.7 ハッブル宇宙望遠鏡が撮影した横倒しの天王星（NASA）．衛星アリエル（白丸）とその影（黒丸）も写っている．

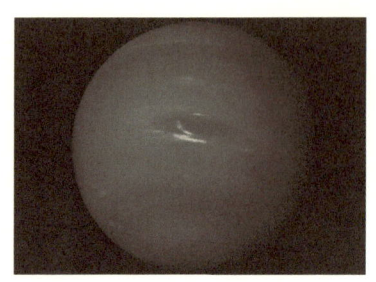

図 2.8 ボイジャー 2 号が撮影した青白い海王星（NASA）．

って，青白い海王星には木星の大赤斑と似た大黒斑（だいこくはん）が発見された．また最近の観測では，海王星では激しい嵐が起こっており，とくに赤道付近では，時速 1400 km もの速さの風が吹いていることがわかったが，その謎はまだ解かれていない．

■(10) 冥王星

冥王星（Pluto）[*15]にも一言触れておこう．遠方にあるため観測が進まなかったが，1978 年に，アメリカのジェームズ・クリスティ（James Christy；

～1892）とフランスのユルバン・ルベリエ（Urbain Jean Joseph Le Verrier；1811～1877）は，独立に天王星の外側に未知の惑星が存在していることを予測し，その位置を推算した．そしてルベリエの予測にもとづき，ガレがほぼ予想された位置に海王星を発見した．名前については，ギリシャ神話では海神ポセイドン（$Ποσειδῶν$ = Poseidon）に，ローマ神話ではネプチューン（Neptune）に対応させられている．直訳したものが"海王星"．ポセイドンは，ギリシャ語のΨのような形をした三叉の戟（ほこ）——トライデント trident ——をもっていて，それが海王星の惑星記号（♆）になっている．

[*15] 冥王星は，アメリカのアリゾナ州ローウェル天文台のクライド・トンボー（Clyde William Tombaugh；1906～1997）が 1930 年に発見した．冥王星は，ギリシャ神話では冥界の王ハデス（$Άδης$ = Hades）に，ローマ神話ではプルトン（Pluton）に対応させられている．"冥王星"の命名は，日本人の野尻抱影（のじりほうえい；1885～1977）によるものだ．冥王星の惑星記号（♇；P と L を組み合わせたもの）は，プルートの綴りの一部でもあり，パーシバル・ローウェル（Percival Lowell；1855～1916）の頭文字でもある．

1938〜) が大きな衛星を発見し, カロン (Charon) と名付けた[*16] (図 2.9).

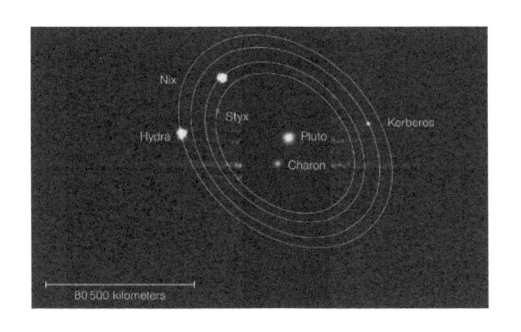

図 2.9　冥王星と五つの月 (NASA).

■**(11) 彗星**

彗星 (comet)[*17] は, はるか太陽系の果てから飛来し, 太陽の近くで壮大な天体スペクタクルショーを繰り広げ, ふたたび宇宙の彼方へと帰っていく太陽系天体だ (図 2.10). 典型的な彗星の直径は 10 km 程度, 質量は 10^{17} g ほどで, 本体は, 水・メタン・アンモニア・二酸化炭素などの氷に, 固体微粒子の混ざった塊で, 俗に "汚れた雪玉" と呼ばれている[*18].

2.2　ケプラーの法則　Kepler's law

太陽系内の基本的な力学として, **ケプラーの法則** (Kepler's law) について復習しておこう. ケプラーが発見した大法則は, 以下の第 1, 第 2, 第 3 法

[*16] いまや冥王星には五つも衛星が見つかっている. 三途の川の渡し守カロン, 夜の女神ニクス, 怪物ヒドラ, 三つ首の番犬ケルベロス, そして冥界の川の女神ステュクスの名前が付けられている.

[*17] 漢字の「彗」は会意文字で, 手で草ほうきを取るさまから, 掃くとか, さらには箒 (ほうき) の意味を表すそうだ. 英語の comet は, ラテン語の cometa, ギリシャ語の κομήτης = cometes に由来するもので, 長い髪をもった, の意味. 彗星のボーとした広がりをコマ coma (髪の毛) という.

[*18] 彗星の尾には, イオンやガスからなるガスの尾 (ion tail) と, 細かなチリからなるダストの尾 (dust tail) がある. 前者は彗星から揮発した気体成分が太陽から吹き出す太陽風に吹き流されて, ほぼ太陽と反対方向にできる. 後者は彗星大気に含まれるチリが太陽光によって減速されて生じるので, 彗星の軌道方向に散らばっていく.

図 2.10　ヘール‐ボップ彗星（西はりま天文台）.

則にまとめられる.

ケプラーの第 1 法則（楕円の法則）　惑星は太陽を一つの焦点とする楕円軌道を描く.

楕円には"焦点"と呼ばれる二つの点 A と B があり，楕円上の点 P と各焦点との距離の和 PA + PB が一定になるような軌跡が楕円である（図 2.11）.

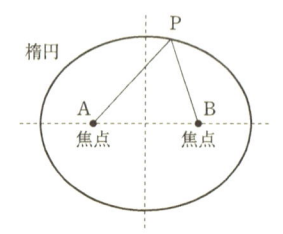

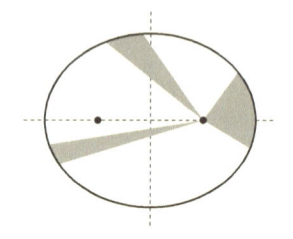

図 2.11　楕円と焦点.　　　図 2.12　楕円軌道と面積速度.

楕円を表す方程式には，いくつかの表現があるが，楕円の中心を原点とする直交座標系 (x, y) では，長軸の半径（**長半径**；semimajor axis）を a，短軸の半径を b として，

$$\frac{x^2}{a^2} + \frac{y^2}{b^2} = 1 \tag{2.1}$$

のように表される（$a = b = r$ のときは半径 r の円の方程式になる）. そして，

$$e \equiv \sqrt{1 - \frac{b^2}{a^2}} \tag{2.2}$$

で定義される**離心率** e（eccentricity）によって楕円の形が決まる（0のときが円，1で直線）．また直交座標系で，楕円の二つの焦点は $(\pm ae, 0)$ に位置する．

一方，焦点（太陽）を原点とする極座標系 (r, θ) では，楕円の方程式は，

$$r = \frac{\ell}{1 + e \cos \theta} \tag{2.3}$$

のように表される．ここで ℓ は**半直弦**（semilatus rectum）と呼ばれ，$\ell = a(1 - e^2)$ となる（2.3節）．

このような楕円軌道で焦点（太陽）にもっとも近くなる位置（$\theta = 0°$）を**近日点**（perihelion），もっとも遠くなる位置（$\theta = 180°$）を**遠日点**（aphelion）と呼ぶ[*19]．焦点からの近日点距離および遠日点距離は，$a(1 \pm e)$ となる．

ケプラーの第2法則（面積速度一定の法則） 太陽と惑星を結ぶ線分が一定時間に描く扇型の面積は常に一定である．

惑星は楕円軌道を描きながら太陽のまわりを回るが，たとえば1ヶ月という決まった時間の間に軌道上を運動したとき，惑星の最初の位置と太陽を結ぶ線，最後の位置と太陽を結ぶ線，そしてその間の軌道で作られる扇型の面積が，軌道上のどこでも同じになるというのが，第2法則だ（図2.12）．単位時間あたりに描く面積ということで**面積速度**という変な名前が付いている．この面積が一定になるためには，焦点（太陽）に近い付近では扇の直線部分の長さが短いので，弧の部分が長くなるように惑星は速く動かなければならない．一方，焦点から遠いところでは直線部分が長いので，弧の部分が短くなるように惑星はゆっくり動く．すなわち第2法則は，楕円の軌道上での惑星の運動速度を規定する法則なのだ（2.3節）．

ケプラーの第3法則（調和の法則） 惑星の公転周期の2乗と軌道長半径

[*19] 中心の天体が地球の場合は，**近地点**（perigee），**遠地点**（apogee）と呼ぶ．恒星の場合は，**近星点**（periastron），**遠星点**（apastron）となる．銀河だと，**近銀点**（perigalacticon），**遠銀点**（apogalacticon），ブラックホールだと，**近黒点**（peri-blackticon），**遠黒点**（apo-blackticon）などとなる．

の3乗の比は，すべての惑星に共通で一定の値になる．

太陽から遠くにある惑星ほど公転周期が長いのは不思議ではない．しかし，単に，公転周期が軌道長半径に比例するのではなく，公転周期の2乗が軌道長半径の3乗に比例するという点にこそケプラーの法則の神髄があり，自然界の"調和"と不思議さを感じる（図 2.13）．

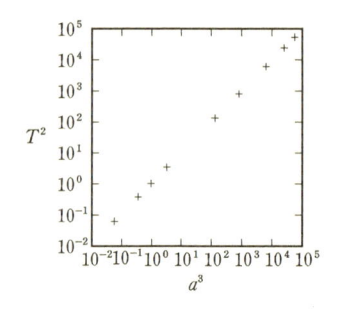

図 **2.13** 各惑星の長半径（天文単位）の3乗と公転周期（年）の2乗を対数グラフにプロットすると，きれいな直線になる．

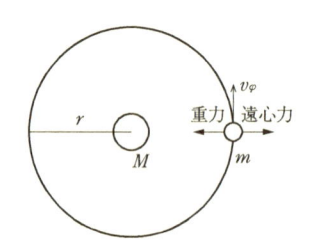

図 **2.14** 天体のまわりの円軌道における力の釣り合い．

ケプラーの第3法則を数式で表すと，公転周期を T とし軌道長半径を a として，$T^2/a^3 =$ 一定，ということになる．地球の公転運動を基準にして，公転周期を年で，軌道長半径を天文単位（AU）で測れば，

$$\frac{T^2_{\text{年}}}{a^3_{\text{AU}}} = 1 \tag{2.4}$$

という単純な関係で表せる．なお，ここで添え字は単位を明示したもので，単位の換算が多い天文学ではこういう略記法もよく使う．

ケプラーの三つの法則からニュートンの万有引力の法則が導かれ，逆に，ニュートンの万有引力の法則からはケプラーの三つの法則が導出できる．したがって，ケプラーの法則とニュートンの万有引力の法則は数学的には等価である．しかし物理的な意味合いは異なる．というのは，ケプラーの法則は観測によって得られた<u>現実世界の経験的な法則</u>であり，ニュートンの万有引

力の法則は万有引力という原理にもとづいた現実世界を説明する理論的枠組みだからだ．ある自然現象について，観測によって得られた事実を説明することができ，かつ新しい（隠された）現象を予言できる理論を得て，はじめて，その自然現象の物理的しくみを理解できたと言えるのだ．

楕円軌道は次節で考えることにして，以下では円軌道という簡単な場合で，ニュートンの万有引力の法則からケプラーの第3法則を導いてみよう．

質量 M の天体のまわりを質量 m の天体が半径 r の円軌道を描いて公転運動しているとする（図2.14）．簡単のために，M は m より十分大きいとする（その結果，全系の重心は M の中心と考えてよい）．さらに天体 m の軌道は半径 r の円軌道とする．このとき，天体 M が天体 m におよぼす重力と，天体 m が円運動することによって生じる遠心力との釣り合いから，

$$\frac{GMm}{r^2} = mr\Omega^2 = m\frac{v^2}{r} \tag{2.5}$$

が成り立つ．ここで Ω は回転角速度で，v は回転（公転）速度である（$v = r\Omega$）．

このような**ケプラー運動**（Kepler motion）の場合，回転角速度 Ω，回転速度 v，そして回転の周期 P は，それぞれ，以下のようになる：

$$\Omega = \sqrt{\frac{GM}{r^3}}, \quad v = r\Omega = \sqrt{\frac{GM}{r}}, \quad P = \frac{2\pi r}{v} = \frac{2\pi}{\Omega} = 2\pi\sqrt{\frac{r^3}{GM}}. \tag{2.6}$$

最後の式はケプラーの第3法則（調和の法則）にほかならない．公転周期 P の2乗と軌道長半径 r の3乗の比は，中心天体の質量に反比例する．

2.3　惑星の楕円軌道　planet elliptic orbit

前節でもっとも単純な円軌道を考えてみたが，一般には，ニュートンの万有引力の法則のもとで運動する物体（天体）の軌道は，中心天体を原点とする二次曲線（楕円・放物線・双曲線）になる．

質量 M の中心天体のまわりを質量 m の天体が軌道運動しているとき，中心天体を原点とする極座標 (r, θ) で物体の位置を表す（図2.15）．ここで r は中心天体からの距離，**動径**（radius）で，θ は近日点方向から測った角度である．幾何学的には動径 r は角度 θ の関数だが（それをいまから求める），そ

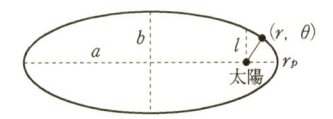

図 2.15 楕円の焦点を原点とする極座標 (r, θ).

れぞれ時間の関数でもある（こちらの解までは求めない）．したがって，動径速度 v_r や回転速度 v_θ そして角速度 Ω は，それぞれ，以下のようになる：

$$v_r = \frac{dr}{dt}, \quad v_\theta = r\Omega = r\frac{d\theta}{dt}, \quad \Omega = \frac{d\theta}{dt}. \tag{2.7}$$

さてこのとき，ニュートンの万有引力のもとで運動する物体の運動方程式は，動径方向および角度方向について，それぞれ，以下となる（2.4 節）：

$$m\left[\frac{d^2r}{dt^2} - r\left(\frac{d\theta}{dt}\right)^2\right] = m\left(\frac{dv_r}{dt} - r\Omega^2\right) = -\frac{GMm}{r^2}, \tag{2.8}$$

$$\frac{m}{r}\frac{d}{dt}\left(r^2\frac{d\theta}{dt}\right) = \frac{m}{r}\frac{d}{dt}\left(r^2\Omega\right) = 0. \tag{2.9}$$

後者の (2.9) 式は直ちに積分できて，J および L を積分定数とすると，

$$r^2\frac{d\theta}{dt} = r^2\Omega = \frac{J}{m} = L \tag{2.10}$$

のようになる．ここで J は全角運動量で，L は単位質量あたりの角運動量あるいは**比角運動量**（specific angular momentum）と呼ばれる．この式は，軌道運動の間，$r^2 d\theta/dt$ という量が一定であることを意味しており，全角運動量／比角運動量が保存されることを表している（**角運動量保存の法則**）．面積速度の法則との関係では，比角運動量が面積速度のちょうど 2 倍で，面積速度の法則はニュートン力学の言葉では角運動量保存の法則にほかならない．

運動方程式 (2.8) に比角運動量を代入すると，

$$\frac{d^2r}{dt^2} - \frac{L^2}{r^3} + \frac{GM}{r^2} = 0 \tag{2.11}$$

のように変形できる（両辺は m で割り右辺は左辺に移項した）．さらに全項に dr/dt をかけて，微分の連鎖を考えると，この式は，

2.3 惑星の楕円軌道　planet elliptic orbit

$$\frac{1}{2}\frac{d}{dt}\left(\frac{dr}{dt}\right)^2 + \frac{L^2}{2}\frac{d}{dt}\frac{1}{r^2} - GM\frac{d}{dt}\frac{1}{r} = 0 \tag{2.12}$$

のように変形できて，時間で積分すると，

$$\frac{1}{2}\left(\frac{dr}{dt}\right)^2 + \frac{L^2}{2r^2} - \frac{GM}{r} = E \tag{2.13}$$

が得られる．ここで E は積分定数だが，左辺を見ると，第 1 項は運動エネルギー，第 2 項は遠心力ポテンシャル，第 3 項は重力ポテンシャルで，それらの和 E は系の力学的エネルギーを意味していることがわかる．すなわち (2.13) 式は系の**力学的エネルギー保存の法則（エネルギー積分）**を表している．

軌道が楕円軌道であることを示すために，ここで次の段階の変形へ進もう．先に述べたように，r も θ も時間の関数だが，軌道は r と θ の関係なので，独立変数を時間 t から角度 θ に変換しよう．その際，時間微分は，

$$\frac{d}{dt} = \frac{d\theta}{dt}\frac{d}{d\theta} = \frac{L}{r^2}\frac{d}{d\theta} \tag{2.14}$$

のように微分の連鎖を使って，角度微分に置き換える．その結果，エネルギー積分 (2.13) は，

$$\frac{L^2}{2r^4}\left(\frac{dr}{d\theta}\right)^2 + \frac{L^2}{2r^2} - \frac{GM}{r} = E \tag{2.15}$$

のように，r の θ に関する微分方程式に生まれ変わる（$E < 0$）．

さらに従属変数 r も，

$$u \equiv \frac{1}{r}, \quad \frac{dr}{d\theta} = -\frac{1}{u^2}\frac{du}{d\theta} \tag{2.16}$$

を用いて，逆数 u に変換しよう．そうすると (2.15) 式は，

$$\frac{L^2}{2}\left(\frac{du}{d\theta}\right)^2 + \frac{L^2}{2}u^2 - GMu = E \tag{2.17}$$

と変形され，微分について解くと，

$$\frac{du}{d\theta} = \pm\sqrt{\frac{2E}{L^2} + \frac{2GM}{L^2}u - u^2} \tag{2.18}$$

のように表せ，あるいはいわゆる変数分離型[*20]として，以下の形に整理できる：

$$\pm \frac{du}{\sqrt{\frac{2E}{L^2} + \frac{G^2 M^2}{L^4} - \left(u - \frac{GM}{L^2}\right)^2}} = d\theta. \tag{2.19}$$

ここで最後の変数変換として，左辺分母にある変数 u の部分を，

$$u - \frac{GM}{L^2} = \sqrt{\frac{2E}{L^2} + \frac{G^2 M^2}{L^4}} \cos\varphi, \quad du = -\sqrt{\frac{2E}{L^2} + \frac{G^2 M^2}{L^4}} \sin\varphi \tag{2.20}$$

という形で φ という変数に変換してみよう．そうすると (2.19) は，たんに，

$$\pm d\varphi = d\theta \tag{2.21}$$

となってしまい，φ と θ は定数（位相）だけ違うことになる：

$$\varphi = \theta + \text{const.} \tag{2.22}$$

あるいは位相を適当に選べば，結局，u と θ の関係として，

$$u - \frac{GM}{L^2} = \sqrt{\frac{2E}{L^2} + \frac{G^2 M^2}{L^4}} \cos\theta \tag{2.23}$$

としてよいことになる．さらに変数を r に戻せば，r と θ の関係として，

$$r = \frac{1}{\frac{GM}{L^2} + \sqrt{\frac{2E}{L^2} + \frac{G^2 M^2}{L^4}} \cos\theta} = \frac{\frac{L^2}{GM}}{1 + \sqrt{1 + \frac{2EL^2}{G^2 M^2}} \cos\theta} \tag{2.24}$$

が得られることになる．半直弦 ℓ と離心率 e を

$$\ell \equiv \frac{L^2}{GM}, \tag{2.25}$$

$$e \equiv \sqrt{1 + \frac{2EL^2}{G^2 M^2}} \tag{2.26}$$

で定義すれば，最終的に，極座標で表した楕円の式が導かれる：

[*20] いまの場合，左辺は変数 u だけ，右辺は変数 θ だけなので，両辺をそれぞれ積分できる．

$$r = \frac{\ell}{1 + e\cos\theta}. \tag{2.27}$$

またこのとき，長半径 a と短半径 b は，それぞれ，以下のようになる：

$$a = -\frac{GM}{2E}, \tag{2.28}$$

$$b = \sqrt{-\frac{L^2}{2E}}. \tag{2.29}$$

以上のように，ニュートンの運動方程式から，ケプラーの第 1 および第 2 法則を導出することができる．

2.4 慣性力としての遠心力　centrifugal force

惑星運動のような中心天体のまわりの回転運動では，重力に加え，**遠心力**（centrifugal force）が現れる．この遠心力は，重力のような"真の力"ではなく，回転運動する観測者にのみ感じられる"見かけの力"で，いわゆる**慣性力**（inertial force）と呼ばれるものだ[*21]（図 2.16）．ここでは，回転座標への座標変換によって遠心力が現れることを示してみよう．

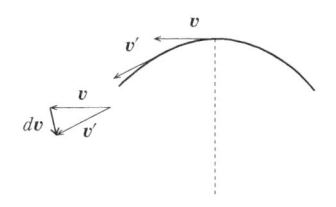

図 **2.16**　月はいつも落ち続けている．円運動は速度の方向が変化する加速度運動で，加速度ベクトルは常に中心方向を向いている．

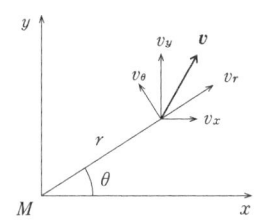

図 **2.17**　直角座標 (x, y) と極座標 (r, θ)，および，速度ベクトル v のそれぞれでの成分．

図 2.17 のように，質点 M を原点とする直角座標 (x, y) と極座標 (r, θ) を考

[*21] 加速運動する観測者が感じる力も慣性力である．ただ，この慣性力と重力は見かけ上は区別がつかないとして，同等だと考えたのが一般相対論における等価原理だ．力の本質はまだきちんと理解できていないというべきかもしれない．

える．座標の変換は，以下である（$y/x = \tan\theta$ や $r^2 = x^2 + y^2$ もある）：

$$\frac{x}{r} = \cos\theta, \quad \frac{y}{r} = \sin\theta. \tag{2.30}$$

それぞれの座標での速度成分は，定義より，

$$v_x = \frac{dx}{dt}, \quad v_y = \frac{dy}{dt}, \quad v_r = \frac{dr}{dt}, \quad v_\theta = r\frac{d\theta}{dt} \tag{2.31}$$

であるが，図からもわかるように，速度成分の間には以下の変換が成り立つ：

$$v_r = v_x \cos\theta + v_y \sin\theta, \tag{2.32}$$
$$v_\theta = -v_x \sin\theta + v_y \cos\theta. \tag{2.33}$$

以上の準備のもとで，中心天体からの重力を受けた質量 m の物体がしたがう運動方程式を立ててみよう．重力はベクトル表示では (1.32) 式になるが，位置ベクトル $\boldsymbol{r}$ の成分は (x, y) なので，直角座標で表した運動方程式は，

$$m\frac{dv_x}{dt} = -\frac{GMm}{r^2}\frac{x}{r}, \tag{2.34}$$

$$m\frac{dv_y}{dt} = -\frac{GMm}{r^2}\frac{y}{r} \tag{2.35}$$

のようになる．<u>直角座標で表した運動方程式のどこにも遠心力の項はない</u>，という点に注意して欲しい．

つぎに極座標での運動方程式を導いてみよう．変換式 (2.32) の両辺を時間微分し，角度 θ も時間の関数であることを考慮すると，半径方向の加速度は，

$$\frac{dv_r}{dt} = \cos\theta\frac{dv_x}{dt} - v_x \sin\theta\frac{d\theta}{dt} + \sin\theta\frac{dv_y}{dt} + v_y \cos\theta\frac{d\theta}{dt} \tag{2.36}$$

となる．(2.34) 式と (2.35) 式を入れ，(2.33) 式で整理すると，

$$\frac{dv_r}{dt} = -\frac{GM}{r^2} + v_\theta\frac{d\theta}{dt} \tag{2.37}$$

とすっきりまとまる．最後に，$v_\theta = rd\theta/dt$ より，

$$\frac{dv_r}{dt} = -\frac{GM}{r^2} + \frac{v_\theta^2}{r} \tag{2.38}$$

が得られる．右辺第 1 項は半径方向の重力で，第 2 項は遠心力そのものだ．

一方，変換式 (2.33) の両辺を時間微分すると，角度方向の加速度として，

$$\frac{dv_\theta}{dt} = -v_r \frac{d\theta}{dt} = -\frac{v_r v_\theta}{r} \tag{2.39}$$

が得られる．右辺を左辺に移項してまとめると，

$$\frac{1}{r}\frac{d}{dt}(rv_\theta) = 0 \tag{2.40}$$

となるが，これは角運動量 $L\ (=rv_\theta = r^2\Omega)$ の保存則である．

2.5　惑星の大気構造　planetary atmosphere

ガス体に働く力として圧力勾配力がある（1.4 節）．そのもっとも身近な発現が地球の大気だ．そもそも固体にせよ液体にせよ重さをもったモノは，ことごとく空気中を地面に向かって落下するのに，空気そのものがどうして落下しないのかと言えば，上向きの圧力勾配力によって支えられているからだ．

2.5.1　地球大気圏

具体的な定式化へ進む前に，地球大気の構造をざっと眺めておこう（図 2.18）．

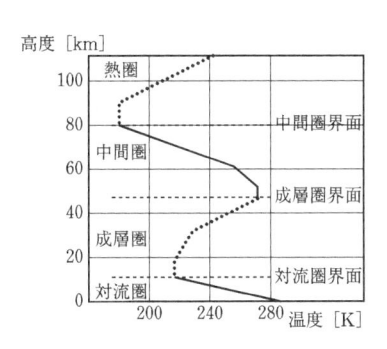

図 2.18　地球大気圏の鉛直構造．

地表面から上空へいたる地球の大気は，高度が上がるにしたがって，温度

が変化したり，大気成分が変わったり，電離度などの大気の状態が違ったりする．温度変化に注目して地球大気圏の構造を区分けすると，

- 地表近傍で暖められた空気が上昇して対流運動を起こし 100 m につき約 0.6 K の割合で温度が減少している**対流圏**（troposphere；高度 = 0～10 km），
- 太陽の紫外線をオゾン O_3 が吸収し光解離 $[O_3 + h\nu\,(0.2\sim0.3\,\mu m) \to O + O_2]$ して上空ほど温度の高くなっている**成層圏**（stratosphere；高度 = 10～50 km），
- 紫外線を吸収して酸素分子が酸素原子に光解離 $[O_2 + h\nu\,(0.1\sim0.2\,\mu m) \to O + O]$ しながらも再び気温の減少する**中間圏**（mesosphere；高度 = 50～90 km），
- そして波長の短い紫外線を吸収して酸素や窒素が光電離 $[O + h\nu\,(0.1\,\mu m\,以下) \to O^+ + e^-;\,N_2 + h\nu\,(0.1\,\mu m\,以下) \to N_2^+ + e^-]$ する**熱圏**（thermosphere；高度 > 90 km）

にわけられる．

地球大気の厚さは，密度の減少具合からはざっと 10 km といったところだが，航空宇宙分野では慣習的に 100 km より上空が宇宙空間と定義されている．また温度や密度や速度などの物理量が変化するスケールに比べて，粒子の平均自由行程（3.3 節）が長くなると，ガス体を連続体として扱う**流体近似**は使えなくなる．地球大気の場合は，熱圏のどこか，高度数百 km で流体近似は使えなくなる．熱圏では大気分子は電離しはじめているので，プラズマ物理学を用いて粒子運動を直接に解かないといけなくなる．

2.5.2 地球大気圏の構造

地球大気層の厚さ（～100 km）は地球半径（約 6400 km）に比べて非常に薄いので，鉛直方向 1 次元の平行平板層と近似してよい．さらに，地表と上空での重力加速度 g の変化は小さいので（高度 0 で 980 cm s^{-2}，高度 100 km で 950 cm s^{-2}），重力加速度 g も一定だと仮定しよう．

2.5 惑星の大気構造　planetary atmosphere

以下では，全体をグローバルにみたときの大気の構造と，対流圏に注目したときの大気構造を考えてみたい．

■(1) 等温大気

非常に大まかに見れば，大気圏の気温は 200 K から 300 K 程度で，一定だとみなしてもよい．そこでまず，空気の温度 T が高度によらずに一定——等温（isothermal）と呼ぶ——だとしよう．求めたいものは，ある高度 z（地表を 0 とし鉛直上向きを正に取る）における密度 $\rho(z)$ や圧力 $P(z)$ である．

等温大気の構造を表す方程式は，静水圧平衡：

$$\frac{1}{\rho}\frac{dP}{dz} = -g\,(一定) \tag{2.41}$$

と，理想気体の状態方程式だ：

$$P = \frac{\mathcal{R}_g}{\bar{\mu}}\rho T. \tag{2.42}$$

状態方程式を静水圧平衡の式に代入して，温度 T が一定だとすると，

$$\frac{1}{\rho}\frac{d\rho}{dz} = -\frac{\bar{\mu}g}{\mathcal{R}_g T} \equiv -\frac{1}{H}\,(一定) \tag{2.43}$$

と整理できる（H については後述）．さらにこれを z で積分すると，

$$\ln\rho = -\frac{z}{H} + 定数 \tag{2.44}$$

となり，地表（$z = 0$）での密度を ρ_0（$= 1.225\,\mathrm{kg\,m^{-3}}$）として定数を決めると，密度分布として最終的に指数分布が得られる（図 2.19）：

$$\rho = \rho_0 e^{-z/H}. \tag{2.45}$$

上の (2.43) 式で，

$$H \equiv \frac{\mathcal{R}_g T}{\bar{\mu}g} \tag{2.46}$$

は等温大気の**スケールハイト**（scale height）と呼ばれる量で，大気の厚さの目安となる．等温大気の場合，$z = H$ で $\rho = \rho_0/e = \rho_0/2.72$ になる．

地球大気（$g = 980\,\mathrm{cm/s^2}$，$T = 300\,\mathrm{K}$，$\bar{\mu} = 29$）の場合，等温大気のスケールハイトは，$H = 8.78\,\mathrm{km}$ となる．

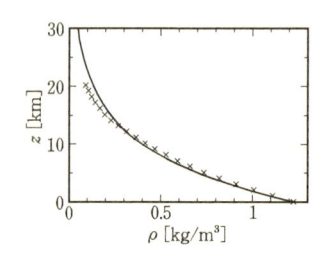

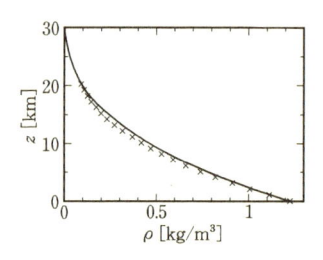

図 2.19　(左) 等温モデルでの密度分布. 実線が等温モデルで, × は標準大気. $\rho_0 = 1.225$ kg m^{-3}, $H = 8.78$ km とした. (右) 対流圏の密度分布. 実線が断熱モデルで, × は標準大気. $\rho_0 = 1.225$ kg m^{-3}, $H = 30.7$ km, $\gamma = 7/5$ とした.

■(2) 断熱大気

対流圏では温度が 100 m につき約 0.6 K 減少しており, 等温的ではない. むしろ対流圏では, 対流によって大気が十分攪拌されており, 大気は**断熱的** (adiabatic) になっている.

そこで, 対流圏の構造を表す式としては, 静水圧平衡の式 (2.41) と断熱気体の状態方程式 (1.48) を用いる.

断熱気体の状態方程式 (1.48) を (2.41) 式に代入すると,

$$K\gamma \rho^{\gamma-2} \frac{d\rho}{dz} = -g \text{ (一定)} \quad (2.47)$$

となる. さらに 0 から z まで定積分すると,

$$\frac{K\gamma}{\gamma-1}\rho^{\gamma-1} - \frac{K\gamma}{\gamma-1}\rho_0^{\gamma-1} = -gz \quad (2.48)$$

となる (添え字 0 は $z = 0$ での値). あるいは, スケールハイト H として,

$$H = \frac{\gamma}{\gamma-1}\frac{K\rho_0^{\gamma-1}}{g} \quad (2.49)$$

と置けば, 密度分布として最終的に以下の分布が得られる (図 2.19):

$$\rho = \rho_0\left(1 - \frac{z}{H}\right)^{1/(\gamma-1)}. \quad (2.50)$$

なおスケールハイト H は，$P_0 = K\rho_0^\gamma = (\mathcal{R}_g/\bar{\mu})\rho_0 T_0$ $(z = 0)$ から，

$$H = \frac{\gamma}{\gamma - 1}\frac{P_0}{\rho_0 g} = \frac{\gamma}{\gamma - 1}\frac{\mathcal{R}_g T_0}{\bar{\mu} g} \tag{2.51}$$

となる（等温大気のスケールハイトとは異なる）．断熱大気の場合は，$z = H$ で $\rho = 0$ になる．

地球大気（$g = 980$ cm/s^2，$T = 300$ K，$\bar{\mu} = 29$）の場合，断熱大気のスケールハイトは，$H = 30.7$ km となる[*22]．

2.6　地上での太陽光　sunlight

前節では流体的な観点から地球大気を考えたが，ここでは輻射の観点から，太陽放射に照らされた地球環境を考えてみよう．次節で詳しく説明するが，太陽自体は約 6000 K の高温ガス球で，眩しすぎて直視することはできない．したがって，日食などの際に用いる"日食メガネ"では，窓の部分に太陽光を約 10 万分の 1 に減光するフィルムやフィルタが貼ってある．一眼レフカメラなどで太陽を望遠拡大撮影する際にも，約 10 万分の 1 に減光する ND フィルタ[*23]を装着する．一方，地上の景色を眺めたときに，太陽光をよく反射する素材は別として，眩しすぎて眺めることができないなどということはない．実は太陽光に照らされた地上の反射光も，おおむね 10 万分の 1 ぐらいに弱まっているためだ．この減光の割合について，簡単に見積もってみよう．

[*22] 標準大気モデル（$g = 980$ cm s^{-2}，$\gamma = 7/5$，$\bar{\mu} = 29$，$T = 288.15$ K，$P_0 = 1.013\times10^6$ dyn cm^{-2}，$\rho_0 = 1.225 \times 10^{-3}$ g cm^{-3}）の場合，$H =$ 約 30 km になる．対流圏の温度減少は直線的なので $[T = T_0(1 - z/H)]$，高度が 30 km 変化して温度が 288.15 K から 0 になるということは，温度減率は $288.15/30 = 9.6$ K km^{-1}，すなわち 100 m につき約 1 K 下がることになる．しかし実際の大気の温度減率は，100 m につき約 0.65 K である．この不一致の原因は，対流に伴う水蒸気の凝結だ．すなわち対流によって上空に運ばれた水蒸気が，上空で凝結して潜熱を解放するために，気温の下がり方が（水蒸気の凝結を考えない場合に比べ）緩やかになるのだ．前者を乾燥断熱減率，後者を湿潤断熱減率と呼ぶ．

[*23] ND というのは neutral density（中立的な濃度）の略で，可視光のどの波長の光も均等に減光するという意味をもつ．

■(1) 夜空はなぜ暗いのか

　まず，少し意外な感じがするかもしれないが，「夜空はなぜ暗いのか」を問うた，オルバースのパラドックスからはじめよう．

　もし，宇宙が無限に広がっていて星が無数にあるなら，宇宙のどの方向を見ても，必ず星が見えるはずだ．この状態は，いわば，"星の壁"に取り囲まれているのと同じなので，夜空も昼間の如くに明るいはずだ（図2.20）．

　星に満ちた宇宙が暗いのはなぜか，という問題をはじめてきちんと考察した，19世紀ドイツの医者兼天文学者ハインリッヒ・ヴィルヘルム・オルバース（Heinrich Wilhelm Olbers；1758～1840）にちなんで，この疑問は，**オルバースのパラドックス**（Olbers' paradox）として知られている．

　このオルバースのパラドックスは，しばしば，宇宙膨張で説明される．すなわち，宇宙空間は膨張しているので，遠方の銀河の星からの光は波長が赤い方に伸びるという効果（赤方偏移）を受けて，同時に光のエネルギーも低くなり，そのため，暗くなってしまうのだ，と．教科書や解説書によく書いてある解決法だが，実は，宇宙膨張は本質的ではない．

　宇宙の年齢は無限ではないため，仮に宇宙自体が無限に拡がっていても，いま"観測できる"宇宙の果て（宇宙の地平線）は百億光年程度で，それよりも遠方の星（銀河）からの光はまだ届いていない．そのため，いま見えている星の数は有限で夜空は暗い．これがメインの正しい答えだ（星の寿命が有限であることなども補助的な理由である）．

■(2) 光線は続く，どこまでも

　つぎに，光線と光量の違いに触れておく．オルバースのパラドックスのベースにもなっていることだが，太陽などから発した光線（輻射強度；1.5節，4.6節）というものは，途中で吸収や散乱を受けなければ，どこまでもその強さを変えずに届いていく（輝度不変の原理）．

　太陽の表面温度は6000Kだから，太陽光線の"温度"（輝度温度）も6000Kだ．そんなに熱く感じないのは，以下述べるように，光線の本数が激減しているためである．逆に，凸レンズなどで太陽光線をたくさん集めると，焦点

2.6 地上での太陽光　sunlight

見かけの明るさ	1	1/4	1/9
星の数	1	4	9

図 **2.20**　明るさの減少×星数の増加は一定.

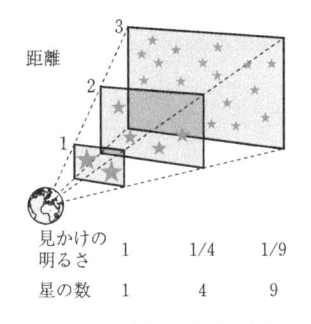

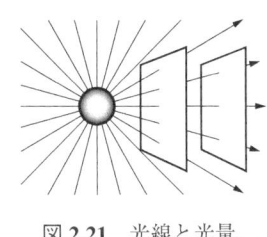

図 **2.21**　光線と光量.

の温度は，原理的には 6000 K まで上がる.

　一方，光源から遠ざかると，当然，暗くなる．いわゆる光量（輻射流束；1.5 節，2.7 節）が，距離の 2 乗に反比例して減少することは，よく知られているとおりだ．（強さの変わらない）光線は光源から四方八方へ伸びているが，単位面積あたりを通過する光線の本数は距離の 2 乗に反比例して減少するため，光量も距離の 2 乗に反比例して減少する（図 2.21）[*24].

■**(3) 光を薄める：希釈因子**

　そこで，ようやく，地上における太陽光の強度だが，太陽直近と比べて，地上近傍では太陽光は約 10 万分の 1 に希釈されているのだ．オルバースのパラドックス的に言えば，空全体が太陽で埋めつくされているわけではなく，太陽は空の一部にしかない．光線と光量の話で言えば，光線が距離とともに疎らになる（希釈される）のである．

　たとえば，空全体における太陽の割合を考えてみよう．

　地球を中心として，太陽と地球の距離（1 AU = 1 億 5000 万 km）を半径とする球面を考えてみる．その球面の面積は，球面全体 = $4\pi \times (1 億 5000 万 km)^2$ である．一方，その球面上で太陽面が占める面積は，太陽半径を 70 万 km と

[*24] ちなみに，電磁場（光線と同じ）や重力場が距離の 2 乗に反比例して弱くなるのも，電気力線や重力力線を考えれば，まったく同じ理屈である．このような逆自乗の法則は，空間が 3 次元だということと密接に関係している（すなわち，球面の面積は距離の 2 乗で増える）．

すると，太陽面 = π×(70万km)² になる．その比を取ると，

$$0.00000544 = 約18万分の1 \tag{2.52}$$

になる．太陽の見かけの大きさは全天の約18万分の1しかないわけだ．

わかりやすいように，面積に直して計算したが，立体角で計算することもできる．全天の立体角は 4π ステラジアンで，太陽の張る立体角は太陽の視直径の $0.5°$ をラジアンに直して2乗して，太陽の立体角 $\sim (0.5\times\pi/180)^2$ ステラジアンだから，その比は，

$$\frac{(0.5\times\pi/180)^2}{4\pi} \sim 0.6\times 10^{-5} \tag{2.53}$$

と，約10万分の1になる．

まとめると，太陽の光は，その温度は6000 K なままだが，その量が地球付近では約10万分の1に"希釈"されているのである．この割合を**希釈因子**（dilution factor）と呼ぶ．あるいは，地球から1天文単位の距離で全天を太陽で埋めつくすには，約10万個の太陽が必要だということもできる．

すなわち，地球軌道／地球上では，太陽光の密度は，太陽表面付近に比べて，約10万分の1に希釈されている．そういう明るさの環境下で，生物の目は発達し順応してきた．したがって，減光フィルタなどの場合も，太陽光を地球環境と同じ10万分の1に減光すれば，肉眼にもちょうどよい明るさになる，ということだろう．

2.7　温室効果　greenhouse effect

ここで温室効果についても少し取り上げよう．いわゆる**温室効果**（greenhouse effect）というのは，太陽光によって暖められた地表から発した電磁放射（主に赤外線）の一部が，大気中のガス（二酸化炭素やメタン）に吸収され，その結果，大気中に熱が停留して気温が上昇する現象だ（図2.22）[25]．

---

[25] 温室効果という名前はついているが，本来の温室とはメカニズムが少し違う．もともとの温室では，暖められた地面から生じる熱対流が，ビニールなどの覆いによって逃げることができずに，その結果，温室内の気温が上昇する．

2.7 温室効果 greenhouse effect   **69**

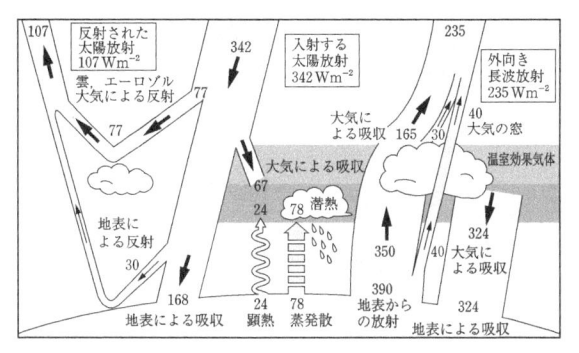

図の中の数値とラベル：
- 入射する太陽放射 342 Wm⁻²
- 反射された太陽放射 107 Wm⁻²
- 雲，エーロゾル，大気による反射 77
- 地表による反射 30
- 大気による吸収 67
- 大気による吸収 165
- 大気の窓 40
- 外向き長波放射 235 Wm⁻²
- 温室効果気体
- 潜熱 78
- 顕熱 24
- 地表による吸収 168
- 蒸発散 78
- 地表からの放射 390
- 地表による吸収 324
- 324（大気による吸収）
- 350, 40, 30

入射する正味太陽放射342 Wm⁻² は，雲や大気，地表による反射もあり，地表で吸収されるのはその49%である．吸収したエネルギーの一部は，直接的な顕熱加熱として，また多くは蒸発散に伴う潜熱の放出として，大気に与えられる．地表が吸収したエネルギーの残りは赤外放射として射出される．この赤外放射の大部分は大気が吸収する．大気は吸収したエネルギーを上や下へと射出する．宇宙へ失われる放射は地表よりも温度の低い雲頂や大気から出るので，温室効果が生じる．全球年平均エネルギー収支の配分と数値の精度はKiehl and Trenberth(1996)による．
出典：IPCC (1995)：気象庁訳

図 **2.22** 　太陽放射エネルギーの流れ（気象庁HP）．

　太陽光はさまざまな波長の光を含んでおり，温室効果は波長にも依存する上，雲やガスの形状や状態にもさまざまなものがあり，温室効果の解析は簡単ではない．ここでは，その起き方を知るために，簡単なモデルで解析してみよう．具体的には，太陽からの放射の分は考えずに，初期放射としては地上からの放射（赤外線）のみ考え，その地上放射が無限に広がる層雲によって透過・吸収・散乱・反射される状況を調べてみよう．波長依存性も無視する．図 2.23 のように，鉛直上向きを z 軸，雲の光学的厚み（3.3 節）を τ_c，そして地上から放射される一様な輻射強度を I^* とする[*26]．また輻射場は等方とする．

■**(1) 温室効果なしの場合**
　一様な光源の上空に広がる層雲内での輻射の流れを考えるが，まず簡単のために，層雲による反射（温室効果）はないとしよう（図 2.23）．図 2.23 に

[*26] 光学的厚みに関しては 3.3 節で説明する．また**輻射強度**（specific intensity）は，単位面積を単位時間あたりに単位立体角方向へ流れていく輻射エネルギーである．一般的な呼び方をしたが，黒体輻射強度 B_ν を振動数で積分したものだと考えてもらってよい．

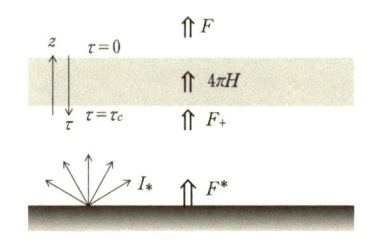

図 2.23　無限に広がる層雲内の輻射の流れ．層雲による反射（温室効果）はないとした場合．

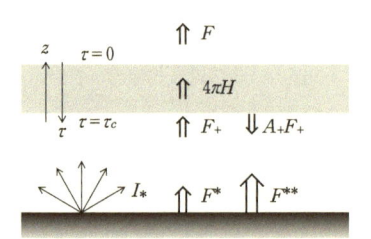

図 2.24　無限に広がる層雲内の輻射の流れ．層雲による反射（温室効果）を考慮した場合．

あるように，地表からの輻射流束[*27]を F_*，層雲に下から入射する輻射流束を F^+ ($=F_*$)，層雲内での輻射流束を $4\pi H$，層雲の上から出射する輻射流束を F とする．雲の上面から入射する輻射流束はないとする ($F^- = 0$)．

地表（光源）の輻射強度 I_* が一様で等方なら，以下のようになる：

$$F^+ = F_* = 2\pi \int_0^{\pi/2} I^* \cos\theta \sin\theta d\theta = \pi I^*. \tag{2.54}$$

輻射輸送の理論を用いて上記の境界条件のもとで層雲内部での輻射場を解くと，層雲内での輻射流束 $4\pi H$ は，

$$4\pi H = \pi I^* \frac{4}{4 + 3\tau_c} \tag{2.55}$$

となる．すなわち，層雲の光学的厚みが 0 ($\tau_c = 0$) のとき，入射流束 πI_* と等しく（透明だから当然），層雲の光学的厚みが 0 より大きくなると，次第に減少する．また入射光に対する反射光の比率として，層雲の**アルベド／反射能**（albedo）A^+ が以下のように定義できる（ここでは無視している）：

$$A^+ \equiv \frac{F^+ - 4\pi H}{F^+} = 1 - \frac{4}{4 + 3\tau_c}. \tag{2.56}$$

[*27] **輻射流束**（radiative flux）というのは，単位面積を鉛直方向に通過する単位時間あたりの輻射エネルギーである．輻射強度の鉛直方向の成分を立体角で積分して得られる．

■**(2) 温室効果ありの場合**

層雲の光学的厚みは有限なので，F^+ の入射光に対して，A^+F^+ の反射光が生じる（図 2.24）．反射光を考慮して輻射のバランスを考えてみよう．

層雲による反射（温室効果）があると，地表はより加熱されるので，地表からの初期の輻射流束 F^* よりも，平衡状態になったときの輻射流束は増加しているはずだ（図 2.24）．その値（いまは不明だが）を仮に F^{**} と置く．

輻射輸送方程式の解の形は同じなので，この増幅された F^{**} を用いると，層雲への入射流束と層雲内での輻射流束は，

$$F^+ = F^{**}, \tag{2.57}$$

$$4\pi H = F^{**}\frac{4}{4 + 3\tau_c} \tag{2.58}$$

のように表される．一方，アルベド A^+ の形は (2.56) 式と同じである．また反射光 F^{back} は以下のようになる：

$$F^{\text{back}} = F^+ - 4\pi H = A^+ F^+ = F^{**}\left(1 - \frac{4}{4 + 3\tau_c}\right). \tag{2.59}$$

輻射の収支が平衡に達していれば，初期輻射流束にこの反射流束を加えたものが増幅された輻射流束になっているはずだ：

$$F^{**} = F^* + F^{\text{back}}. \tag{2.60}$$

反射流束の表式を入れると，結局，増幅された輻射流束は，

$$F^{**} = F^*\frac{4 + 3\tau_c}{4} \tag{2.61}$$

のように表すことができる．すなわち，層雲の光学的厚みが大きいほど，層雲内の輻射の一部が地表方向へ戻り，地表からの熱放射を増幅させる（温室効果を引き起こす）．

2.8 惑星の内部構造 planet internal structure

宇宙に存在する多くの天体はガス体（あるいはプラズマ物質）だが，もちろん固体物質もある．その代表的天体が固体惑星（岩石惑星）だ．ガス天体

の場合は理想気体の状態方程式を使える場合が多く，その構造を調べるのは比較的たやすい．

しかし，惑星など固体物質の場合は状態方程式が物理状態によって異なったり，物質の種類も多岐にわたるので，その構造を調べるのは容易ではない．実際，地球の地震波などで解明されてきた内部構造もかなり複雑である（図 2.25）．そこでここでは，主としてエネルギー的な観点から固体物質でできた惑星のおおまかな構造を考えてみたい[*28]．

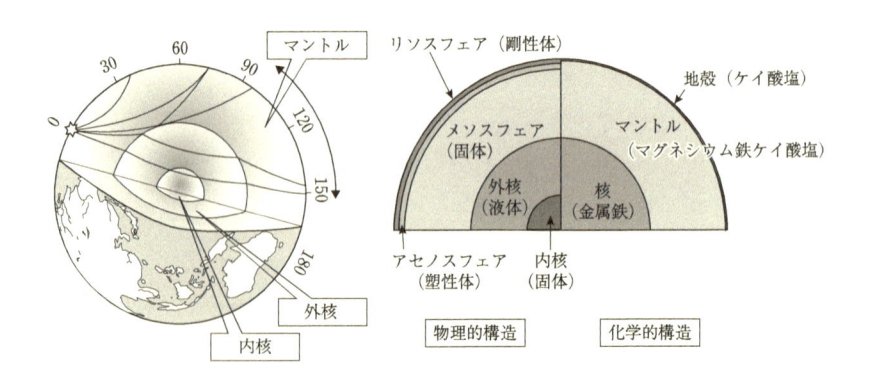

図 2.25 地球の内部構造．

2.8.1 エネルギーの種類

固体物質といえど無数の原子の集積体なので，ガス物質と同様にエネルギーをもっていることには変わりない．

まず運動エネルギー（kinetic energy）がある．固体中の原子はいろいろな結合に縛られているので，ガス中の原子のように飛び回っているわけではない．しかしながら，結合状態にあったとしても，平衡位置の近傍で量子的に揺らいでいるので，その微細な運動に伴って運動エネルギーをもつ．そして原子核自体は事実上は動かないので，運動エネルギーの主体を担うのは固体

[*28] この節の議論は，G. H. A. Cole and M. W. Woolfson 2002, *Planetary Science: The Science of Planets around Stars* (Institute of Physics Publishing, Bristol) による．

物質に含まれる電子になる．したがって，天体全体の運動エネルギーには，天体の質量や半径だけでなく，構成原子の原子数や質量数も関係してくる．

つぎに**電磁気的エネルギー**（electromagnetic energy）がある．固体物質の場合，その結合を担っているのは基本的には電磁気的な相互作用なので，電磁気的なエネルギーは重要になる．ただし，全体としての運動はないので電流エネルギーなどは考えなくてよく，強い磁場もないとすれば，主要なのは**静電エネルギー**（electrostatic energy）あるいは**静電ポテンシャル**（electrostatic potential）となる．天体全体の静電エネルギーにも，天体の質量や半径だけでなく，構成原子の原子数や質量数も関係してくる．

最後に，**重力エネルギー**（gravitational energy）・**重力ポテンシャル**（gravitational potential）がある．重力エネルギーは天体の質量と半径で決まる．

固体物質でできた惑星が全体として平衡状態にあるとき，平衡状態にあるガス体や粒子体と同様，諸エネルギーの間には**ビリアル定理**（virial theorem）が成り立つ（web 付録 B 参照）．すなわち，運動エネルギーを T，静電ポテンシャルを Ω_e，重力ポテンシャルを Ω_g とすれば，

$$2T + (\Omega_e + \Omega_g) = 0 \tag{2.62}$$

が成り立つ（運動エネルギーは正，ポテンシャルエネルギーは負）[*29]．

以下では，各エネルギーを順に評価して，ビリアル定理から惑星の物理量を算出してみよう．以下，共通の変数として，惑星の質量を M_P，半径を R_P，構成原子の平均的な原子番号を Z，平均的な質量数を A，核子の質量を m_p ($= 1.67 \times 10^{-24}$ g)，電子の質量を m_e ($= 9.1 \times 10^{-28}$ g)，などとする．

2.8.2 運動エネルギー

まず運動エネルギー（縮退エネルギー）を計算しよう．

[*29] 一方，系全体のエネルギー（E とする）は，以下となる：

$$T + \Omega_e + \Omega_g = E \, (< 0).$$

惑星であれ，恒星であれ，銀河団であれ，束縛されたシステムの全エネルギーは負になる．

1粒子の平均的な質量が Am_p なので,惑星全体の総粒子数 N_P は,

$$N_\mathrm{P} = \frac{M_\mathrm{P}}{Am_\mathrm{p}} \tag{2.63}$$

となる.また電子の総数は ZN_P である.惑星全体の体積 V ($= 4\pi R_\mathrm{P}^3/3$) を電子の総数で割ると,1個の電子が占有している体積 v が得られる:

$$v = \frac{V}{ZN_\mathrm{P}} = \frac{4\pi R_\mathrm{P}^3}{3ZN_\mathrm{P}}. \tag{2.64}$$

さらにこの電子の占有体積の半径 d は,球を仮定すると以下となる:

$$d = \left(\frac{3v}{4\pi}\right)^{1/3} = \left(\frac{1}{ZN_\mathrm{P}}\right)^{1/3} R_\mathrm{P} = \left(\frac{Am_\mathrm{p}}{ZM_\mathrm{P}}\right)^{1/3} R_\mathrm{P}. \tag{2.65}$$

電子はフェルミ粒子なので,フェルミの排他律によって一つの状態に存在できる電子は1個までだが,原子の結合した固体物質の内部では,この電子の占有体積がそのまま一つの状態に対応していると考えてよい.そして電子はそれぞれの占有域の内部で量子的に運動していると考えることができる.この運動エネルギーは粒子の熱運動ではなく,物質の温度には依存しないものなので,いわゆる**縮退エネルギー**(degenerate energy)と呼ばれる.

さて(1個の)電子の運動エネルギー E_k は,電子の運動量 p と質量 m_e とで,$E_\mathrm{k} = p^2/2m_\mathrm{e}$ と表せる.電子の運動量と電子の位置の目安であるドブロイ波長 λ の間には,プランク定数を h として,ハイゼンベルグの関係:

$$p\lambda = h \tag{2.66}$$

が成り立つ.このドブロイ波長は電子の占有域の周囲の長さ程度なので,$\lambda = 2\pi d$ となり,結局,(1個の)電子の運動エネルギーは,

$$E_\mathrm{k} = \frac{p^2}{2m_\mathrm{e}} = \frac{1}{2m_\mathrm{e}}\frac{h^2}{4\pi^2 d^2} \tag{2.67}$$

となる.さらに惑星全体の電子の運動エネルギー T は,以下となる:

$$T = E_\mathrm{k} ZN_\mathrm{p}. \tag{2.68}$$

ここで,いままでに出てきた関係を入れ込めば,

2.8 惑星の内部構造 planet internal structure

$$T = \frac{h^2}{8\pi^2 m_e m_p^{5/3}} \frac{Z^{5/3} M_P^{5/3}}{A^{5/3} R_P^2} = f_k \frac{Z^{5/3} M_P^{5/3}}{A^{5/3} R_P^2}, \tag{2.69}$$

となる．ただし，数係数 f_k は，

$$f_k \equiv \frac{h^2}{8\pi^2 m_e m_p^{5/3}} = 2.60 \times 10^6 \text{ kg}^{-2/3} \text{ m}^4 \text{ s}^{-2} \tag{2.70}$$

である（詳しい計算では，$f_k = 9.8 \times 10^6$ kg$^{-2/3}$ m^4 s^{-2} になる）．

あるいは，惑星の質量を木星質量 M_J（$= 1.90 \times 10^{27}$ kg）で，半径を木星半径 R_J（$= 7.1492 \times 10^7$ m）で測るように書き直せば，

$$T = g_k \frac{Z^{5/3}}{A^{5/3}} \left(\frac{M_P}{M_J}\right)^{5/3} \left(\frac{R_P}{R_J}\right)^{-2}, \tag{2.71}$$

ただし，数係数は，

$$g_k \equiv \frac{h^2}{8\pi^2 m_e m_p^{5/3}} \frac{M_J^{5/3}}{R_J^2} = 1.48 \times 10^{36} \text{ J} \tag{2.72}$$

である（詳しい計算では，$g_k = 5.6 \times 10^{36}$ J）．

2.8.3 静電ポテンシャル

つぎに静電ポテンシャル（エネルギー）を見積もってみよう．

物質内部には，負の電荷をもった無数の電子や正の電荷をもった無数の原子核があるので，それらの電気的相互作用にともなう静電エネルギーを計算するのは一見不可能なように思える．しかしながら，電荷には正負があり，多くの場合は電荷の分布には偏りがないので，各場所ごとに中性を保っている．その結果，1個の電子からみたとき，自分のごく近傍以外は中性に感じられるため，近傍以外の領域との静電エネルギーは考えなくてよい．

そして1個の電子（電荷 $-e$）のごく近傍には正の電荷をもった原子核（電荷 $+Ze$）があり，電子の占有領域の半径は d だったので，1個の電子と近傍の原子核との静電エネルギーは，SI 単位系では，ε_0（$= 8.854 \times 10^{-12}$ F m^{-1}）を真空中の誘電率として，

$$E_e = -a \frac{1}{4\pi\varepsilon_0} \frac{Ze^2}{d} \tag{2.73}$$

ぐらいになる（a は 1 程度の数係数）[*30]．SI 単位系では，素電荷は $e = 1.60 \times 10^{-19}$ C である．

さらに惑星全体の静電エネルギーは，以下となる：

$$\Omega_e = E_e Z N_p. \tag{2.74}$$

ここで，いままでに出てきた関係を入れ込めば，

$$\Omega_e = -a \frac{e^2}{4\pi\varepsilon_0 m_p^{4/3}} \frac{Z^{4/3} M_P^{4/3}}{A^{4/3} R_P} = -f_e \frac{Z^{4/3} M_P^{4/3}}{A^{4/3} R_P}, \tag{2.75}$$

となる．ただし，数係数 f_e は以下となる（$a = 1$ とした）：

$$f_e \equiv \frac{e^2}{4\pi\varepsilon_0 m_p^{4/3}} = 1.16 \times 10^8 \text{ kg}^{-1/3} \text{ m}^3 \text{ s}^{-2}. \tag{2.76}$$

あるいは，惑星の質量を木星質量 M_J（$= 1.90 \times 10^{27}$ kg）で，半径を木星半径 R_J（$= 7.1492 \times 10^7$ m）で測るように書き直せば，

$$\Omega_e = -g_e \frac{Z^{4/3}}{A^{4/3}} \left(\frac{M_P}{M_J}\right)^{4/3} \left(\frac{R_P}{R_J}\right)^{-1}, \tag{2.77}$$

ただし，数係数は，以下となる：

$$g_e \equiv \frac{e^2}{4\pi\varepsilon_0 m_p^{4/3}} \frac{M_J^{4/3}}{R_J} = 3.82 \times 10^{36} \text{ J}. \tag{2.78}$$

2.8.4 重力ポテンシャル

最後に重力エネルギーを見積もってみよう．

距離 R 離れた質量 M と質量 M' の間の重力エネルギーは，$-GMM'/R$ である．いまの場合は，質量 M_P 自身が半径 R_P 程度離れているとみなして，自己重力のエネルギーは，b を 1 程度の数係数として，

$$\Omega_g = -b \frac{G M_P^2}{R_P} = -f_g \frac{M_P^2}{R_P}, \tag{2.79}$$

[*30] cgs-gauss 単位系では（$e = 4.80 \times 10^{-10}$ esu），$E_e \sim -aZe^2/d$ となる．

となる．ただし，数係数 f_g は，以下となる（$b = 0.9$ とした）：

$$f_g \equiv bG = 6.00 \times 10^{-11} \text{ N m}^2 \text{ kg}^{-2}. \tag{2.80}$$

あるいは，惑星の質量を木星質量 M_J（$= 1.90 \times 10^{27}$ kg）で，半径を木星半径 R_J（$= 7.1492 \times 10^7$ m）で測るように書き直せば，

$$\Omega_e = -g_g \left(\frac{M_P}{M_J}\right)^2 \left(\frac{R_P}{R_J}\right)^{-1}, \tag{2.81}$$

ただし，数係数は，以下となる：

$$g_g \equiv bG \frac{M_J^2}{R_J} = 3.03 \times 10^{36} \text{ J}. \tag{2.82}$$

2.8.5 惑星の最大半径

ビリアル定理 (2.62) に運動エネルギー (2.71) と静電ポテンシャル (2.77) と重力ポテンシャル (2.81) を代入すると，

$$2g_k \frac{Z^{5/3} m^{5/3}}{A^{5/3} r^2} = g_e \frac{Z^{7/3} m^{4/3}}{A^{4/3} r} + g_g \frac{m^2}{r} \tag{2.83}$$

となる．ただし，

$$m \equiv \frac{M_P}{M_J}, \quad r \equiv \frac{R_P}{R_J} \tag{2.84}$$

と置いた．この式を整理変形すると，惑星の半径と質量の間の関係が得られる：

$$\frac{1}{r} = \frac{g_e}{2g_k} \frac{Z^{2/3} A^{1/3}}{m^{1/3}} + \frac{g_g}{2g_k} \frac{A^{5/3}}{Z^{5/3}} m^{1/3} = 0.341 \frac{Z^{2/3} A^{1/3}}{m^{1/3}} + 0.271 \frac{A^{5/3}}{Z^{5/3}} m^{1/3}. \tag{2.85}$$

この関係 (2.85) をグラフに表したのが図 2.26 である．水素物質と鉄物質の範囲に惑星が収まっていることがわかる．

グラフにはピークが存在するが，まずピークの左側，質量が小さな領域では，もとの (2.85) 式で，左辺（運動エネルギー）と右辺の第 1 項（静電ポテンシャル）が釣り合っており，$m \propto r^3$ となっている．これは通常の固体物質の関係で，$m \propto \rho r^3$ であることから，密度 ρ が一定の固体状態と考えられる．

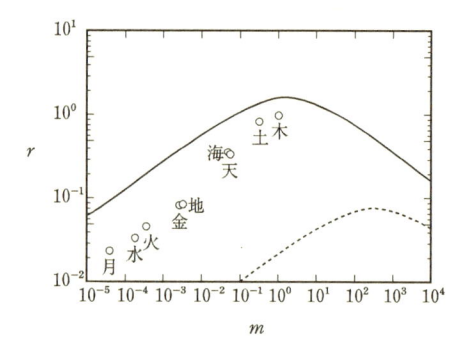

図 2.26 惑星の質量と半径の関係．横軸は木星質量を単位とした惑星の質量，縦軸は木星半径を単位とした惑星の半径．実線は構成物質が水素 ($Z = A = 1$) の場合で，破線は鉄 ($Z = 26, A = 56$) の場合．

一方，ピークの右側，質量が大きな領域では，もとの (2.85) 式で，左辺と右辺の第 2 項（重力ポテンシャル）が釣り合っており，$r \propto m^{-1/3}$ となっている．自己重力が重要になると，質量が大きいほど半径は小さくなるのだ．

曲線のピークの位置は，微分を 0 としても得られるが，(2.85) 式の第 1 項と第 2 項を等しいと置いても得られ，ピークの質量 m_{max} と半径 r_{max} は，

$$m_{max} \sim \left(\frac{g_e}{g_g} \frac{Z^{7/3}}{A^{4/3}}\right)^{3/2} = 1.42 \frac{Z^{7/2}}{A^2}, \tag{2.86}$$

$$r_{max} \sim \frac{g_k}{(g_e g_g)^{1/2}} \frac{Z^{1/2}}{A} = 0.435 \frac{Z^{1/2}}{A} \tag{2.87}$$

のようになる．数値部分に織り込まれた基礎物理定数以外では，組成元素の原子番号 Z と質量数 A のみで，惑星の最大半径やそのときの質量が定まっているのが興味深い．

2.9 太陽系の起源　origin of the Solar System

本章の最後に，太陽系形成のモデルについて概略を紹介しておく．ここで紹介するモデルの骨格は，1970〜1980 年代に林 忠四郎 (1920〜2010) を中心とする京都大学のグループが構築したので**京都モデル**（Kyoto model）と

呼ばれる．また，原始太陽系星雲の質量は現在の太陽系にある惑星物質をかき集めた総質量と同じと仮定するので，**最小質量モデル**とも呼ばれる（図 2.27）．

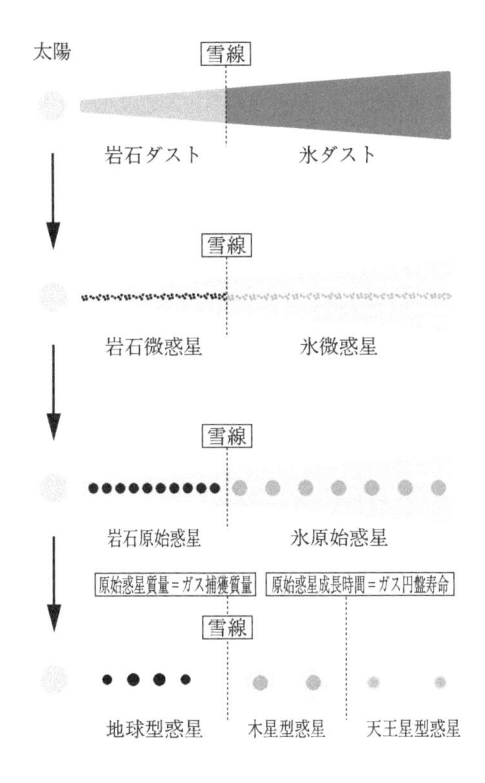

図 **2.27** 原始太陽系星雲の形成（理科年表オフィシャルサイトより）．

■(1) 原始太陽系星雲の形成

約 46 億年前，星間ガスから**原始太陽**（protosun）が誕生したとき，原始太陽のまわりには，ガスとダスト（典型的なサイズが 0.1 μm 程度の固体微粒子）からなる円盤状の**原始太陽系星雲**（protosolar nebula）が残された．原始太陽系星雲の総質量は太陽の 1% 程度だったと推定されている．さらに，原始太陽系星雲に含まれるダストの質量は，原始太陽系星雲の 1% 程度だった

と推定されている[*31]．しかし，このわずかなダストから岩石質の惑星ができた．

原始太陽系星雲の内部領域では，太陽放射によって水などは蒸発しており，ダストの主成分は砂粒や金属になる．一方，遠方では水は凍っているため，氷微粒子がダストの主成分となっている．その境界温度は約 150 K で，太陽系では約 2.7 AU 近辺に位置し，雪線（snow line）と呼ばれる[*32]．

この原始太陽系星雲において，ガスやダストは薄い円盤内に広がって分布している．このとき，物質分布を表すのは，円盤の厚み方向に密度 ρ を積分した単位表面積あたりの物質量：$\Sigma(r) \equiv \int \rho(r,z)dz$ で表すのが便利だ．これを**面密度**（surface density）と呼んでいる．

京都モデルでは，ガスの面密度分布 $\Sigma_g(r)$ は，

$$\Sigma_g(r) = 1.7 \times 10^4 \left(\frac{r}{1\,\mathrm{AU}}\right)^{-3/2} \mathrm{kg\,m^{-2}} \quad (0.35\,\mathrm{AU} < r < 36\,\mathrm{AU}) \tag{2.88}$$

になっていると推定している．一方，ダストの面密度分布 $\Sigma_d(r)$ については，

$$\Sigma_d(r) = \begin{cases} 71 \left(\dfrac{r}{1\,\mathrm{AU}}\right)^{-3/2} \mathrm{kg\,m^{-2}} & (0.35\,\mathrm{AU} < r < 2.7\,\mathrm{AU}), \\ 300 \left(\dfrac{r}{1\,\mathrm{AU}}\right)^{-3/2} \mathrm{kg\,m^{-2}} & (2.7\,\mathrm{AU} < r < 36\,\mathrm{AU}) \end{cases} \tag{2.89}$$

と置く．後者のダスト分布が 2.7 AU でわかれているのは，雪線が理由で，2.7 AU 以遠では氷微粒子が加わってダスト量が増加するためだ．

このガスとダストの分布を半径方向に積分すると，原始太陽系星雲の総質量 M_disk が得られる：

$$M_\mathrm{disk} = \int_{0.35\,\mathrm{AU}}^{36\,\mathrm{AU}} (\Sigma_g + \Sigma_d) 2\pi r dr = 0.013 M_\odot. \tag{2.90}$$

[*31] したがって，太陽に比べるとダストの質量は 10000 分の 1 しかない．現在の太陽系では，太陽は太陽系の総質量の 99.86% を占めている．

[*32] ちなみに，円盤物質が半径方向に到来した太陽放射を吸収し，再放射して熱平衡になっていると仮定すれば，円盤物質の半径方向の温度分布として，

$$T(r) = 280 \left(\frac{r}{1\,\mathrm{AU}}\right)^{-1/2} \mathrm{K}$$

が得られる．この単純な分布では，$r = 3$ AU あたりで $T = 150$ K になる．円盤物質による太陽放射の遮蔽などナイーブな議論をして，雪線は決まる．

2.9 太陽系の起源　origin of the Solar System

上で述べたように，たしかに太陽質量の 1% 程度になっている[*33]．

■**(2) 微惑星の形成**

ダストは原始太陽系星雲のガスと共に太陽のまわりを回っていたのだが，次第に合体集積し，円盤の中心面に沈降していった[*34]．そして，ガス円盤の赤道面に，ガスの層よりももっと薄い**ダスト層**（dust layer）を作ることになる．ダスト層の密度が高くなると，ダスト層は部分部分がブツブツと分裂し重力的に収縮して，10 km ほどの大きさで 10^{15}–10^{18} kg 程度の質量をもった何千億個もの小さな岩塊——**微惑星**（planetesimal）——に凝集した．微惑星の形成過程は 10 万年から 100 万年ぐらいかかったと思われる．

円盤の中心面に形成されたダスト層の面密度を Σ'_d（最小質量モデルで設定されたダストの面密度 Σ_d と同じとは限らないので，少し変数を変えた）とする．そのとき，重力不安定（ジーンズ不安定；5.3 節）の解析から，形成される塊の質量は中心からの距離の関数として，

$$M_{微惑星}(r) = \begin{cases} 1.0 \times 10^{15} \left(\dfrac{\Sigma'_d}{\Sigma_d}\right)^3 \left(\dfrac{r}{1\ \mathrm{AU}}\right)^{3/2}\ \mathrm{kg} \\ \qquad\qquad (0.35\ \mathrm{AU} < r < 2.7\ \mathrm{AU}), \\ 7.7 \times 10^{16} \left(\dfrac{\Sigma'_d}{\Sigma_d}\right)^3 \left(\dfrac{r}{1\ \mathrm{AU}}\right)^{3/2}\ \mathrm{kg} \\ \qquad\qquad (2.7\ \mathrm{AU} < r < 36\ \mathrm{AU}) \end{cases} \tag{2.91}$$

のように見積もられる．ざっと小惑星の質量のオーダーになる．

■**(3) 原始惑星の形成**

無数の微惑星は，太陽のまわりを回りながら衝突・合体し集積・成長して，より大きな塊になっていく．このとき，金持ちはますます金持ちになるような感じで，大きくなった微惑星ほどますます大きくなるという性質がある——**寡占的成長**と呼ぶ．その結果，火星ぐらいの大きさで 10^{23}–10^{24} kg 程度の質量をもった**原始惑星**（protoplanet）が，数十個ほどできたようだ．原始

[*33] そうなるように面密度分布を仮定したのだから，一致して当たり前ではある．
[*34] 地球大気と同様に，ガスは鉛直方向の圧力勾配で支えられるが，風に舞った砂塵が地面に落ちるのと同様，ダストは支えることができない．

惑星の形成過程は，100万年から1000万年ぐらいかかったと思われる．

原始惑星がどこまで成長するかは，以下のように見積もることができる．

原始惑星は太陽の重力よりも自分の重力が支配的な範囲——**ヒル半径**（Hill radius）と呼ぶ——に存在する微惑星を集積していくだろう．ヒル半径を r_H とし，原始惑星の公転半径を a とすると，集積領域は $2\pi a r_H$ の帯状領域になり，その領域の微惑星の総質量は，ダストの面密度を掛けて，

$$M = 2\pi r_H f \Sigma_d \tag{2.92}$$

ほどになる（f は10程度の係数とする）．またヒル半径は，原始惑星の質量を M とすると，以下ぐらいになる：

$$r_H \sim \left(\frac{M}{M_\odot}\right)^{1/3} a. \tag{2.93}$$

集積した微惑星の総質量が原始惑星の質量だと考えれば，(2.92)式と(2.93)式の質量 M が同じとして，

$$M_{原始惑星}(r) = \begin{cases} 0.09\left(\dfrac{\Sigma_d'}{\Sigma_d}\right)^{2/3}\left(\dfrac{a}{1\,\text{AU}}\right)^{3/4}\left(\dfrac{f}{10}\right)^{3/2} M_\oplus \\ \quad (0.35\,\text{AU} < r < 2.7\,\text{AU}), \\ 0.508\left(\dfrac{\Sigma_d'}{\Sigma_d}\right)^{2/3}\left(\dfrac{a}{1\,\text{AU}}\right)^{3/4}\left(\dfrac{f}{10}\right)^{3/2} M_\oplus \\ \quad (2.7\,\text{AU} < r < 36\,\text{AU}) \end{cases} \tag{2.94}$$

が得られる（図2.28）．ただし，$M_\oplus$ は地球の質量（5.97×10^{27} g）である．

■**(4) 地球型惑星の形成**

原始惑星は太陽のまわりを回っているのだが，数が多いため，互いの重力によって軌道運動に影響を与えてしまう．そしてやがて軌道が交差するようになり，ついには原始惑星同士の衝突が起こる．その結果，原始惑星がいくつか合体して，岩石や金属を主成分とした地球型惑星ができたのだと考えられている．この過程は，約1000万年から1億年ぐらいかかっただろう．

図2.28に，太陽からの距離の関数として，原始惑星の推定質量と太陽系の惑星の質量をプロットした．水星や火星は原始惑星レベルだが，金星と地球

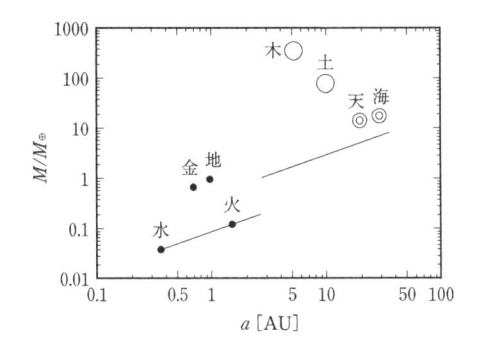

2.9 太陽系の起源 origin of the Solar System

図 2.28 原始惑星の質量推定と太陽系の惑星の質量.

はかなり大きいことがわかる．金星と地球は十数個の原始惑星が合体して形成されたのかもしれない．

■(5) 木星型惑星の形成

一方，太陽から遠い領域では，原始太陽系星雲の温度が低かったため，一酸化炭素やメタンなどの氷もたくさんできて，それらの氷が微惑星にも大量に含まれることになった．固体成分が多いために原始惑星も大きなものとなり，その重力で周囲のガスを引き寄せ，ガスを大量に含む木星型惑星へ成長していったと考えられている．ただし遠方では軌道速度が遅く原始惑星の成長速度も遅いため，木星は大量のガスを集められたが，土星ではガスを集めきる前に原始惑星系星雲が散逸してしまい，土星の質量は木星を超えられなかったようだ．

■(6) 天王星型惑星の形成

さらに遠方の領域では，原始惑星が形成された時期には，原始太陽系星雲のガスがほとんど散逸してしまっており，氷の微粒子などから形成された原始惑星に近い状態として，天王星と海王星が残されたのだと考えられている．

こぼれ話

地球磁気圏とオーロラ： 磁場がらみの話題として，地球磁気圏の話も割愛した．関連して，オーロラについても省略したが，一言だけ触れておきたい．オーロラのでき方については，太陽から飛来した荷電粒子が，地球磁気圏を横切ることができないため，磁気圏を回り込んで両極にたどり着き，大気圏に突入して空気分子に衝突し発生する，というような説明がよくなされる．これはあまり正しくないようである．というのも，太陽風によって地球磁気圏は吹き流されて太陽と反対側に伸びているので（そういう図もよく載せてある），太陽風の荷電粒子が直接に両極へ到達することは難しいからだ．また太陽風の荷電粒子（電子）のエネルギーも，オーロラ発生には足りない．太陽風の荷電粒子と地球磁気圏が複雑な電磁相互作用を起こし，磁気圏内部に電流系が形成されて，両極に電流（太陽風の電子とは別の電子）が流れ込み，オーロラが発生するらしい（赤祖父俊一モデル）．

青空： 青空は太陽光の空気分子による**レイリー散乱**（Rayleigh scattering）が原因だ．レイリー散乱は，光の波長より非常に短い粒子（空気分子）による散乱で，散乱の度合いが波長の4乗に反比例する．したがって，（赤い光の半分ぐらいの波長の）青い光の方が赤い光より16倍ぐらい散乱される．ならば，青空ではなく"紫空"になりそうだが，紫色で感度が落ちる肉眼との兼ね合いで，青い空色にみえるのだろう．

月の形成： 地球の月は，原始地球に火星ぐらいの大きさの原始惑星が衝突して形成されたと考えられている．この**ジャイアントインパクト説**は比較的よく知られているようになったので割愛した．

第3章

Solar Physics
太陽物理学

　太陽は太陽系天体の中ではやや別格で，別に扱うことが多い．というのも，太陽は太陽系の質量の大部分を占め太陽系の重力場を支配しているため，太陽系力学という観点からは太陽はほぼ不動である．むしろ，もっとも近い星としての太陽を研究する意義の方が重要になる．その結果，太陽のみで**太陽物理学**（solar physics）という宇宙物理学における一つの学問領域をなしている．

3.1　太陽表面現象　solar phenomena

　肉眼でみた太陽は白く光り輝いているが，望遠鏡などで詳しく調べると，表面にはいろいろな模様や現象がある．まず，そのいくつかを紹介しておこう．

■(1) 光球

　可視光でみえる太陽の表層を**光球**（photosphere）と呼ぶ．遮光板などを通して見たときに，縁のはっきりした円形に見える部分だと思えばよい（図3.1）．

　そもそも太陽は全体がガスでできているので，地球のようなはっきりとした固体あるいは液体の表面はない．もやもやしたガス体の表面は何らかの方法で定義してやらないといけない．

　そこで太陽の場合は，便宜上，500 nm の光に対して不透明になる場所を，太陽の表面（太陽本体と太陽周辺大気の境目）と定義している．このように定義した太陽の表面が，光球の"底"で，そこより内部の太陽本体は不透明で

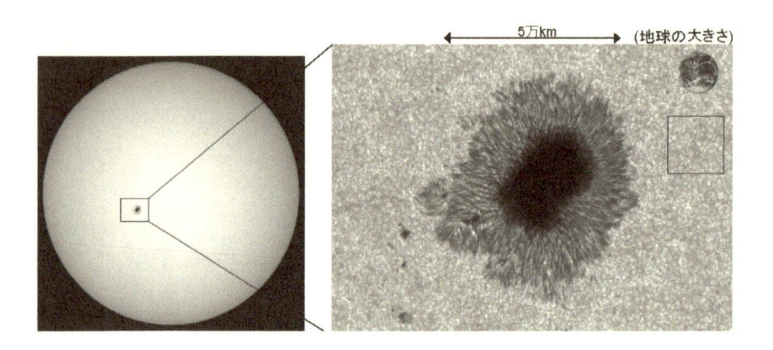

図 3.1 ひので衛星が撮影した太陽の光球と黒点（JAXA）．黒点には，中央のより黒い部分（暗部）と周辺の灰色の部分（半暗部）がある．

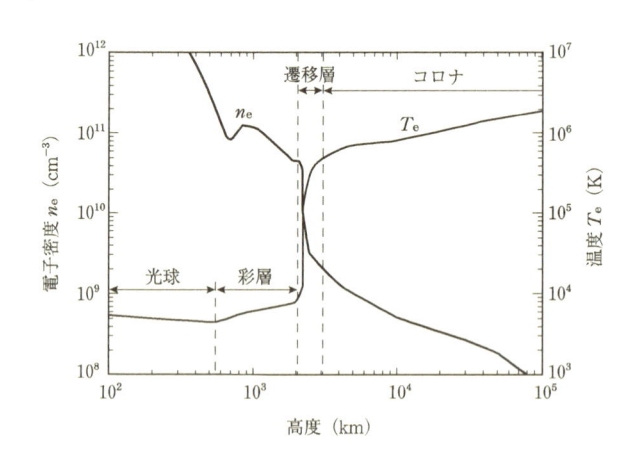

図 3.2 太陽表面近傍の温度分布と密度分布．横軸は光球面の底から測った高度で，縦軸が温度と密度．

見えない．光球の領域では，上空にいくにつれ，高度と共に温度は減少する（図 3.2）．上層に向かって温度が上昇しはじめたらそこは彩層の領域になる．

光球の底での温度は約 6400 K で，最上部では約 4300 K だ．光球の厚みは 400 km ほどで，太陽半径（70 万 km）に比べ，ほんの薄皮にすぎない．

3.1 太陽表面現象 solar phenomena　　　　　　　　　　　　　**87**

■**(2) 黒点，粒状斑，白斑**

太陽の表面で目立つのは，**黒点**（sunspot）だろう（図 3.1）．大きさは直径数千 km から数万 km にもなり，数日からせいぜい 2 ヶ月ほどで消えていく．黒点の領域では，磁場が約 2000 ガウスと非常に強く（地球磁場は数ガウス），磁場の影響によって太陽内部からの高温ガスの上昇が抑えられている．その結果，黒点領域の温度は約 4000 K と，太陽表面よりも 2000 K ぐらい低い[*1]．

黒点の周辺などによく見られる，白く光った斑点を**白斑**（facula）[*2]と呼ぶ．白斑は太陽表面より少し（数百度程度）温度が高い．

黒点以外も無数の濃淡模様，**粒状斑**（granule）[*3]に覆われている（図 3.3）．一つひとつの斑点の大きさは 1000 km ぐらいで，10 分ほどの寿命で現れたり消えたりする．粒状斑は太陽表層近くで起こっている対流模様で，明るい斑点では熱いガスが上昇し，暗い部分では冷えたガスが沈んでいる．

■**(3) 彩層，プラージュ**

光球の外側の，上空へ向けて太陽大気の温度が増加する領域が**彩層**（chromosphere）だ[*4]．温度が極小（約 4200 K）になる場所を彩層の"底"と定義する（図 3.2）．彩層の厚みは約 2000 km–1 万 km 程度で，彩層の上層では約 1 万 K になる．彩層の上で温度は急上昇し（遷移層），コロナへつながる．

また白斑と同じく黒点のまわりでよく見られる現象だが，白斑よりも高度が高く彩層領域で見られる現象が**彩層白斑／プラージュ**（plage）[*5]である．

[*1] 温度が低いといっても 4000 K もあるのだから，黒点自体は本来は明るく光っている．約 6000 K の温度に合わせた露出で写真を撮ると，黒点部分は露出不足で黒くなってしまうのだ．

[*2] 英語の facula には白点という意味がある．反対語は macula.

[*3] granule は粒々の意味．グラニュー糖と同根．

[*4] 彩層は可視光に対してはほぼ透明だが，彩層領域のガスは水素の Hα 輝線を強く放射しているので，皆既日食のときなどは，コロナの内側で赤く輝いて見える．それが名前の由来でもある．

[*5] この plage の由来だが，plage 自体はフランス語起源で海辺とか海辺の行楽地という意味がある．太陽物理はフランスでも活発な分野で，もともとは facula（白斑）の周辺という意味合いから facula plage と呼ばれて，さらに plage と短縮されたのだろうと思う．

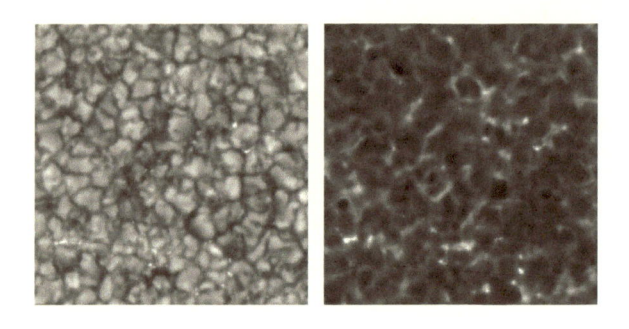

図 3.3 ひので衛星が撮影した粒状斑（JAXA）．左図は G バンドでみた光球の粒状斑で，右図はカルシウム H 線で観測した彩層の粒状斑．

■(4) 紅炎，スピキュール

太陽上空で目立つ現象の筆頭が，**紅炎／プロミネンス**（prominence）[*6]だろう（図3.4）[*7]．周囲の 100 万 K ものコロナに比べれば，紅炎の温度は約 1 万 K と低温で，コロナより密度も高いガスの雲である．そのサイズは幅が数千 km で長さは数万 km にもおよぶ．紅炎のガスは磁場の力で支えられているのだが，磁場はしばしば不安定になるため，数ヶ月も安定に存在するものもあれば，数分から数時間で爆発的に上昇し消滅するものもある．

太陽の表面から針状に突き出て見えるガスを**スピキュール／針状体**（spicule）[*8]という（図 3.4）．スピキュールは，直径 1000 km 程度，長さ 1 万 km 程度の細長い形状をしていて，太陽全体を覆っている．表面から発射されたガスが，磁力線に沿ってコロナ中を上昇して，10 分程度で下降したり

[*6] 水素ガスの赤い Hα 線を出していて，皆既日食のときには肉眼でも見ることができるため，"紅炎"という名前が付いた．もっとも"炎"とは付いているが，何かが燃えているわけではない．実際，英語の prominence は突起物のような目立つものの意味で，炎の意味はない．

[*7] 太陽面の手前にあるときは，紅炎はしばしば暗い紐状（フィラメント状）に見えるので，ダークフィラメント（暗条）と呼ばれる．

[*8] 英語の spicule は尖（とが）ったものの意味．釘のスパイク（spike）や香辛料のスパイス（spice），おとめ座 α 星のスピカ（Spica）なども同根の言葉．麦の穂の先端の尖った部分をラテン語で spica というので，おとめ座の女神アストレアが手にもっている麦の穂の部分に当たる星がスピカと名づけられた．

3.1 太陽表面現象　solar phenomena

図 3.4　ひので衛星が撮影したプロミネンスとスピキュール（JAXA）.

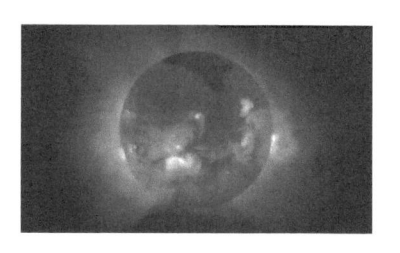

図 3.5　ようこう衛星が撮像した太陽コロナ（JAXA）．この種の画像は教科書などにもしばしば説明なしに掲載されているので，誤解を招くと思う．X 線の強さを色づけした画像なので，肉眼でこのように見えるわけではない．

消えたりする．

■(5) フレア，CME

黒点など活動的な領域で，大量の高エネルギー粒子が惑星間空間に吹き出す現象が**フレア**（flare）だ[*9]．太陽フレアでは，数千 km にもおよぶ領域が数分から数時間にわたって爆発状態になる．太陽フレアは，磁場に蓄えられたエネルギーが，短時間のうちに解放される現象だと考えられている．

またフレアなど太陽表面の爆発現象によって，太陽からは常に大量のエネルギーやガス物質が惑星間空間へ放出される．この現象を**コロナ質量放出**（coronal mass ejection）とか，英語の単語の頭文字を取って **CME** と呼ぶ．

■(6) コロナ

太陽表面の現象を締めくくるのは，太陽周辺の希薄で高温なガスの広がり

[*9] 英語の flare は火に関係した用語だ．まずよく知られている fire は，火や火炎の意味だが，火に関係した他の意味にも使われる．また flame には，炎や火炎の意味と，炎のような光輝があり，それから比喩的に激情などの意味もある．そして flare だが，これは，ゆらめく光やめらめら燃える火炎を表す．漏斗のように開いた形も表し，フレアスカートも同じ．その flare の後には flash というのもあるが，これは閃光のような瞬間的な輝き・炎と，それから派生した意味をもつ．

である**太陽コロナ**（solar corona）／**光冠**（corona）*10 だろう（図 3.5）．

コロナのガスの密度は非常に希薄だが，きわめて高温（約 100 万 K）である．約 6000 K という"冷たい"太陽の上空に，なぜこのような高温のコロナが存在するのかは，まだ完全には解明されていない．ともあれ，100 万 K という高温なため，コロナのガスはほぼ完全に電離して，原子核（水素の場合は陽子）と，原子核に束縛されていない自由電子にわかれている．その自由電子が太陽からの光を散乱して，コロナはあのように光っている．皆既日食の際に肉眼でみえるコロナ（白色光コロナ）は，しばしば，"乳白色"とか"真珠色"などと形容されるが，白色光コロナが太陽の本来の色である（後述）．

3.2 太陽放射スペクトル　solar spectrum

太陽からは絶え間なく膨大な量のエネルギーが宇宙空間に放射されており，そのほんのひとしずくが地上に降り注いで，われわれ地上生物のエネルギー源となっている．太陽放射は，電波から X 線まで電磁波の全波長域にわたって延びているが，基本的には黒体輻射でよく近似される．

中心部の核反応で生成された輻射光子（ガンマ線）は，太陽内部の各場所でガス物質によって頻繁に吸収放出を繰り返し，次第にエネルギー（温度）を下げながら外側へ伝わっていく．表面では物質密度が急激に低くなり，ついには輻射光子は宇宙空間に飛び出す．われわれが太陽の表面として見ているのは，輻射光子が物質によって最後に吸収放出あるいは散乱される光球面だ．

いったん光球を離れた輻射光子全体のスペクトルはもはや変化しないので，光球表面でのスペクトルのまま地球まで届いて観測される．この太陽連続スペクトルは，約 5780 K の黒体輻射スペクトルでよくフィットできる（図 3.6）．

太陽の連続スペクトルにフィットする黒体輻射温度はどう決めるのだ

---

*10 コロナには冠の意味がある．すなわち，太陽のまわりのコロナが上からみた王冠のように見えることから，ラテン語で王冠を表す corona と名づけられた．

3.2 太陽放射スペクトル solar spectrum

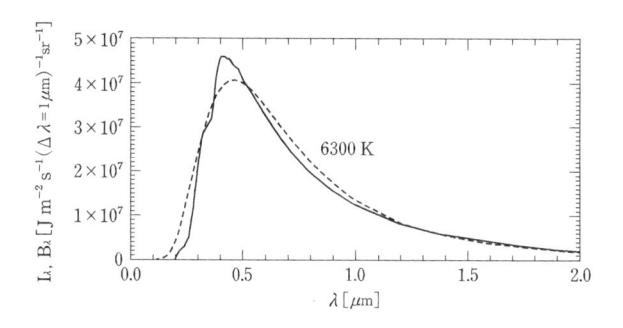

図 3.6 太陽放射のスペクトルと 6300 K の黒体輻射スペクトル（Rutten lecture note）.

ろう．

i) ウィーンの変位則を適用して，実測値のピーク波長から温度 T_W を決める方法がある．ただし，この方法は，ピークの少しのずれに影響されてしまう．

ii) ある波長で，観測された輻射強度を与えるように，温度 T_b を求めることができる．この温度を**輝度温度**（brightness temperature）という．この方法の問題点は，その波長で黒体からずれている場合，その影響を受けることだ．

iii) ステファン・ボルツマンの法則を適用して，積分した量から温度 T_{eff} を求める方法もある．このように全輻射量から決める温度を**有効温度**（effective temperature）と呼ぶ．上の 5780 K というのは，太陽の有効温度である．

なお，スペクトルが完全に黒体輻射なら，これらの温度はすべて等しい．

さて，実際に太陽放射スペクトルと温度 6300 K の黒体輻射スペクトルを重ねて描いたものが図 3.6 だ．太陽放射スペクトルが黒体輻射スペクトルより上になっているところでは，太陽放射スペクトルの輝度温度は 6300 K より高く，下になっているところは低い．では，輝度温度が一番高い波長はどのあたりになるだろうか．一見，0.4 μm 付近がもっとも輝度温度が高そうに

みえるが……．

実際に波長の関数として輝度温度を描いたのが図 3.7 だ．太陽スペクトルの中で，もっとも輝度温度が高いのは，$0.4\,\mu m$ 付近ではなく，なんと $1.6\,\mu m$ 付近の赤外線領域にある．では，このことは何を意味しているのだろうか？

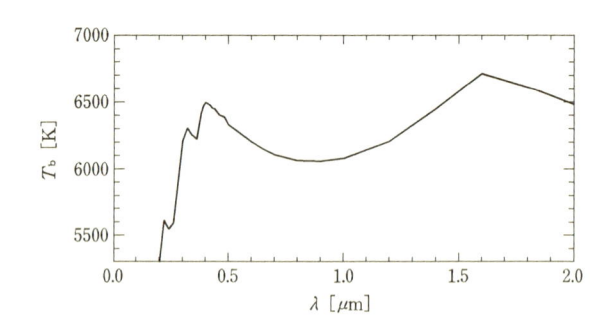

図 3.7 太陽放射スペクトルの輝度温度と波長の関係（Rutten lecture note）．

太陽表面付近の温度は 6000 K 前後だが，各波長で同じ深さの場所を観測しているわけではない．いろいろな深さからの光を同時に観測している．そして光球では深さが深いほど温度が高いので，輝度温度が高いことは深い場所からの光が届いていることを意味し，逆に輝度温度が低いことは浅い場所をみていることを意味する．すなわち，$1.6\,\mu m$ 付近の赤外線では表面からもっとも深くまでみえているということなのだ[*11]．

3.3 平均自由行程と光学的厚み　mean free path and optical depth

太陽周縁減光など，ガス中の輻射の伝播を考える際に，基本的で有用な概念として，平均自由行程と光学的厚みについて，ここで簡単に説明しておこう．

媒質中を伝播している光子がガス粒子と衝突するまでに進む平均の距離

[*11] 輝度温度分布は $0.4\,\mu m$ から $1.6\,\mu m$ の間で，$0.9\,\mu m$ 付近を底として丸く窪んでいる．これは太陽大気に含まれる水素負イオンによる連続吸収が原因で，その吸収係数の温度依存性をちょうど反転した形になっている．

3.3 平均自由行程と光学的厚み mean free path and optical depth　　**93**

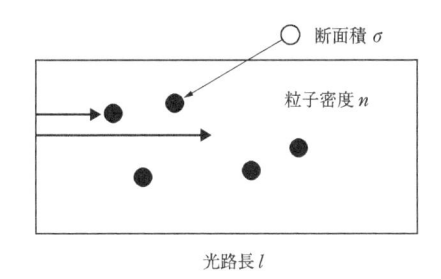

図 **3.8**　衝突断面積と平均自由行程.

が，光子の**平均自由行程**（mean free path）である．ガスを構成している粒子の断面積を σ，個数密度を n，そして光子の行路長を ℓ とすると，$n\sigma\ell = 1$ の条件を満たしたときに，$\sigma\ell$ の筒状体積内の粒子数が 1 個となる（図 3.8）．言い換えれば，光子が 1 個の粒子と衝突することになる．したがって，そのときの距離が平均自由行程そのものであり，平均自由行程 ℓ は，

$$\ell = \frac{1}{\sigma n} \tag{3.1}$$

で与えられる．また粒子の質量を m とすると，質量密度は $\rho = nm$ なので，単位質量あたりの断面積として κ ($\equiv \sigma/m$) を定義すると，平均自由行程は，

$$\ell = \frac{1}{\kappa \rho} \tag{3.2}$$

と表すこともできる．ここで κ ($\equiv \sigma/m$) は $[\text{cm}^2\,\text{g}^{-1}]$ という単位をもち，**不透明度**（opacity）と呼ばれる（詳しくは 4.6 節，6.3 節参照）．

太陽内部の平均密度は $\rho \sim 1.4\,\text{g cm}^{-3}$ で，$\kappa \sim 1\,\text{cm}^2\,\text{g}^{-1}$ なので，ざっとした平均自由行程は，$\ell \sim 0.5\,\text{cm}$ ぐらいになる．

媒質の密度や不透明度によって平均自由行程が大きく違っても，光子にとってみれば，平均自由行程だけ進めば 1 個の粒子に衝突するという物理過程は変わらない．そこで光子が感じる無次元的な距離として，$\tau \equiv \sigma n \ell = \kappa \rho \ell$ という無次元量が適切だろう．密度などが場所によって異なることや振動数依存性を入れて，**光学的深さ**（optical depth）あるいは**光学的厚み**（optical thickness）を，実距離 s の積分量として以下のように定義する：

$$\tau_\nu(s) \equiv \int_{s_0}^{s} \kappa_\nu(s')\rho(s')ds'. \tag{3.3}$$

この光学的厚みを用いれば，光子の平均自由行程は，平均の光学的厚みが1になる実距離だと厳密に定義できる．光子の吸収・散乱により，輻射強度は $\exp(-\tau_\nu)$ に比例して減衰する（4.6節）．したがって，一つの光子が光学的厚み τ_ν 進む確率は，$\exp(-\tau_\nu)$ となる．そこで平均の光学的厚みを計算すると，

$$\langle \tau_\nu \rangle \equiv \int_0^\infty \tau_\nu e^{-\tau_\nu} d\tau_\nu = 1 \tag{3.4}$$

のように，たしかに1となる．媒質が一様だとすれば，光子の平均自由行程 ℓ_ν は，$\langle \tau_\nu \rangle = \kappa_\nu \rho \ell_\nu = 1$ より，

$$\ell_\nu = \frac{1}{\kappa_\nu \rho} = \frac{1}{\sigma_\nu n} \tag{3.5}$$

となり，最初の式が再現される．

なお，光学的厚みが1より大きいとき（$\tau_\nu > 1$）を**光学的に厚い**（optically thick）とか**不透明**（opaque）といい，1より小さいとき（$\tau_\nu < 1$）は**光学的に薄い**（optically thin）とか**半透明**（translucent）と呼ぶ[*12]．

先に述べた，太陽光球で500 nmの光に対して不透明になる場所，という意味は，500 nmの波長で光学的厚みが1になる場所という意味である．

3.4 周縁減光効果　limb-darkening effect

太陽の拡大像をよくみると太陽面の明るさ（輝度）は一様ではない（図3.1）．太陽面中央部より周縁部の方が少し暗くなっており，この現象は**周縁減光効果**（limb darkening effect）と呼ばれている．

図3.9は市販の機材を用いて撮像した太陽像と，直径方向に測定した輝度分布である[*13]．周縁減光効果がはっきり読み取れる．

[*12] 光学的に薄い場合を透明（transparent）というのは適切ではない．

[*13] 周縁減光効果は，かつては素人が撮像するのは難しかった．しかし，現在ではデジタルカメラの性能がよくなったので，専門の観測装置を使わなくても，市販のレンズ交換式カメラで太陽の拡大撮像を容易に行えるようになった．必要な機材は，デジタル一眼レ

3.4 周縁減光効果 limb-darkening effect

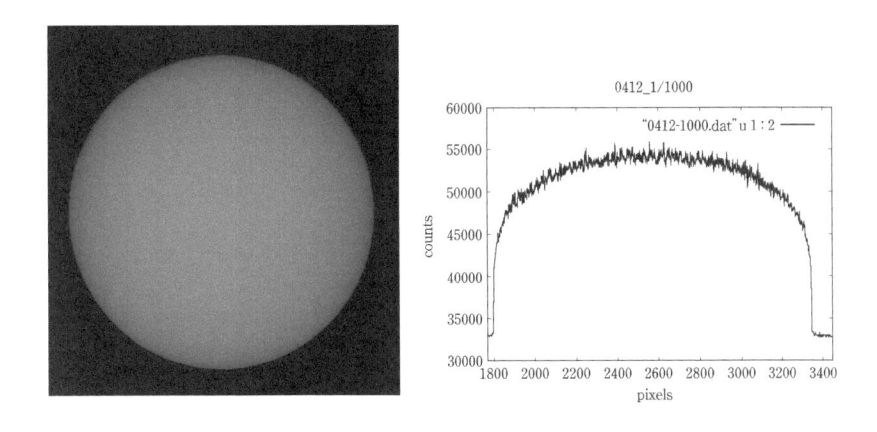

図 3.9 太陽像と太陽面の輝度分布.

　周縁減光効果が生じる原因は，太陽がガス体であること，球体であること，そして内部ほど温度が高いことにある．定性的には以下のように考えればよい．

　同じ球状の天体でも，満月は全体がほぼ一様の輝度で光っている．満月では，太陽から入射した光は月面の細かなチリであらゆる方向にほぼまんべんなく散乱されるため，月面の中央でも縁の方でもあまり輝度が変わらない．

　一方，太陽はガス体であるため，表面近傍は半透明であり，やや内部から到来する光を観測することになる．具体的には，光学的深さが1程度の場所からの光を見ている．ところが太陽が球体であるために，太陽面中央部で光学的深さが1の場所の実際の深さと比較して，周縁部では（太陽面が曲がっているため）観測者から測って光学的深さが1の場所は太陽半径方向にはより浅い場所になっている（図 3.10）．そして，太陽は内部に向かって温度勾配があるため，表面中央付近に比べて周縁部では，視線方向には同じ光学的深さでも，表面から測った実距離での深さは浅く，より温度の低い部分からくる光を見ていることになる．その結果，周縁減光効果が生じる．

フカメラ，しばしばキットで購入できる望遠レンズ，および強い太陽光を10万分の1に減光するフィルタである．もちろん，太陽は強烈な光源なので，太陽を直視しないなど，十分な注意を払わないといけない．

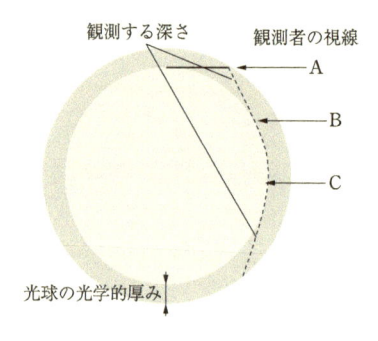

図 3.10 太陽面中央と周縁で観測する深さのイメージ.

図 3.11 表面輝度の角度依存性.

この周縁減光効果は輻射輸送の理論で説明できる（4.6 節）．すなわち，平行平板大気のミルン・エディントン・モデル（Milne-Eddington model）によれば，太陽表面付近の温度分布は，表面から測った光学的深さ τ の関数として，

$$T^4(\tau) = \frac{3}{4}T_{\text{eff}}^4\left(\tau + \frac{2}{3}\right) \quad (3.6)$$

のように表すことができる[*14]．ただしここで，T_{eff} は表面の有効温度である．

さらにこのミルン・エディントン・モデルでは，表面から放射される表面輝度 I は等方ではなく角度に依存しており，真上から測った角度 θ の関数として，

$$I(\theta) = \frac{3}{4}\bar{I}\left(\cos\theta + \frac{2}{3}\right) = \frac{3}{5}I(0)\left(\cos\theta + \frac{2}{3}\right) \quad (3.7)$$

のような分布をもっている（図 3.11）．ただしここで，$\bar{I}$ は平均表面輝度で，また，$I(0)$ は真上方向の表面輝度である．

この表面輝度分布 (3.7) から，観測される表面周縁減光を導いてみよう．太陽半径を a，観測される太陽像の面中央からの距離を r とすると（図 3.12），距離 r での輝度 $I(r)$ と面中央での輝度 $I(0)$ との比は，(3.7) 式と $\sin\theta = r/a$

[*14] 数値を入れてみればわかるが，表面の温度は $T(0) = T_{\text{eff}}/2^{1/4} \sim 0.841 T_{\text{eff}}$ と有効温度より少し低く，$\tau = 2/3$ の場所の温度が $T(2/3) = T_{\text{eff}}$ と有効温度に等しい．

3.5 太陽コロナ　solar corona

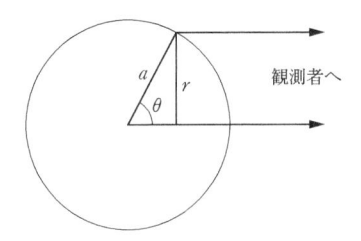

図 **3.12** 太陽と観測者を真横から見た図.

とを考慮して，以下の式で表されることになる：

$$\frac{I(r)}{I(0)} = \frac{2}{5} + \frac{3}{5}\sqrt{1 - \frac{r^2}{a^2}} = 1 - \frac{3}{5}\left(1 - \sqrt{1 - \frac{r^2}{a^2}}\right). \tag{3.8}$$

ただし，光学的深さは光の波長によっても異なり，したがって周縁減光の度合いも光の波長に依存する．そこで，しばしば使われるのが，

$$\frac{I(r)}{I(0)} = 1 - u\left(1 - \sqrt{1 - \frac{r^2}{a^2}}\right), \quad u = \frac{I(0) - I(a)}{I(0)}. \tag{3.9}$$

という経験式である．ここで u は，太陽面中央の輝度に対して周縁部での減光の割合を表すパラメータで，**周縁減光係数**と呼ばれる．単純なミルン‐エディントン・モデルは，$u = 0.6$ の場合に相当している[15].

3.5　太陽コロナ　solar corona

太陽周辺には，きわめて高温で希薄な太陽コロナが広がっている．このコロナの構造について，まず静水圧平衡の考え方で密度分布を求めてみよう．つぎに，コロナの輝度分布から密度分布を推測してみよう．

---

[15] 波長依存性については，具体的には，短波長の光ほど周縁減光の影響を大きく受ける．たとえば，波長 600 nm での経験的に周縁減光係数が $u = 0.56$ ぐらいなのに対して，波長 320 nm の場合は $u = 0.95$ ぐらいとなる．

3.5.1 太陽コロナの構造

地球大気では重力加速度は一定だと仮定した (2.5 節). しかし太陽コロナの広がりは太陽の半径に比べて無視できないので, 重力加速度 g は,

$$g = -\frac{GM}{r^2} \tag{3.10}$$

となり, 中心からの距離 r によって変化する.

太陽コロナはきわめて高温 (約 10^6 K) で, また温度は半径によらずほぼ一定である (図 3.2). 等温を仮定して太陽コロナの構造を求めてみよう[*16].

等温大気の構造を表す方程式は, 静水圧平衡:

$$\frac{1}{\rho}\frac{dP}{dr} = -\frac{GM}{r^2} \tag{3.11}$$

と, 理想気体の状態方程式 (1.46) だ.

状態方程式 (1.46) を (3.11) 式に代入して, 温度 T が一定だとすると,

$$\frac{1}{\rho}\frac{d\rho}{dr} = -\frac{\bar{\mu}GM}{\mathcal{R}_g T}\frac{1}{r^2} = -\frac{H}{r^2} \tag{3.12}$$

と整理できる. ただしここで,

$$H = \frac{\bar{\mu}GM}{\mathcal{R}_g T} \tag{3.13}$$

は, 等温太陽コロナのスケールハイトである. 太陽コロナ ($M = M_\odot$, $\bar{\mu} = 0.5$, $T = 10^6$ K) の場合, $H = 8.0 \times 10^{11}$ cm $= 11 R_\odot$ ほどになる.

さらに (3.12) 式を r で積分すると,

$$\ln\rho = \frac{H}{r} + 定数 \tag{3.14}$$

となり, 太陽表面 ($r = R$) での密度を ρ_R として定数を決めると, 密度分布として最終的に, 以下の式が得られる:

$$\rho = \rho_R e^{H(1/r - 1/R)}. \tag{3.15}$$

[*16] 太陽コロナでは自由電子による熱伝導率が非常に高く, すぐに温度が均されてしまう.

3.5.2 白色光コロナの解析

太陽コロナでは，100万Kという高温なため，コロナのガスは完全に電離して，原子核と，原子核に束縛されていない自由電子にわかれている．太陽から放射された光は，この自由電子によって，きれいに散乱される――トムソン散乱（Thomson scattering）とか電子散乱（electron scattering）と呼ぶ（web付録B）．電子散乱は波長に依存せず，太陽の光を完全に平等に散乱し，皆既日食の際に肉眼で見えるコロナは乳白色に輝いている（図3.13）[17]．

図3.13 太陽の白色光コロナ（2012年11月14日，オーストラリア・ケアンズ）．

この白色光コロナを含め，コロナにはいくつかの成分がある（図3.14）．自由電子が太陽光球の光を散乱することによって輝いている白色光コロナを，Kコロナと呼ぶ[18]．一方，惑星間空間には太陽近傍も含め微小な塵／ダスト（dust）が多数存在している．このダストもまた太陽光を散乱する．ダストの散乱によって生じるコロナがFコロナである[19]．Fコロナはそのまま黄

---

[17] 電子散乱は波長依存性がないので，乳白色とか真珠色などと形容される白色光コロナが，太陽の本来の色である．

[18] Kは Kontinuierlich――連続的という意味のドイツ語――の頭文字．もともとの太陽光にあるフラウンホーファー線は，自由電子の熱運動で拡がってしまうため，Kコロナのスペクトルはほぼ連続成分のみになっている．

[19] Fは Fraunhofer の頭文字．Fコロナのスペクトルにはフラウンホーファー線は残っている．

道光につながる．さらに K コロナや F コロナより輝度は落ちるが，高温コロナ中でさまざまに高階電離したイオンから放射される輝線で光っている **E コロナ**もある[20]．太陽近傍では K コロナの明るさはだいたい満月と同じくらいになる．太陽半径の 2 倍から 3 倍くらい以遠になると F コロナの方が卓越してくる．

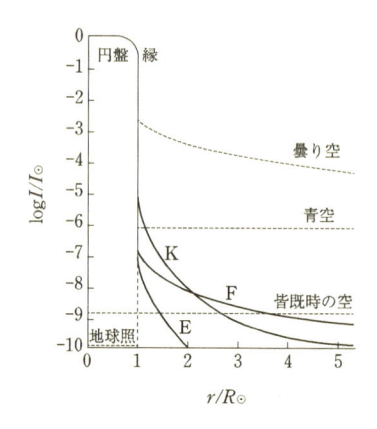

図 3.14 太陽コロナ．横軸は太陽半径を単位とした太陽からの距離で，縦軸は太陽面の明るさを単位とした太陽コロナの明るさの対数値（Stix より改変）．K コロナが自由電子による散乱で光っているもの．F コロナはダストの散乱で光っているもの．E コロナは輝線で光っているもの．点線は上から，曇り空，青空，皆既時の空，地球照の明るさを示している．

市販の機材で撮像した白色光コロナについて，その輝度分布および輝度分布の対数グラフを図 3.15 に示す．

先に書いたように，K コロナは自由電子が太陽光を散乱して生じる．太陽光の強度変化はわかっているので，K コロナの輝度分布からは原理的には自由電子の密度分布を導くことができる．これは太陽物理学にとっては非常に重要なテーマであり，古くからいろいろな方法が開発されてきた．一般的には，コロナの放射率分布（電子密度の分布）を仮定して輝度分布のモデルを計算し観測と比較するが（順問題），輝度分布から数学的な逆変換で電子密

---

[20] E は emission の頭文字．

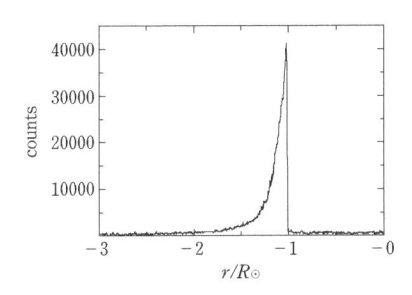

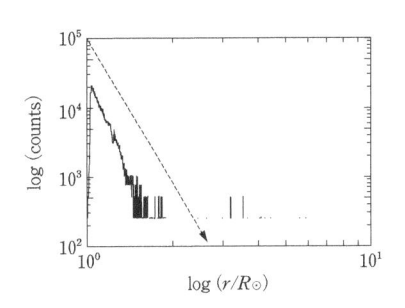

3.5 太陽コロナ　solar corona

図 **3.15**　白色光コロナの輝度分布（左）とその対数グラフ（右）. 横軸は太陽半径を単位とした太陽面中心からの距離で, 縦軸はカウント数. 下の対数グラフで破線の矢印は傾き -7 の直線を表す.

度分布（放射率分布）を出す方法もある（逆問題）.

以下では, 比較的やさしい順問題の方法で, 放射率分布（あるいは太陽光の強度と電子密度分布）に単純なモデルを仮定し, 輝度分布を計算してみたい.

まず図 3.16 のように, 観測者方向を z 軸とし, 太陽を中心とする極座標 (r,θ,φ) を設定する. また z 軸に垂直方向の座標を p 軸とする. 球対称なモデルでは（単位体積単位立体角あたりの）太陽コロナの放射率分布 $j(r)$ や太

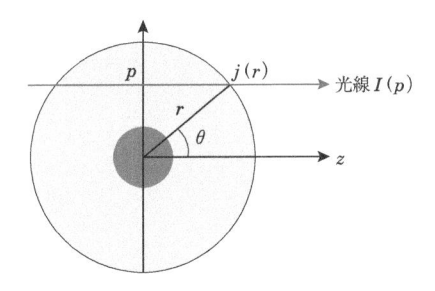

図 **3.16**　太陽中心の極座標 (r,θ) と, 観測面での座標 p の関係. 放射率や密度などはおおざっぱには半径 r の関数だが, 観測される輝度は p の関数になる.

陽光の強度分布 $J(r)$ そして自由電子の密度分布 $\rho(r)$ などは半径 r の関数だが，観測されるコロナの輝度分布 $I(p)$ は z 軸から距離 p の関数になっている．さらに白色光コロナが太陽光の散乱だけで決まるとすれば，

$$j(r) \propto J(r)\rho(r) \tag{3.16}$$

という関係が成り立つ．

太陽光の強度分布は遠方では距離の 2 乗で落ちるので（太陽表面近傍では少し違うが），もっとも単純なモデルとしては，

$$j(r) = j_0 \left(\frac{R_\odot}{r}\right)^{n+2}, \tag{3.17}$$

または

$$J(r) = J_0 \left(\frac{R_\odot}{r}\right)^2, \quad \rho(r) = \rho_0 \left(\frac{R_\odot}{r}\right)^n \tag{3.18}$$

というべき関数分布が考えられる．ここで，$R_\odot$ は太陽半径で，j_0, J_0, ρ_0 はそれぞれ太陽表面での値，n はパラメータである．

もし白色光コロナが光学的に薄ければ，放射率分布を視線方向に積分したものが，観測されるコロナの強度分布になる：

$$I(p) = \int_{-\infty}^{\infty} j(r) dz. \tag{3.19}$$

半径 r の関数を視線 z 方向に積分するのだから面倒そうだが，z 方向から測った角度 θ に変換すれば解析的に扱える．すなわち，

$$r = \frac{p}{\sin\theta}, \quad z = \frac{p}{\tan\theta}, \quad dz = -\frac{p}{\sin\theta} d\theta \tag{3.20}$$

などの変数変換を使って，(15.6) 式の積分を書き換えると，

$$I(p) = \int_{-\infty}^{\infty} j_0 \left(\frac{R_\odot}{r}\right)^{n+2} dz = j_0 R_\odot \left(\frac{R_\odot}{p}\right)^{n+1} \int_0^\pi \sin^n \theta d\theta \tag{3.21}$$

となり，半径 r のべきを p のべきに引き直すことができる（べき指数が 1 だけ減少する点に注目）．積分部分は，$n = 2$ のときは $\pi/4$ となる（他の n は数学公式集など参照．いずれにせよ，三角関数の積分なので 1 のオーダーの数

値).したがって,簡単な測定法としては,白色光コロナの輝度分布に合うようなべき指数を求めることになる.

経験的には,白色光コロナの輝度分布は,$I_\odot$ を太陽面での輝度とし,$x = p/R_\odot$ として,

$$\frac{I(x)}{I_\odot} = 10^{-6}\left(\frac{0.0532}{x^{2.5}} + \frac{1.425}{x^7} + \frac{2.565}{x^{17}}\right) \tag{3.22}$$

ぐらいになる.右辺括弧内の第1項はFコロナの寄与で,第2項と第3項がKコロナの分布を表す($x = 1.061$ で第2項と第3項が等しくなる).したがって,上の式と比べると,指数 n は,6と16に相当する.またこれから導かれるKコロナの電子密度分布は,n_{e0} を 10^{14} m^{-3},r を太陽半径で規格化した半径として,以下ぐらいになる:

$$n_e = n_{e0}\left(\frac{1.55}{r^6} + \frac{2.99}{r^{16}}\right). \tag{3.23}$$

こぼれ話

磁気リコネクション: 太陽フレアの原因は**磁気リコネクション**(magnetic reconnection)らしい.磁石のN極とS極が強力にくっつくように,磁力線のN極とS極がつなぎ変わる際にエネルギーを放出する現象だ.

5分振動: 太陽表面は微細な膜の振動パターン——**5分振動**(5 minute oscillation)と呼ばれる——で覆われており,地震波の伝播で地球内部を探るように,振動の伝播で太陽内部を探ることができる.

第 4 章

Stellar Astrophysics
恒星物理学

　もっとも身近な天体は本来は太陽や月なのだが，あまりに身近すぎて，宇宙に存在する天体と聞いて頭に浮かぶのは，むしろ夜空に輝く星々かもしれない．実際，古来より，**天体**（celestial body）といえば，夜空に輝く星々や惑星など，天の（celestial）物体（body）だったのだ．本章から数章の間，さまざまな種類の星々について，その性質や重要な法則や諸概念そして進化などを論じたい．この領域は**恒星物理学**（stellar astrophysics）と呼ばれている．本章では，星の放射について基本的な特徴と重要な法則をまとめておこう．

4.1 星の等級と光度　magnitude and luminosity

　第1章で，天体の明るさの基本的な単位である光度や等級について説明した．ここでそれらの量の間の関係を改めて詳しく説明しよう．

4.1.1 光度と見かけの明るさ

　星など天体の**光度** L（luminosity）とは，天体全体から単位時間に放射されるエネルギーで定義される．単位は [J s^{-1}] や [erg s^{-1}] や太陽光度 $L_\odot$ を用いる[*1]．光度 L は天体固有の量で天体の真の明るさを示す．

　一方，光源から離れれば見かけの明るさは暗くなる．そこで光度 L の天体から距離 r において，天体の方向に垂直な単位面積を単位時間に通過するエネルギー量を，天体の見かけの明るさ——**輻射流束** f（radiative flux）と呼ぶ——としよう（図4.1）．輻射流束の単位は [J s^{-1} m^{-2}] や [erg s^{-1} cm^{-2}]

[*1] 熱損失を無視すれば，100 W の電球は 100 J s^{-1} の光度で，太陽光度は 3.85×10^{26} W だ．

になる.

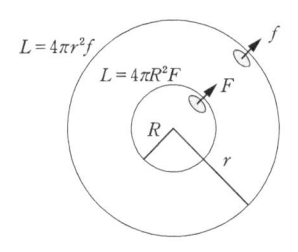

図 **4.1** 星の光度と明るさ（輻射流束）.

天体が球対称な場合，天体から単位時間に放射されるエネルギー L は，半径 r の球面を単位時間に流れるエネルギーに等しいので，光度と見かけの明るさ（輻射流束）の間には，$L = 4\pi r^2 f$ が成り立ち，あるいは，

$$f = \frac{L}{4\pi r^2} \tag{4.1}$$

のように表せる．これは光源の明るさが距離の 2 乗に反比例して暗くなることを式で表したものだ．

たとえば，地球大気圏外で太陽に垂直な面内に毎秒入射する太陽放射エネルギーは，$1.37\,\mathrm{kW\,m^{-2}}$ で，**太陽定数**（solar constant）として知られている．この太陽定数に半径 1 天文単位の球の表面積をかければ，太陽光度になる．

4.1.2 見かけの等級と絶対等級

地球から測定した天体の等級を**見かけの等級** m（apparent magnitude）という（図 1.7）．見かけの等級は，以下のように定義する．

i) 明るさの"比"が等しいときに，等級の"差"が等しい．すなわち，等級のステップは，等差数列的ではなく，等比数列的になっている．

ii) 明るさの比が 100 のときに等級差は 5 等級とする．すなわち 1 等級の差は，明るさの比では，$100^{1/5} = $ 約 2.512 倍だけ違うことになる．

iii) また慣用的に，明るいほど等級が小さいということにしている（すなわち 6 等より 1 等の方が明るい）．具体的には，もっとも明るい星が

だいたい 1 等ぐらい，暗夜に肉眼でやっと見える星が 6 等ぐらいになる．

星の等級は，古来より，肉眼で見えるもっとも明るい星が 1 等星で，もっとも暗い星が 6 等星とされてきたのだが，近代になって，より定量的・数学的に定義したものが，上の条件だ[*2]．その結果，1 等よりも明るい星も存在することになり，0 等やマイナス等級なども使われる．たとえば，北極星は 2.0 等だが，シリウスは -1.5 等，満月は -12.6 等で，太陽は -26.74 等になる．

天体の真の明るさは同じでも，天体の距離が近いと明るく見えるし，遠ければ暗く見える．すなわち，見かけの等級は，天体の真の明るさには対応していない．そこで，地球から 10 pc（32.6 光年）の距離に天体があるとした場合の等級を**絶対等級** M（absolute magnitude）と定義して，それで天体の実際の明るさの違いを表す[*3]．すなわち絶対等級が小さい天体は，真の明るさが明るい（光度が大きい）天体なのだ．

たとえば，太陽は（地球から見た）見かけの等級は -26.74 等だが，10 pc の距離に置いた絶対等級は 4.83 等にすぎない．

4.1.3 等級と明るさの関係

ここでいよいよ見かけの明るさや光度と見かけの等級や絶対等級の間の関係を導いていこう．まず，図 4.2 のように，地球から距離 r_1 にある光度 L_1 の星を，地球で観測したときの見かけの明るさ（輻射流束）が f_1 で見かけの等級が m_1 だとしよう．星 2 についても同様とする．

[*2] 紀元前 2 世紀のギリシャ時代にヒッパルコス（Hipparchos；前 190〜前 120 頃）が，もっとも明るい星を 1 等，暗夜に肉眼でやっとみえる星を 6 等と決めた．ロードス島で観測し，850 個の星をリストした．それに合わせて，1850 年にイギリスの天文学者ノーマン・ポグソン（Norman Pogson；1829〜1891）が現代的な定義をした．

[*3] 主な変数の記号はたいていは変えてあるものだが，星の質量も絶対等級も同じ変数 M で表すのはやや不思議かもしれない．天体物理学は前世紀初頭などはドイツなどを中心とするヨーロッパで発達し，前世紀のかなり後半までは，星の質量に対しては，ドイツ語の飾り文字（𝔐）を当てていた．発展の中心が英語圏に移ってから，M に簡略化されたものである．多くの場合は，出てくる文脈（数式）で区別できるので問題がないが，記号の割り当てにも歴史がある．

4.1 星の等級と光度　magnitude and luminosity　　*107*

このとき，等級の差が見かけの明るさの比の対数スケールというルールから，

$$m_1 - m_2 \propto \log \frac{f_1}{f_2} \tag{4.2}$$

が成立する．さらに，$f_1/f_2 = 100$ のとき $m_1 - m_2 = -5$ になるので，

$$m_1 - m_2 = -\frac{5}{2} \log \frac{f_1}{f_2} \tag{4.3}$$

と関係が定まる．この基本的な関係を**ポグソンの式**と呼ぶ．

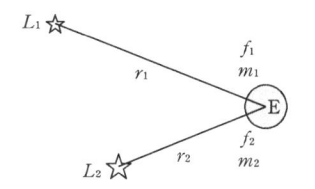

図 **4.2** 見かけの明るさと見かけの等級の関係．

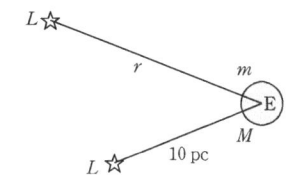

図 **4.3** 見かけの明るさと絶対等級の関係．

4.1.4　距離指数

つぎに，見かけの等級と絶対等級の間の関係を導いてみよう．図 4.3 のように，距離 r にある光度 L の星を地球で観測したときの見かけの等級が m で，同じ星を 10 pc に置いて観測したときの見かけの等級（すなわち絶対等級）が M だとしよう．見かけの明るさ（輻射流束）は，それぞれ，

$$f_1 = \frac{L}{4\pi r^2}, \quad f_2 = \frac{L}{4\pi (10 \text{ pc})^2} \tag{4.4}$$

であるが，ポグソンの式 (4.3) から，次式が成り立つことは明白だろう：

$$m - M = -\frac{5}{2} \log \frac{f_1}{f_2}. \tag{4.5}$$

右辺に (4.4) 式を代入して，対数の性質を使い，ていねいに整理すると，

$$m - M = 5 \log \frac{r}{\text{pc}} - 5 \tag{4.6}$$

という関係式が得られる．距離 r の単位は pc であることを明示してある．

この (4.6) 式の左辺にある $m-M$ という量は，天体の距離 r を間接的に表しているので，**距離指数**（distance modulus）と呼ばれている．

最後に，絶対等級と光度の間の関係を導いておく．距離 10 pc の位置に置いた光度 L の星の絶対等級を M とし，同じく光度 $L_\odot$ の太陽の絶対等級を $M_\odot$ とする（ここでは太陽質量ではない点に注意）．以上の議論と同様，つぎの式が容易に導かれるだろう：

$$M - M_\odot = -\frac{5}{2} \log \frac{L}{L_\odot}. \tag{4.7}$$

4.2 星のスペクトル分類　spectral classification

人の顔が一人ひとり違うように，星の容貌——スペクトル——も一つひとつ異なっている．というのも，星の内部では光の分布はほぼ黒体輻射で近似できるが，外層大気で種々の元素による吸収などを受ける．その際，元素の存在量および温度や密度などの物理状態は星によって異なるため，最終的に観測されるスペクトルは星によって千差万別なものとなるからだ．しかし，そのような見かけ上は多種多様な星々も，スペクトルにおける共通の特徴によって分類することができる．星からやってくる光の特徴（スペクトル）にもとづいた星のタイプを星の**スペクトル型**（spectral type）と呼び，スペクトル型による星の分類を星の**スペクトル分類**（spectral classification）という（図 4.4）．

19 世紀の終わり頃から，スペクトルに現れる特徴的な吸収線や輝線に着目して星の分類が試みられ，A 型，B 型，…などのスペクトル型が決められた．20 世紀に入って原子物理学が進展すると共に，恒星大気で起こっている物理現象の解明も進み，スペクトル型と星の表面温度が密接に関係していることがわかった．その結果，現在では，表面温度の順にスペクトル型を並べて，

O – B – A – F – G – K – M – L – T – Y

4.2 星のスペクトル分類　spectral classification

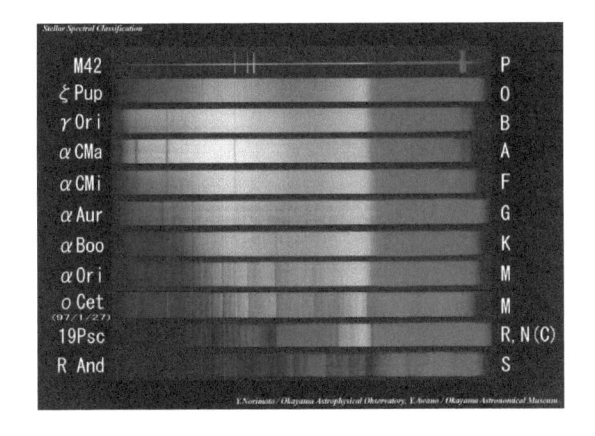

図 4.4　主系列星のスペクトル（岡山天体物理観測所＆粟野諭美他『宇宙スペクトル博物館』）.

としている[*4][*5].

さらに各スペクトル型を 10 段階にわける細分類も使われる．たとえば，B 型だと，より高温の O 型に近い B0 型から，A 型に近い B9 型まで細分する．各スペクトル型の表面温度とスペクトル線の特徴を表 4.1 に示す．

また星のスペクトル線はたいてい吸収線だが，星の周辺に拡がった星周(せいしゅう)ガス領域をもっているタイプの星では，吸収線ではなく輝線スペクトルが出ていることがある（図 4.5）．その種の星は高速自転している A 型星や B 型

[*4] このような星のスペクトル分類は，ハーバード大学のグループによって集大成されたので，今日，**ハーバード分類**として知られている．ハーバード分類の覚え方として有名なのが，"Oh! Be A Fine Girl, Kiss Me, Right Now, Sweet!" である．字余り・字足らずだが，昔は，R 型，N 型，S 型などがあったため．この十数年の間に赤外線の観測などで低温の星が発見され，L 型，T 型，さらに Y 型などの分類がなされた．現在では，さしずめ，"Oh! Be A Fine Girl/Guy, Kiss Me, Let's Try, Yeah!" ぐらいでどうだろうか．

[*5] それぞれのタイプの代表的な星として，O 型：アルニタク A（ζ Ori A）；B 型：スピカ（α Vir），リゲル（β Ori）；A 型：シリウス A（α CMa A），ベガ（α Lyr）；F 型：北極星（α UMi），カノープス（α Car）；G 型：太陽，カペラ（α Aur）；K 型：アルデバラン（α Tau），アークトゥルス（α Boo）；M 型：アンタレス（α Sco），ベテルギウス（α Ori）；L 型：グリーゼ 165B（Gl 165B）；T 型：グリーゼ 229B（Gl 229B）；Y 型：ワイズ 1828 + 2650（WISE 1828 + 2650）などを挙げておく．

表 4.1 星のスペクトル分類

スペクトル型	表面温度 [K]	スペクトル線の特徴
O	50000–30000	電離ヘリウムおよび高階電離の酸素，炭素，窒素の線がある．水素の吸収線は比較的弱い．
B	30000–10000	中性ヘリウムの吸収線がもっとも強い．水素の吸収線も強くなる．
A	10000–7500	水素の吸収線がもっとも強い．鉄やカルシウムなどの吸収線が現れはじめる．
F	7500–6000	電離カルシウムの H, K 線などが強くなる．水素の吸収線は弱まる．
G	6000–5300	電離カルシウムの H, K 線が水素の吸収線より強くなる．分子による吸収帯が次第に強くなる．
K	5300–4000	電離カルシウムの H, K 線は強く幅広く，水素線は比較的弱い．分子の吸収帯がある．
M	4000–2000	中性の重元素の吸収線が非常に強い．酸化チタンによる吸収帯が強くなる．
L	2000–1300	アルカリや水や一酸化炭素の吸収線が目立つ．いわゆる褐色矮星．
T	1300– 700	メタンや水の吸収線が目立つ．赤外線にスペクトルのピーク．メタン矮星．
Y	700–	非常に低温の褐色矮星．

星であることが多く，たとえば B 型星で輝線スペクトルを示す星は **B 型輝線星**（Be star）と呼ばれる．ここで，Be の e は emission line（輝線）の e である．

4.3 ヘルツシュプルング - ラッセル図（**HR 図**） HR diagram

　人は見た目が 9 割というが，主として光で観測する天体の場合も "見た目" の情報は重要で，ときとして見た目の情報しか手に入らないこともある．そして星の場合の見た目の情報は，"明るさ" と "色合い" だ．その見た目の情報で星を分類するダイアグラムが，初心者には悪名高き HR 図である．

　横軸に星のスペクトル型（あるいは表面温度），縦軸に星の絶対等級（あるいは光度の対数）を取った図を，**ヘルツシュプルング - ラッセル図**（Hertzsprung-Russell diagram）あるいは省略して **HR 図**（HR diagram）と呼

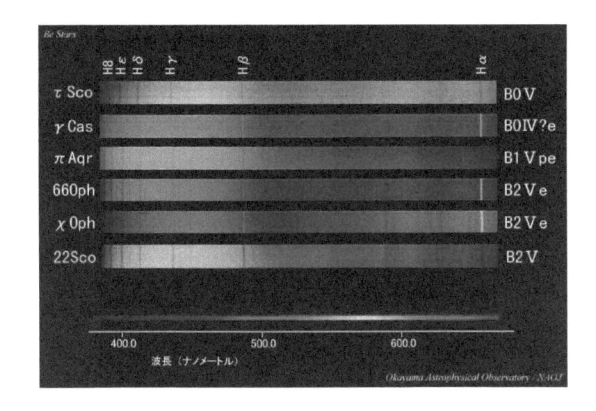

図 4.5 B 型輝線星のスペクトル（岡山天体物理観測所 & 粟野諭美他『宇宙スペクトル博物館』）．通常は吸収線のところが，白い輝線になっている．

ぶ（図 4.6）．

先に述べたように，星のスペクトルにはいろいろな特徴があり，その特徴によって分類される．さらに，アイナー・ヘルツシュプルング（D. Ejnar Hertzsprung；1873〜1967）（1905 年）とヘンリー・ノリス・ラッセル（Henry Norris Russell；1877〜1957）（1913 年）の研究によって，同じスペクトル型の星でも真の明るさ（光度）が違う場合があることがわかった[6]．その結果，スペクトル型（表面温度）を横軸とし絶対等級（光度）を縦軸とする 2 次元の表現図が生まれた．

この HR 図でもっとも重要なのは，星々は HR 図の上で均一に分布するのではなく，いろいろな群れになって分布することだ．

まず大部分の星は**主系列**（main sequence）と呼ばれる帯状の領域に分布する（図 4.6 の V）．この領域の星——**主系列星**（main sequence star）——は，中心部で水素がヘリウムに変換する核融合反応を起こしている最中の星だ．星の一生の間で，水素の核融合反応期間が非常に長いために，多数の星を観

---

[6] 星を光度に応じて，I を超巨星（supergiant），II を輝巨星（bright giant），III を巨星（giant），IV を準巨星（subgiant），V を矮星（dwarf）= 主系列星，VI を準矮星（subdwarf），VII を白色矮星（white dwarf），と分類する．これを**光度階級**（luminosity class）という．

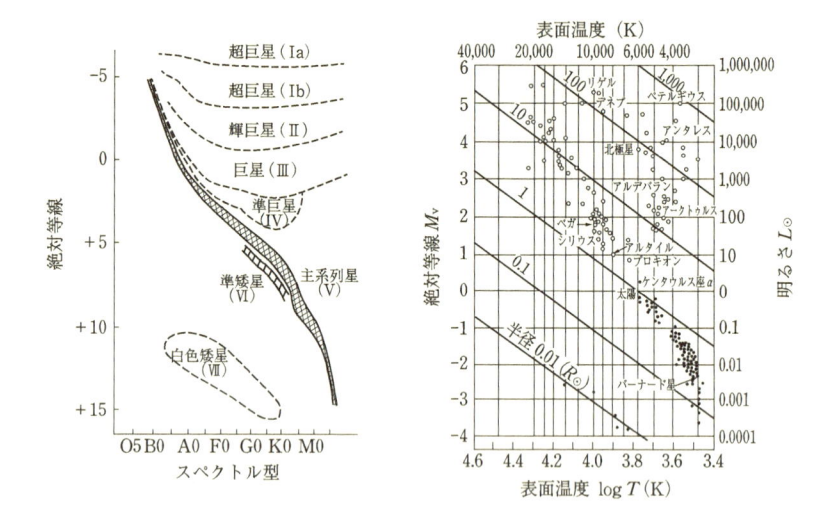

図 4.6 ヘルツシュプルング‐ラッセル図（HR 図）．左側は，横軸にスペクトル型，縦軸に絶対等級を取る基本的な HR 図．右側は，横軸に表面温度の対数，縦軸に絶対等級を取ったもので，両軸とも対数スケールなのでいろいろな量を定量化しやすい．星の半径が一定の関係は右側の図だと直線で表せる．

測すると大部分は主系列に並ぶことになる．これは，街中の雑踏を眺めたときに，子どもや老人の姿よりも大人の姿が圧倒的に多いことと同じ理屈だ．

また HR 図の右上領域には，いわゆる**赤色巨星**（red giant）が分布する（Iや II の線）．赤色巨星は，詳細は第 7 章で後述するが，中心部でヘリウムの灰が溜まって水素の核融合がストップし，その結果，巨大に膨張して赤くなった星だ．

さらに左下には，暗くて青い**白色矮星**（white dwarf）が分布する（図の VII）．白色矮星は地球ぐらいの大きさしかないために暗いが，表面の温度は比較的高いために，HR 図の上では左下の領域に分布することになるのだ．

4.4 主系列星の物理量　physical quantities

観測的に測定することのできる，星の基本的な物理量は，

4.4 主系列星の物理量　physical quantities

$$\text{質量 } M \quad \text{表面温度 } T \quad \text{半径 } R \quad \text{光度 } L$$

などである（ここでは簡単のために化学組成や回転などの効果は考えない）．これらの物理量は，観測的には，おおむね，

$$10^{-1} M_\odot \lesssim M \lesssim 10^2 M_\odot \tag{4.8}$$
$$10^{-2} R_\odot \lesssim R \lesssim 10^3 R_\odot \tag{4.9}$$
$$10^3 \text{ K} \lesssim T \lesssim 10^5 \text{ K} \tag{4.10}$$
$$10^{-6} L_\odot \lesssim L \lesssim 10^6 L_\odot \tag{4.11}$$

の範囲にある（$M_\odot$ は太陽質量，$R_\odot$ は太陽半径，$L_\odot$ は太陽光度）．

ところで，これらの物理量がすべて独立なわけではない．まず光度 L と半径 R そして表面温度 T の間には，**ステファン‐ボルツマンの法則**（Stefan-Boltzmann's law）：

$$L = 4\pi R^2 \sigma T^4 \tag{4.12}$$

が成り立つので，独立な物理量は，M, T, R となる．さらに，主系列星については，基本量の間に成り立つ関係として，観測的に，

- HR 図：スペクトル型（表面温度 T）- 絶対等級（光度 L）
- 質量光度関係：質量 M - 光度 L

の二つが知られている（図 4.7；後者は 6.5 節参照）．

したがって，主系列星に関しては，基本的な物理量のうち，本当に独立なものは，たった一つ，

$$\text{質量 } M$$

だけである．言い換えれば，主系列星では，質量 M だけをパラメータとして，表面温度 T や半径 R や光度 L などの基本的な物理量，その内部の構造，寿命などがすべて一意的に決まっている（表 4.2）．主系列星のこのような性質を定めている基礎的な法則は，力学的な釣り合いとエネルギーの釣り合いである（第 5 章）．

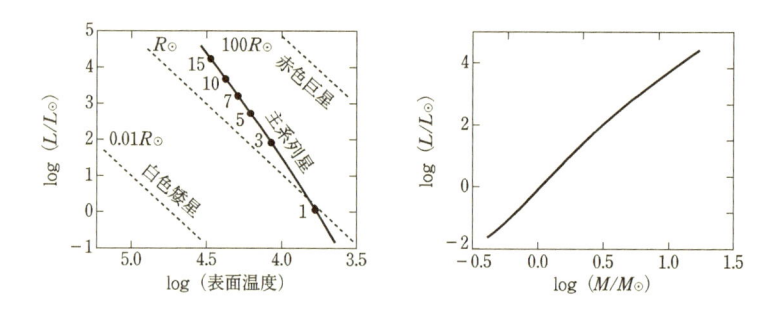

図 4.7 （左）主系列星の温度光度関係（HR 図）．主系列星は太い実線上に並ぶ．数値は太陽質量を単位とした星の質量．また破線は半径が一定の関係線．（右）主系列星の質量光度関係．主系列星は太い実線上に並ぶ．

表 4.2　主系列星の物理量．

質量 $M/M_\odot$	光度 $L/L_\odot$	表面温度 [K]	半径 $R/R_\odot$	中心密度 [g cm^{-3}]	中心温度 [K]	寿命 [億年]
100	1.2×10^6	52000	14.00	1.6	4.2×10^7	5.0×10^{-2}
50	3.2×10^5	44000	9.20	2.5	4.0×10^7	6.5×10^{-2}
20	3.7×10^4	34000	5.70	4.6	3.5×10^7	1.1×10^{-1}
10	4.7×10^3	24000	3.80	9.0	3.1×10^7	2.9×10^{-1}
5	4.5×10^2	17000	2.60	21.0	2.7×10^7	1.1
2	1.5×10^2	9200	1.50	66.0	2.1×10^7	1.5×10
1	7.1×10^{-1}	5400	0.98	87.0	1.4×10^7	1.1×10^2
0.7	1.4×10^{-1}	4500	0.62	86.0	1.1×10^7	5.3×10^2
0.5	3.7×10^{-2}	3800	0.44	85.0	8.9×10^6	1.8×10^3

4.5　スペクトル線の形成　formation of spectral lines

ここで，星のスペクトル吸収線の振る舞いと表面温度の関係について，定性的に理解すると同時に，簡単なモデルを用いて定量的な計算を行ってみよう．

4.5.1 スペクトル線の消長

図4.4や表4.1などを見ると,スペクトル型によって吸収線の強さが大きく変わる.たとえば,中性水素のバルマー線(H I)は,O型では弱いが,A型では強く,F型以降で再び弱くなる.中性ヘリウム(He I)の吸収線は高温度のB型でもっとも強い.さらにH,K線と呼ばれる1階電離カルシウム(Ca II)の吸収線は,高温度星では弱いが,F型やG型で強くなる.各スペクトル型における,これらのスペクトル吸収線の相対的な強さを図4.8に示す.

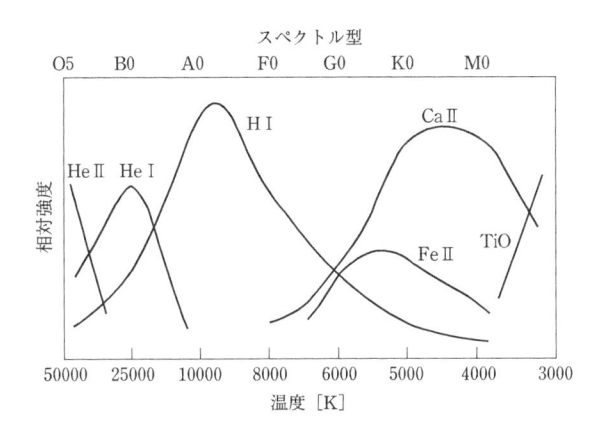

図4.8 He I,H I,Ca II などの吸収線強度の消長.

このようなスペクトル線の消長は,元素の存在量や大気密度にも関係するが,大きな要因が恒星大気の温度だ(A型より低温の星でヘリウムの吸収線が見られないからといって,低温度の星にヘリウムがないわけではない).

定性的には以下のように考えればよい.例として,水素のバルマー吸収線(H)を取ってみよう.水素のバルマー吸収線は,水素原子が光子を吸収して第1励起状態からさらに高い準位に遷移する際に生じる(1.5節).したがって,第1励起状態に励起されている水素原子の割合が多いほど,バルマー吸収線は強くなる.M型やK型など表面温度の低い星では,水素原子はほと

んどエネルギー最低の基底状態にあるため，バルマー吸収線は弱い．G 型からF 型へと温度が高くなると，水素原子もある程度の割合で第 1 励起状態に励起され，バルマー吸収線は強くなる．ところが温度がさらに高くなると，水素原子は電離されてしまい，中性水素そのものの割合が減って，バルマー吸収線はふたたび弱くなるのである．

このような原子の励起や電離の起こる温度は，元素の種類やその状態によって異なるため，図 4.8 のようなスペクトル線の消長が生じる．逆に言えば，可視光の観測でいろいろな元素の吸収線の強さを調べれば，それから星の大気の温度（スペクトル型）を見積ることができる．これがスペクトル分類の本質的重要性なのだ（実際は，温度以外にもいろいろな物理量がわかる）．

以下では，以上の定性的な解釈の物理的内容を見ていこう．

4.5.2 ボルツマンの式

星の内部ではガスと輻射は頻繁に相互作用して，ガスは**局所熱力学的平衡** (local thermodynamic equilibrium；LTE) になっている．熱平衡状態に対しては統計力学を適用することができて，粒子の分布はいわゆる**ボルツマンの式** (Boltzmann equation) に従う．その結果，原子（イオン）の集団の中で，（エネルギー最低の）基底状態の原子の数 N_0 と，i 番目の励起状態に励起されている原子の数 N_i の比は，

$$\frac{N_i}{N_0} = \frac{g_i}{g_0} e^{-\varepsilon_i / kT} \qquad (4.13)$$

と表される．ここで，g_0 と g_i はそれぞれ基底状態と i 番目の励起状態の統計的重み[*7]と呼ばれる量で，また ε_i は基底状態から i 番目の励起状態への**励起エネルギー** (excitation energy)，k はボルツマン定数，T は絶対温度である．ボルツマンの式の本質的な点は，高いエネルギー状態になるほど粒子の個数が指数的に減少するということである．

[*7] 水素原子の基底状態には，上向きスピンと下向きスピンの二つの電子が入れるので，統計的重みは 2 になる．第 1 励起状態は 8 になる．

4.5.3 サハの式

ガスの温度が十分高いときは，原子の一部はさらにエネルギーの高い電離状態に遷移する．中性状態と電離状態の間の平衡も熱平衡の一種だが，**電離平衡**（ionization equilibrium）と呼ばれる．電離平衡を表す**サハの式**（Saha equation）では，中性状態にある原子の数 N_I と，1 階電離の状態にある原子（イオン）の数 N_II の比は，

$$\frac{N_\mathrm{II}}{N_\mathrm{I}} = \frac{2u_\mathrm{II}}{u_\mathrm{I}} \frac{(2\pi m_\mathrm{e} kT)^{3/2}}{h^3 N_\mathrm{e}} e^{-\chi/kT} = \frac{2u_\mathrm{II}}{u_\mathrm{I}} \frac{(2\pi m_\mathrm{e})^{3/2}(kT)^{5/2}}{h^3 P_\mathrm{e}} e^{-\chi/kT} \tag{4.14}$$

と表される．ただし u_I, u_II は分配関数と呼ばれる量で，m_e は電子の質量，h はプランク定数，N_e は電子密度［個 cm^{-3}］，P_e $(=N_\mathrm{e}kT)$ は電子圧，χ は**電離エネルギー**（ionization energy）である．

4.5.4 2 準位モデルでの具体的な計算

統計的重みや分配関数などの諸量を与えて，上の (4.13) 式と (4.14) 式を解けば，図 4.8 のような吸収線の消長が求められる．ここでは以下のような簡単な原子モデルを用いて，吸収線の消長を計算してみよう．

原子の状態には，基底状態，第 1 励起状態，そして電離状態しかないとしよう（図 4.9）．ある温度で，それぞれの状態にある原子の数を，N_0, N_1, N_∞ とする（全原子数 $N = N_0 + N_1 + N_\infty$ は一定である）．水素原子では，基底状

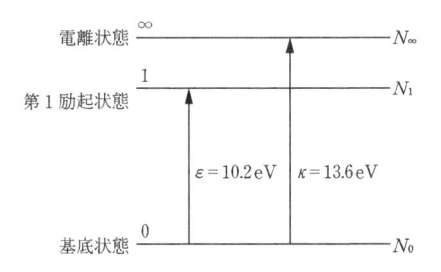

図 **4.9** 2 準位モデル水素原子．

態から第1励起状態への励起エネルギー ε は 10.2 eV,電離エネルギー χ は 13.6 eV である.以下の手順で,第1励起状態になっている原子の数の割合 N_1/N が温度によってどのように変わるかを求めてみよう.

■(1)

水素原子では,基底状態の統計的重みは 2,第1励起状態の統計的重みは 8 である.ボルツマンの式より,以下の関係が得られる:

$$\frac{N_1}{N_0} = 4e^{-\varepsilon/kT}. \tag{4.15}$$

これからただちに,$N_0 + N_1 = N_0(1 + 4e^{-\varepsilon/kT})$ となるので,

$$\frac{N_1}{N_0 + N_1} = \frac{4e^{-\varepsilon/kT}}{1 + 4e^{-\varepsilon/kT}} = \frac{4}{4 + e^{\varepsilon/kT}} \tag{4.16}$$

となる.この関係を表したものが図 4.10 のグラフだ.

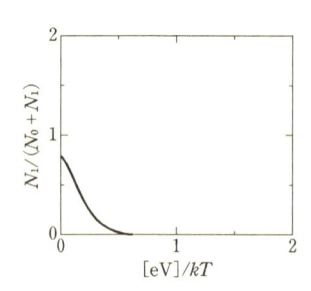

図 **4.10** (4.16) 式のグラフの概形. 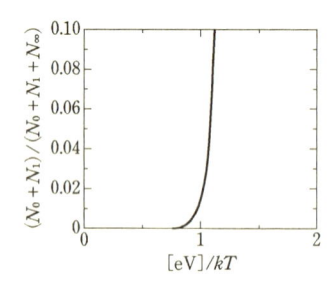 　図 **4.11** (4.20) 式のグラフの概形.

■(2)

水素原子では,分配関数の比は $u_{\mathrm{II}}/u_{\mathrm{I}} = 1/2$ で,サハの式から,

$$\frac{N_\infty}{N_0 + N_1} = \frac{(2\pi m_{\mathrm{e}})^{3/2}(kT)^{5/2}}{h^3 P_{\mathrm{e}}} e^{-\chi/kT} \tag{4.17}$$

となり,星の大気における典型的な値として,$P_{\mathrm{e}} = 10^2$ dyn cm^{-2} を入れると,

$$\frac{N_\infty}{N_0 + N_1} = 4.84 \times 10^7 (kT)^{5/2} e^{-\chi/kT} \tag{4.18}$$

が得られる．ただし kT は [eV] を単位として測る．

これから，$N_0 + N_1 + N_\infty = (N_0 + N_1)(1 + \alpha e^{-\chi/kT})$ となるので，

$$\frac{N_\infty}{N_0 + N_1 + N_\infty} = \frac{\alpha e^{-\chi/kT}}{1 + \alpha e^{-\chi/kT}} = \frac{\alpha}{\alpha + e^{\chi/kT}} \tag{4.19}$$

となる（$\alpha = 4.84 \times 10^7 (kT)^{5/2} =$ と仮置きした）．この (4.19) 式を (4.17) 式で割ると，中性原子の割合として，

$$\frac{N_0 + N_1}{N_0 + N_1 + N_\infty} = \frac{e^{\chi/kT}}{\alpha + e^{\chi/kT}} \tag{4.20}$$

が得られる．この関係を表したものが図 4.11 のグラフだ．

■(3)

最後に，(4.16) 式と (4.20) 式を掛けて，第 1 励起状態にある原子の全原子に対する割合として，以下の関係が得られる：，

$$\frac{N_1}{N_0 + N_1 + N_\infty} = \frac{4}{4 + e^{\varepsilon/kT}} \frac{e^{\chi/kT}}{4.84 \times 10^7 (kT)^{5/2} + e^{\chi/kT}}. \tag{4.21}$$

これは図 4.10 のグラフと図 4.11 のグラフを掛けたものなので，ピークをもつグラフになることが直感的にもわかるだろう．

4.6 恒星大気と輻射輸送　stellar atmosphere and radiative transfer

周縁減光効果（3.4 節）で触れたように，ガス中での光の伝わり方はかなり難しい側面がある．ガス中を輻射（光）が伝播するとき，ガスによって輻射は吸収や散乱を受け，あるいはガスから光が放射され，それらの結果，ガス中を伝播しながら光の強さは時間的・空間的に変化していく（図 4.12）．このような輻射の伝わり方を考えるのが**輻射輸送**（radiative transfer）の理論である．ここでは輻射輸送の初歩的な内容をかいつまんで紹介したい．

4.6.1 輻射強度と輻射輸送方程式

まずは，輻射の強さを表す輻射強度について，改めて定義しよう．

時刻 t に位置 r で単位面積を通って l の方向に，単位時間，単位立体角

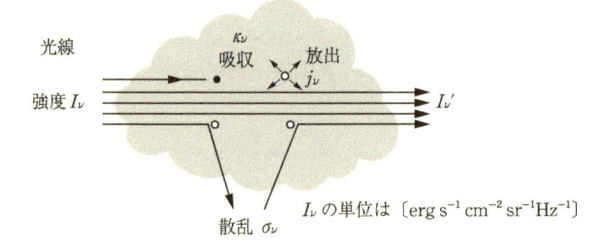

図 **4.12** ガス中の輻射の伝播.

単位振動数あたりに流れていく振動数 ν の輻射エネルギーを**輻射強度**（比強度：specific intensity）あるいは**輝度**（brightness）と呼び，$I_\nu(r, l, t)$ で表す（図 4.13）[*8]．平たく言えば，**光線**（light ray）と考えてよい．定義から単位は $[\mathrm{erg\,s^{-1}\,cm^{-2}\,sr^{-1}\,Hz^{-1}}]$ である．しばしば I_ν（あるいは I_λ）と略記するが，輻射強度 I_ν は一般に，場所，方向，時刻その他もろもろの状態に依存する[*9]．

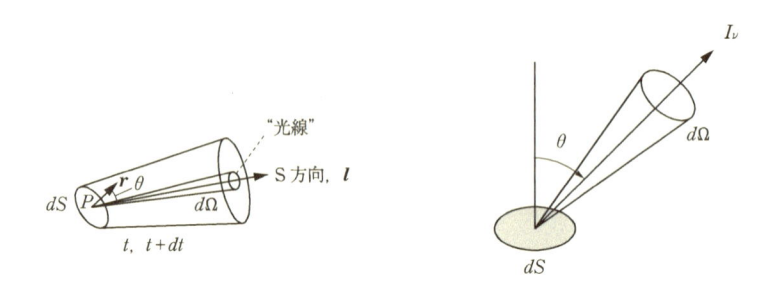

図 **4.13** 輻射強度.

輻射強度 I_ν（あるいは I_λ）を全波長域にわたって積分したもの，

$$I = \int_0^\infty I_\nu d\nu = \int_0^\infty I_\lambda d\lambda \tag{4.22}$$

[*8] 熱平衡で光学的に厚い場合は，黒体輻射強度 $B_\nu(T)$ になる（1.5 節）．
[*9] 場所に依存しない場合を**一様**（homogeneous），方向に依存しない場合を**等方的**（isotropic），時間に依存しない場合を**定常**（steady），振動数に依存しない場合を**灰色**（gray）と呼ぶ．

4.6 恒星大気と輻射輸送　stellar atmosphere and radiative transfer

を**全輻射強度** I [erg s^{-1} cm^{-2} sr^{-1}] と呼ぶ[*10]．これは単位面積，単位時間，単位立体角あたりに流れる輻射エネルギーの総量である．

さて，光線がガス中を伝播していくにつれ，光路に沿って放射・吸収・散乱などが生じる（図 4.14）．

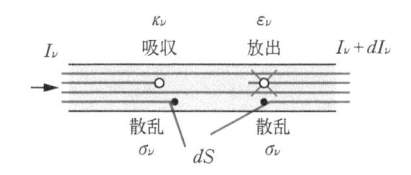

図 4.14 光路に沿った放射，吸収，散乱．

まず，ガスからは，自由 - 自由遷移や束縛 - 自由遷移など，さまざまな形で放射が生じる．単位質量から単位時間あたりに単位立体角へ向けて放射される単位振動数あたりのエネルギー放射率を**質量放射率**（mass emissivity）ε_ν [erg g^{-3} s^{-1} Hz^{-1} sr^{-1}] とすると，単位体積あたりの放射率は $\varepsilon_\nu \rho$ となるので，距離 ds 進む間に増加する輻射強度 dI_ν は以下となる：

$$dI_\nu = \varepsilon_\nu \rho ds. \tag{4.23}$$

つぎに単位質量あたりの**質量吸収係数**（mass absorption coefficient）[*11] を κ_ν [cm^2 g^{-1}] とすると（吸収係数の具体的な形は 6.3 節参照），距離 ds 進む間に減少する輻射強度 dI_ν は，以下のように表される：

$$dI_\nu = -\kappa_\nu \rho ds. \tag{4.24}$$

光線が媒質によって散乱を受けると，光線の方向が変化し入射方向の光線は減少するので，（真の）吸収と同じ効果になる．吸収の場合と同様に考えると，ベクトル l 方向の立体角 $d\Omega$ 内に進行する輻射は，媒質中を距離 ds 進む間に散乱体により，下記の量だけ輻射強度を失う：

[*10] 熱平衡で光学的に厚い場合は，全黒体輻射強度 $B(T) = (\sigma/\pi)T^4$ である（1.5 節）．
[*11] 質量吸収係数はしばしば**不透明度**（opacity）とも呼ばれる．

$$dI_\nu(\mathbf{l}) = -\sigma_\nu \rho I_\nu(\mathbf{l}) ds. \tag{4.25}$$

ただしここで，$\sigma_\nu\,[\mathrm{cm^2\,g^{-1}}]$ を **（散乱）不透明度**とする[*12]．

吸収と散乱の違いは，散乱では，もともと別の方向に進行していた輻射が，散乱によって，考えている方向に入射する場合もあることだ．たとえば，方向ベクトル $\mathbf{l}'$ の方向の立体角 $d\Omega'$ 内に進行していた輻射の一部が，散乱体により，ベクトル $\mathbf{l}$ 方向の立体角 $d\Omega$ 内に進行するようになったとしよう（図 4.14）．このとき，輻射強度は距離 ds 進む間に以下の量だけ増加する[*13]：

$$dI_\nu(\mathbf{l}) = ds\sigma_\nu\rho \frac{1}{4\pi}\oint I_\nu(\mathbf{l}')d\Omega' = \sigma_\nu\rho J_\nu ds. \tag{4.26}$$

ただしここで，

$$J_\nu \equiv \frac{1}{4\pi}\oint I_\nu(\mathbf{l}')d\Omega' \tag{4.27}$$

は**平均強度**（mean intensity）と呼ばれる量である[*14]．

媒質中を ds 進行する間の輻射強度の変化 dI_ν は，放射による増加分 (4.23)，吸収による減少分 (4.24)，散乱による減少分 (4.25)，逆に散乱による増加分 (4.26) をすべて考慮し，さらに微分を立てると，以下のように表せる：

$$\frac{dI_\nu}{ds} = \varepsilon_\nu\rho - \kappa_\nu\rho I_\nu - \sigma_\nu\rho I_\nu + \sigma_\nu\rho J_\nu. \tag{4.28}$$

輻射輸送の取り扱いが難しい理由の一つは，散乱項に輻射強度の積分を含むために，<u>輻射輸送方程式は微分積分方程式</u>になっている点だ．もう一つは，<u>輻射強度が一般には七つの独立変数をもつ関数である点だ</u>[*15]．そこで以下では，散乱なしで簡単な場合の輻射輸送方程式を解いてみよう．

4.6.2 放射と吸収のみの簡単な解

前節で示した距離 ds 進む間の放射と吸収による輻射強度の変化をまとめると，以下の輻射輸送方程式が得られる：

[*12] （真の）吸収係数と散乱係数を併せて，**減光係数**（extinction coefficient）χ_ν と呼ぶ．
[*13] いろいろな方向 $\mathbf{l}'$ からの寄与をすべて考慮（積分）しないといけない．
[*14] 方向ベクトルは $\mathbf{l} = (\sin\theta\cos\varphi, \sin\theta\sin\varphi, \cos\theta)$ で，立体角は $d\Omega = \sin\theta d\theta d\varphi$ と表せる．
[*15] 時間 t，空間成分 xyz，方向 $\theta\varphi$，振動数 ν の七つ．

4.6 恒星大気と輻射輸送 stellar atmosphere and radiative transfer

$$\frac{dI_\nu}{ds} = -\kappa_\nu \rho I_\nu + \varepsilon_\nu \rho = -\kappa_\nu \rho \left(I_\nu - \frac{\varepsilon_\nu}{\kappa_\nu} \right). \tag{4.29}$$

さらに,経路に沿った光学的厚みを $d\tau_\nu \equiv \kappa_\nu \rho ds$ で定義すると,(4.29) 式は以下のようになる:

$$\frac{dI_\nu}{d\tau_\nu} = -\left(I_\nu - \frac{\varepsilon_\nu}{\kappa_\nu} \right). \tag{4.30}$$

■(1) 放射のみの場合

吸収や散乱がなく放射のみの場合,輻射輸送方程式は $dI_\nu/ds = \varepsilon_\nu \rho$ となり,とくに $\varepsilon_\nu \rho$ が一定であれば,下のような単純な解になる:

$$I_\nu(s) = I_\nu(s_0) + \varepsilon_\nu \rho (s - s_0). \tag{4.31}$$

一般的にも,光線の経路に沿って放射量を積分していけばよい.

■(2) 吸収のみの場合

放射も散乱もなく吸収のみの場合,輻射輸送方程式 (4.30) は $dI_\nu/d\tau_\nu = -I_\nu$ となり,$I_\nu(0)$ を入射光線として,下のような解が得られる:

$$I_\nu(\tau_\nu) = I_\nu(0) e^{-\tau_\nu}. \tag{4.32}$$

この単純な解で現れた吸収による<u>指数的な減光</u>は,輻射輸送の性質を端的に表している(3.3 節).これは入射光に比例して吸収が起こるとした,方程式の立式から出てきた結果だ.数学的には輻射輸送方程式は線形方程式であることが原因で(したがって一般解として指数解をもつ),物理的には電磁波が<u>重ね合わせできる</u>(線形)ことがおおもとの理由だ.

■(3) 放射と吸収がある場合

放射と吸収がある場合,(4.29) は,$dI_\nu/(I_\nu - \varepsilon_\nu/\kappa_\nu) = -d\tau_\nu$ のように変数分離でき,$\varepsilon_\nu/\kappa_\nu$ が一定ならば,下のような解が得られる:

$$I_\nu(s) = \frac{\varepsilon_\nu}{\kappa_\nu} + \left[I_\nu(0) - \frac{\varepsilon_\nu}{\kappa_\nu} \right] e^{-\tau_\nu}. \tag{4.33}$$

比 $\varepsilon_\nu/\kappa_\nu$ は**源泉関数**(source function)と呼ばれる量で,(4.33) 式や図 4.15

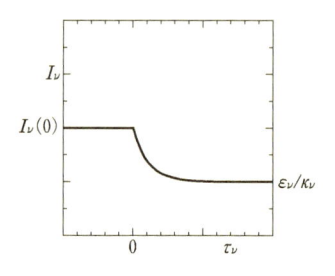

図 4.15 放射と吸収があるが放射係数と吸収係数の比が一定の場合の解.

のように，光学的に厚い領域では，輻射強度は源泉関数に近づく．恒星内部などでは，源泉関数はその場所での黒体輻射そのものになっている．

4.6.3 星間減光

輻射輸送は，太陽の周縁減光（3.4 節）や恒星大気（本節）や恒星内部（6.3 節）だけでなく，地球大気から星間ガスそして初期宇宙にいたるまで，光の伝播に関わるすべての場面で必要になってくる．比較的わかりやすい具体例を少しだけ紹介しよう．

遠方の星の光は，星と地球の間に存在する星間ガスによって吸収され，もとの明るさより少し暗くなって観測される．これを**星間吸収／星間減光**（interstellar extinction）と呼ぶ．先に距離指数として，

$$m - M = 5 \log \frac{r}{\mathrm{pc}} - 5$$

という式を出したが，これは吸収がない場合で，より一般的には，

$$m - M = 5 \log \frac{r}{\mathrm{pc}} - 5 + A_\nu \tag{4.34}$$

と表される．ここで A_ν が星間ガスによる減光量である（星間減光は光の波長によるので添え字 ν を付けた）．あるいは，星間吸収がないときに m_0 等級の星が，星間吸収を受けて m 等級になったとすると，以下の関係になる：

$$m = m_0 + A_\nu. \tag{4.35}$$

4.6 恒星大気と輻射輸送　stellar atmosphere and radiative transfer

星間減光 A_ν は観測から経験的に決められることが多いが，輻射輸送の観点から，星間ガスの光学的厚み τ_ν との関係を導いてみよう．遠方の天体の輻射強度を $I_{\nu 0}$ とし，減光を受けた後の強度を I_ν とすると，$I_\nu = I_{\nu 0} e^{-\tau_\nu}$ が成り立つ．この式の両辺の対数を取って -2.5 を掛けると，

$$-2.5 \log_{10} I_\nu = -2.5 \log_{10} I_{\nu 0} + (2.5 \log_{10} e) \tau_\nu \tag{4.36}$$

が得られる．等級の定義から，左辺は m に，右辺第 1 項は m_0 に相当するので，(4.35) 式と比較して，下のように星間吸収は光学的厚み程度になる：

$$A_\nu = (2.5 \log_{10} e) \tau_\nu = 1.0857 \tau_\nu. \tag{4.37}$$

4.6.4　大気減光

地球大気によっても天体の光は減光される．地球の大気の厚みは薄いので，平行平板層として扱うことができる（図 4.16）．

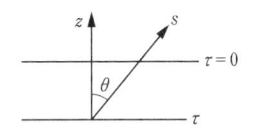

図 **4.16**　平行平板大気と座標系．

鉛直方向を z とする平行平板大気では，真上から測った角度を θ とすると，実際の光路は $ds = dz / \cos\theta$ となる．あるいは，鉛直方向に測った地球大気の光学的厚みを τ_ν とすると，天頂から角度 θ 方向の光路に沿った光学的厚みは $\tau_\nu / \cos\theta$ となる．したがって，吸収のない（大気圏外の）星の輝度を $I_\nu(0)$ とし，大気吸収を受けた星の輝度を I_ν とすると，(4.32) 式から，以下の解が大気減光を表すことになる：

$$I_\nu = I_\nu(0) e^{-\tau_\nu / \cos\theta}. \tag{4.38}$$

星間減光の話をそのまま使うと，大気吸収を受けない星の等級を m_0 とし，

大気吸収を受けた等級を m とすると，以下の式が成り立つことがわかる：

$$m = m_0 + 1.0857 \frac{\tau_\nu}{\cos\theta}. \tag{4.39}$$

なお，経験的には大気減光は，以下のように表される：

$$m = m_0 + 1.086 a F(\theta), \tag{4.40}$$

$$F(\theta) = \frac{1}{\cos\theta} - 0.0018167(1/\cos\theta - 1)$$
$$- 0.002875(1/\cos\theta - 1)^2 - 0.008083(1/\cos\theta - 1)^3. \tag{4.41}$$

ここで a は 0.2 程度の係数で（場所や条件によって異なる），鉛直方向の光学的厚み τ_ν に相当する量である．また $F(\theta)$ は空気関数と呼ばれる θ（あるいは天頂距離 z）の関数で，$1/\cos\theta$ に補正項が付いたものだ．

こぼれ話

恒星物理学の部分では，星の内部構造などを丁寧に説明したかったので，観測的な面はずいぶんと割愛することになった．

等級と光度： 波長による区別をしなかったが，観測手法（波長）によって，電波光度やX線光度などもある．等級についても，350 nm（紫外線）前後の **U 等級**（ultraviolet），440 nm（青色光）前後の **B 等級**（blue），550 nm（可視）前後の **V 等級**（visual；実視等級）など，いろいろある（青系統に偏ってみえるのは見間違いではない．かつて写真乾板を使っていた時代があり，写真は青色に感度が高かったため UBV 領域が中心になった．現在では赤外線まで含め，多くのバンドが定義されている）．

色指数： 等級の差（$U-B$ や $B-V$）を **色指数**（color index）と呼ぶ．色指数は星の表面温度の指標で，色指数が大きい星ほど低温で，小さいほど高温となる．

色 - 等級図： 色指数が表面温度の指標になることから，HR図の代わりに，横軸を色指数にとった **色 - 等級図**（color-magnitude diagram）を使うことがある．

変光星： 明るさの変化する星を **変光星**（variable star, variables）という．もっとも，太陽も含めほとんどの星は多かれ少なかれ明るさが変動

している．そこでふつうには，変光星としては，周期的に明るさの変わる脈動変光星や食変光星，急激に明るくなる新星や超新星などを指す．

　星が半径方向に膨張と収縮を繰り返すような，星の大気のさまざまな振動によって明るさが変化するものが**脈動変光星**（pulsating variable）だ．脈動変光星は，短いものでは1日以下から長いものでは数百日におよぶ周期で周期的な変光を示し，同じ周期で星の半径なども変化する．

　一方，二つの星がごく近くで相手のまわりを公転している近接連星系の一種で，軌道傾斜角が大きくて互いに相手を隠し合うために見かけ上明るさが変化するものが**食変光星**（eclipsing variable）だ．食変光星は，典型的には数時間から数日程度の周期で周期的な変光を示す．

　星の表面の明るさの分布が一様でないとき，星の自転に伴って明るさが変化して見えるものが，**回転変光星**（rotating variable）だ．磁場の強い星が回転している磁変星や，磁場の強い白色矮星が自転しているポーラーズ，中性子星が自転しているパルサーやマグネターなどがある．

　M型の主系列星で，星の表面でときどき大規模なフレア爆発を起こし突発的に明るさが変化するものを**閃光星**（flare star）という．

　本文に出てくる，新星，超新星，激変星，X線新星なども変光星である．

第5章

Star Formation
星間物質と星の形成

　惑星間空間や星間空間など宇宙空間は，完全な真空ではなく，希薄なガス物質や固体微粒子（ダスト），そして光放射や磁場や高エネルギー粒子などが存在している．目に見えない暗黒物質（ダークマター）もある．そして宇宙空間はきわめて広大なために，たとえば天の川銀河の中であれば，数光年四方に拡がる希薄な物質を集めれば星1個分くらいの質量になるだろう．本章では，そのような**星間物質**（interstellar matter）の諸相と，星間物質中で起こる**星の形成**（star formation）について説明しよう．

5.1　星間物質　interstellar matter

　銀河系内の星間空間では，ガス物質の平均的な密度は，1 cm^3 の体積に水素原子が1個ほどになる．大ざっぱには，質量比率で水素が70%，ヘリウムが30%，他の元素[*1]は2%ほどである．このような宇宙空間に広がるガス物質を**星間ガス**（interstellar gas）と呼んでいる（図5.1）．

　ガス成分以外に，非常に低温（10–20 K）で 0.1 μm ほどのサイズの，主としてシリケイト（ケイ素化合物）やグラファイト（石墨）からなる固体微粒子もあり，**星間塵**（interstellar dust）と呼ばれる．

　また星間空間には，**宇宙線**（cosmic ray）と呼ばれる，非常に高エネルギー（10億 eV 以上）の粒子も飛び回っている．宇宙線の主成分は，電子，陽子，α粒子（ヘリウムの原子核）などである．さらに星間空間には，10^{-6} ガウス程度の強さの**星間磁場**（interstellar magnetic field）もあり，星の誕生時その

[*1] 天文学の分野では，水素とヘリウム以外の元素を**重元素**とか**金属**（metal）と呼ぶ．

5.1 星間物質　interstellar matter

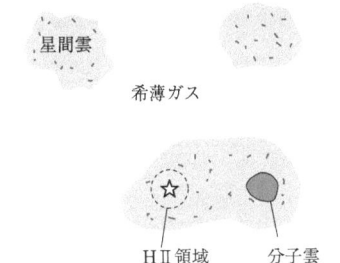

図 5.1　星間ガスの諸相.

表 5.1　星間ガスの分類.

相	温度 [K]	個数密度 [cm^{-3}]	ガスの状態
高温ガス	$\sim 10^6$	$\sim 10^{-2}$	電離水素状態
電離ガス	10^4 強	$\sim 10^2$	電離水素状態
雲間ガス	10^4 弱	$\sim 10^{-2}$	中性水素状態
星間雲	~ 100	~ 10	中性水素状態
分子雲	~ 10	$\sim 10^2$–10^7	水素分子状態

他で，いろいろな活動的現象を引き起こす．

以上の星間物質の総量は，天の川銀河の通常物質の 10% にもおよぶ．

星間ガスは星間空間のどこでも均一に広がっているわけではなく，密度が高いところや低いところなどムラムラになっている．そしてガスの密度が比較的高い領域，具体的には平均よりも数百倍も数千倍も高い領域が，いわゆる**星雲**（nebula）であり，専門的には**星間雲**（interstellar cloud）と呼ぶ．

■**(1) 星間ガスの形態**

星間ガスを温度で分類すると表 5.1 のようになるだろう．

地上では，水素原子が単独で存在することはまずない．というのは，水素ガスの密度が高いために，すぐ別の水素原子と衝突して水素分子になってしまうからだ．しかし，宇宙空間は地上に比べてはるかに真空に近くガスの密度も希薄なので，水素原子が他の水素原子と衝突することもまれで，そ

の結果，単独の水素原子がガスのままで存在できる．それが**中性原子状態**(neutral state) の水素ガスだ*2. これらは温度が高く ($\sim 10^4$ K) 密度の低い (0.05–0.2 cm^{-3}) **雲間ガス**や，温度が低く ($\sim 10^2$ K) 密度が比較的高い (~ 20 cm^{-3}) **星間雲**として存在している．雲間ガスと星間雲の圧力はほぼ等しく，圧力が釣り合った状態（圧力平衡）で共存している*3.

図 5.2　VLT で撮影した馬頭星雲 (ESO)．

図 5.3　バラ星雲 (NASA/STScI)．

また，通常の星間雲の密度は，1 cm^3 に 10 水素原子ぐらいなので，星の光は透けて見える．しかし，水素原子の密度が 1 cm^3 に 100 個から数百万個ぐらいになると，星の光が通過できなくなる．このような濃い星雲は，通常の星間雲よりさらに低温で，絶対温度で 10 K ほどしかないため，水素はしばしば**分子状態**（molecular state）になっている．また，CO, NH$_3$, H$_2$O, CH$_3$OH などの分子も存在する．このような星間雲を，（星間）**分子雲**（molecular

*2 中性水素ガスは可視光は出さないので，光の波長で見ることはできない．しかし，陽子と電子からなる水素原子は，量子力学的な特殊な遷移を起こして，波長 21 cm の電波輝線を放射する．
*3 本書では割愛するが 2 相モデル（two phase model）として知られている．

cloud）と呼ぶ．分子雲は，温度が低く自分で光ることはないが，背後の星や明るい星雲の光を遮って黒っぽいシルエットとして見えることがある．それが馬頭星雲やコールサックなどを代表とする**暗黒星雲**だ（図5.2）．

もし星間ガス雲の近くにO型星やB型星などの高温度星があると，それらの星から発する強い紫外線のために水素ガスが電離してしまう．波長が91.2 nmよりも短い紫外線が当たると，陽子と電子の結合が解かれて，水素原子の陽子と電子はバラバラになってしまう．高エネルギーの光子によって**電離**（ionize）するので，とくに**光電離**（photoionization）と呼ばれる（図5.4）．そして水素が電離した状態が**電離状態**（ionized state）だ．このような電離水素状態の星間ガスを，そのまま**電離（水素）ガス**とか，あるいは電離水素ガスをHⅡということから，**HⅡ領域**（HⅡ region）という．

電離した陽子と電子はすぐに**再結合**（recombination）するが，その際にしばしば赤い波長のHα線を出す．そして，高温星のまわりの水素ガス雲は，電離と再結合を繰り返しながら，主に赤い光を放射して輝き，**輝線星雲**と呼ばれる．電離水素領域（HⅡ領域）として有名なものに，オリオン大星雲M42やバラ星雲などがある（図5.3）．

また，高温度の星の紫外線によって電離したガスは，温度がだいたい数万度ぐらいの電離水素ガスだが，同じく電離状態だが，温度が10^6 Kにものぼる高温の電離ガスが星間空間には存在しており，**高温ガス**と呼ばれている．このような高温の電離水素ガスは，超新星爆発の衝撃波などによって生じると考えられている．衝撃波面でガスの運動エネルギーが熱エネルギーに転換して電離するので，**衝突電離**（collisional ionization）と呼ばれる（図5.4）．

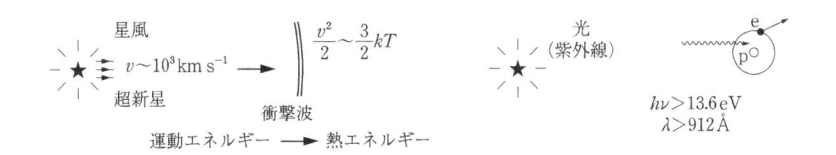

図 **5.4** 衝突電離と光電離．

■**(2) 星間雲のスペクトル**

電離水素領域は自由電子による熱制動放射を出している．可視光の領域ではわかりにくいが，電波領域のスペクトルを調べてみると，電離水素領域の熱制動放射がよくわかる（図 5.5）．図 5.5 は，振動数 30 MHz（波長 10 m）から振動数 30 GHz（波長 0.01 m）あたりでの，オリオン星雲やその他の天体のスペクトル図である．スペクトル図の右側，短波長側では，熱制動放射に対して星雲ガスはほぼ透明なために，ほぼ一定のスペクトルになっている．一方，スペクトル図の左側，長波長側では，熱制動放射に対して星雲ガスは不透明になっており，強度が下がっている．

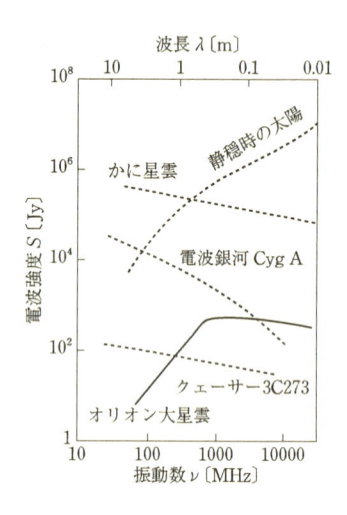

図 5.5　H II 領域やその他の天体の電波スペクトル図．

5.2　星間分子　interstellar molecule

いくつかの原子が結合した分子には内部構造があるので，それに応じたエネルギー状態がある．そして内部構造のエネルギー状態が量子力学的に変化するときに，やはり線スペクトルを放出・吸収する．

5.2 星間分子 interstellar molecule

複数の原子が結合してできた分子は，結合軸のまわりに振動したり回転したりすることができる．量子力学的な理由によって，振動状態や回転状態はとびとびの値しか取れないので，振動状態や回転状態が量子力学的に変化するとき，そのエネルギーの差に応じて線スペクトルを放出・吸収する（図5.6）．これが**分子スペクトル線**（molecular line）である．星間の分子が出すときは，**星間分子線**（interstellar molecular line）とも呼ばれる．

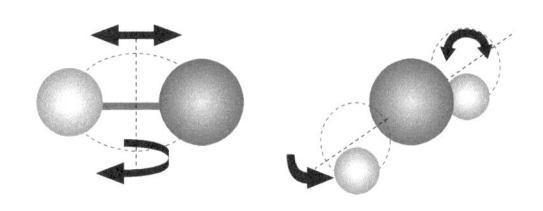

図 5.6 分子のさまざまな状態変化．

■(1) 分子のエネルギー準位

代表的な 2 原子分子である一酸化炭素 CO は，炭素原子と酸素原子が結合している．このような一酸化炭素 CO は，結合軸方向に振動できるが，高振動状態が低振動状態に遷移するとき，結合軸に垂直な方向に電磁波を放射する．これを**振動遷移**という．また一酸化炭素は，結合軸に垂直な方向を軸として回転できるが，高速回転状態が低速回転状態に遷移するとき，回転軸と垂直な方向に電磁波を放射する．これを**回転遷移**という．代表的な 3 原子分子である水分子 H_2O も，振動遷移や回転遷移によって電波を放出する．

さらにアンモニア分子 NH_3 のような立体的な分子の場合は，その構造が反転することによって電磁波（電波）を放射する．これを**反転遷移**という．

さて，分子を構成している原子自体にも，電子軌道のエネルギー準位があり，エネルギー準位間の遷移によって特定の波長の光が放出・吸収された．したがって，一般的に分子では，軌道のエネルギー準位に加えて，振動や回転のエネルギー準位がある（図 5.7）．そして軌道の状態の遷移では（原子と同じく）可視光から紫外線の波長の光を放出し，振動状態の遷移では主

に赤外線の光を放出し，さらに回転状態の遷移では電波を放出することが多い．

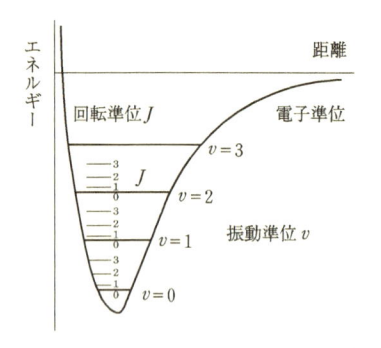

図 5.7 2原子分子の振動エネルギー準位と回転エネルギー準位の模式図．

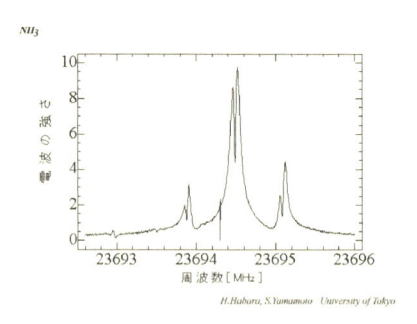

図 5.8 アンモニア分子の電波輝線（粟野諭美他『宇宙スペクトル博物館』）．

■(2) 星間分子線の観測

　星間の分子雲（暗黒星雲）は大部分が水素からなっているが，絶対温度で10 Kから50 K程度しかなく非常に低温のため，水素（H）はほとんど水素分子（H_2）になっている．このような温度の低い分子ガス中では，電子軌道の励起よりはむしろ，分子の軸のまわりの回転状態の変化に伴う遷移が主になる．まず低温の分子間の衝突によって，分子の回転状態が変化し，高いエネルギー状態に励起される．そしてその高いエネルギーの回転状態が低いエネルギーの回転状態に遷移するときに光子（電波光子）が放出されるのだ．これが星間分子線である．こうして分子線スペクトルはミリ波を含む電波の観測によって得られるのである（図5.8）．

　ただし，どんな分子でも回転遷移に伴う分子線を出すわけではない．たとえば，もっとも多量に存在する水素分子はこの方法では検出できない．水素分子は，2個の水素，すなわち2個の同じ原子からできているため，左右対称な分子である．このような対称性のよい分子では，回転遷移が非常に起こりにくい．しかし，分子雲中には，一酸化炭素分子（CO），一硫化炭素分子

(CS), ホルミルイオン (HCO$^+$), シアン化水素 (HCN) などなど, 水素分子以外の分子もいろいろ含まれている. これらの分子は, どれも非対称な分子であるため, 回転遷移を起こしやすい. とくに一酸化炭素分子は, 分子雲中での分子間の衝突によって, すぐに回転順位の第1励起状態にたたき上げられる. そして回転順位の第1励起状態から基底状態へ落ちるときに, 波長が 2.6 mm の光子, ミリ波の電波光子を放出するのである[*4].

■(3) 星間分子の例

1968年のアンモニア分子の発見を皮切りに, 1970年代には, 星間空間や暗黒星雲中で, 数多くの**星間分子** (interstellar molecule) が発見された.

星間分子の中には, 水やアンモニアやアルコールのように, 身のまわりの世界でもありふれた分子もある. 一方, HC_{11} のように長い鎖状になっていて地上ではすぐに壊れてしまう分子や, OH ラジカルのように他の原子分子と結び付いてしまうため, 地上ではほとんど存在しない分子も見つかっている. さらには, C_{60} フラーレン (C60-fullerene) のように, 理論的に予言され 1995年に地上の実験室ではじめて作られた後, 星間空間でも発見された分子もある. それら電波で発見された星間分子の一部を主な観測周波数と共に表 5.2 に示す.

5.3 重力不安定 (ジーンズ不安定)　gravitational instability

平均的な星間ガスの密度は, 10^{-23} g cm^{-3} ぐらいだが, 平均的な星である太陽の平均密度は, 約 1 g cm^{-3} である. すなわち星間ガスから星ができるためには, 10^{23} 倍, 23 桁も密度が高くならなければならない. 星間ガスから星ができる基本的な機構は, 重力不安定と呼ばれるものである.

[*4] 分子雲中で, 一酸化炭素分子は水素分子の1万分の1程度しか存在しない. しかし分子雲自体が巨大なものであるため, 分子雲全体からみれば取るに足らない一酸化炭素でも, 量的には膨大なものになる. その結果, それらの一酸化炭素から放射される波長 2.6 mm の分子スペクトル線は十分検出できる. そして分子スペクトル線を調べることによって, その背後に隠されているさらに膨大な水素ガスの振る舞いを知ることができる.

表 5.2 星間分子.

分子式	分子名	周波数 [GHz]
H₂O	水蒸気	22.235
CO	一酸化炭素	115.271
CS	一硫化炭素	48.991
SiO	一酸化ケイ素	86.243
SiS	一硫化ケイ素	90.772
HNO	ニトロキシル	81.447
H₂S	硫化水素	168.763
OCS	硫化カルボニル	97.301
SO₂	二酸化硫黄	104.029
NH₃	アンモニア	23.694
HCN	シアン化水素	88.632
HNC	イソシアン化水素	90.664
CCCO	一酸化三炭素	48.108
HNCO	イソシアン酸	87.925
HNCS	イソチオシアン酸	129.013
HCCCN	シアノアセチレン	81.881
CH₃CN	シアン化メチル	110.381
CH₃CCH	メチルアセチレン	102.548
CH₂CHCN	シアン化ビニル	1.374
CH₃CCCN	メチルシアノアセチレン	
CH₃CH2CN	シアン化エチル	105.469
HC₅N	シアノジアセチレン	23.964
HC₇N	シアノトリアセチレン	24.816
HC₉N	シアノテトラアセチレン	14.526
HC₁₁N	シアノペンタアセチレン	23.698
H₂CO	ホルムアルデヒド	4.830
H₂CS	チオホルムアルデヒド	104.617
CH₂NH	メチレンイミン	5.290
NH₂CN	シアナミド	80.505
CH₃OH	メチルアルコール	36.169
NH₂CHO	ホルムアミド	1.539
CH₃SH	メチルメルカプタン	101.139
CH₃NH₂	メチルアミン	73.044
CH₃CHO	アセトアルデヒド	79.150
HCOOCH₃	蟻酸メチル	100.482
CH₃CH₂OH	エチルアルコール	90.118
CH₃OCH₃	ジメチルエーテル	86.224
C₃H₂		
HCO⁺	ホルミルイオン	89.189
HN₂⁺	ジアジニルイオン	93.174
HCS⁺	チオホルミルイオン	128.021
CH	メチリジン	3.335
CN	シアンラジカル	113.491
NO	一酸化窒素	150.547
NS	硫化窒素	215.571
OH	ヒドロオキシラジカル	1.667
SO	一酸化硫黄	86.094
CCH	エチニルラジカル	87.317
HCO	ホルミルラジカル	86.671
CCCH	プロピニルラジカル	
CCCN	シアノエチニルラジカル	98.940
C₄H	ブタジニルラジカル	28.532

5.3.1 重力不安定

星間ガスも物質であるからには重力によって引き合っている．一方，ガス同士の圧力によって反発し合っている（磁場や回転も反発力として働くが，簡単のために以下では考えない）．もし空気のように重力よりも圧力の方が大きければ，重力的に収縮することはないが，重力の方が圧力より優れば，重力的に不安定になり収縮を起こしはじめる．これを**重力不安定**（gravitational instability）とか**ジーンズ不安定**（Jeans instability）[*5]と呼ぶ．

星間ガスの密度や圧力が一定ならば，大きな体積を取れば取るほど，中に含まれる質量は大きくなるので，したがって重力も大きくなり，いつかは重力不安定が起きる．すなわち重力不安定を起こす質量には臨界値が存在する．以下，概算によって，その臨界質量を求めてみよう．

星間ガスが密度 ρ，温度 T で一様に広がっているとする（図 5.9）．このとき，理想気体の状態方程式から，星間ガスの圧力 P は，

$$P = \frac{\mathcal{R}_g}{\bar{\mu}} \rho T \tag{5.1}$$

である．平均分子量 $\bar{\mu}$ は，中性水素の場合，$\bar{\mu} = 1$ としてよい．

この星間ガスの一部，半径 R の領域に含まれる質量 M は，

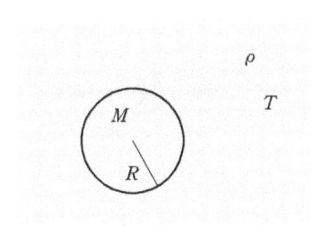

図 5.9 重力不安定.

[*5] 星間ガス雲での重力不安定を考察したのが，イギリスの天文学者ジェームズ・ジーンズ (James Jeans；1877〜1946) であることから付けられた．

$$M = \frac{4}{3}\pi R^3 \rho \tag{5.2}$$

である．この半径 R の領域がお互いに引き合う重力の強さは，単位体積あたり，$GM\rho/R^2$ 程度であり，一方，反発し合う圧力，正確に言えば圧力勾配力（圧力差）は，P/R 程度である．もし前者（重力）が後者（圧力）より大きくなれば，考えている領域は重力的に不安定になり，収縮をはじめるだろう．すなわち，重力不安定の起こる条件は，

$$\frac{GM}{R} > \frac{P}{\rho} = \frac{\mathcal{R}_\mathrm{g}}{\bar{\mu}} T \tag{5.3}$$

と表せる．ただし理想気体の状態方程式 (5.1) を用いた．

さらに (5.2) 式を使うと，重力不安定を起こしはじめる臨界半径および臨界質量として，それぞれ，

$$R > R_\mathrm{J} = \left(\frac{\mathcal{R}_\mathrm{g} T}{4\pi G \bar{\mu} \rho}\right)^{1/2}, \tag{5.4}$$

$$M > M_\mathrm{J} = \left(\frac{\mathcal{R}_\mathrm{g}^3 T^3}{36\pi G^3 \bar{\mu}^3 \rho}\right)^{1/2} \tag{5.5}$$

が得られる．この臨界半径 R_J をジーンズ半径（Jeans radius），臨界質量 M_J をジーンズ質量（Jeans mass）と呼ぶ．

なお，$c_\mathrm{s}^2 = \mathcal{R}_\mathrm{g} T/\bar{\mu}$ で定義されるガスの音速 c_s を用いると，ジーンズ半径およびジーンズ質量は，それぞれ，以下のように少しすっきりと表せる：

$$R_\mathrm{J} = \left(\frac{c_\mathrm{s}^2}{4\pi G \rho}\right)^{1/2}, \tag{5.6}$$

$$M_\mathrm{J} = \left(\frac{c_\mathrm{s}^6}{36\pi G^3 \rho}\right)^{1/2}. \tag{5.7}$$

きちんとした定量的な線形解析では，ジーンズ半径とジーンズ質量は，

$$R_\mathrm{J} = \left(\frac{4\pi c_\mathrm{s}^2}{G\rho}\right)^{1/2}, \tag{5.8}$$

$$M_\mathrm{J} = \left(\frac{16\pi^5 c_\mathrm{s}^6}{9\pi G^3 \rho}\right)^{1/2} \tag{5.9}$$

となる．概算値と数値係数が少し違うだけに過ぎない．

星間ガスにおけるジーンズ半径とジーンズ質量を表 5.3 に示す．

5.3 重力不安定（ジーンズ不安定） gravitational instability

表 **5.3** ジーンズ半径とジーンズ質量.

星間相	個数密度 n	温度 T	λ_J	M_J
HI 領域	10^2 個 cm^{-3}	10^2 K	10 pc	$10^4 M_\odot$
分子雲	10^4 個 cm^{-3}	10^2 K	1 pc	$10^3 M_\odot$

5.3.2 星への階梯

表 5.3 を見ると，典型的な星間ガスの相に対するジーンズ質量の値は，星の質量よりはるかに大きい．すなわち重力不安定を起こした星間ガスは，そのまま 1 個の星になるわけではなく，途中で何度も**分裂**（fragmentation）を繰り返して，最終的に多数の星になるのである．

最初に，$10^3 M_\odot$ 程度の星間ガスが収縮をはじめたとする[*6]．ガスが収縮すると温度が上がる．しかし，最初のうちは，ガスが希薄で輻射に対して透明（光学的に薄い）なため，赤外線での放射冷却が働いて，ガスの温度はほとんど上昇しない（等温的に収縮する）．ガスの温度が一定であれば，ジーンズ質量は，

$$M_J \propto 1/\sqrt{\rho} \tag{5.10}$$

[*6] 重力不安定を引き起こす引金について少し触れておく．密度が高くなれば不安定を起こしやすいので，密度が高くなるメカニズムが基本だ．具体的には，
 i) 星間雲の衝突：星間雲同士が衝突すると，ガスが圧縮されて密度が高くなり，重力不安定を起こしやすくなる．
 ii) HII 領域の境界：分子雲の中で星が生まれると，そのまわりのガスを電離して，HII 領域をつくる．この HII 領域と分子雲の境界——電離面——は新しく生まれた星から外に向かって広がるので，電離面の外側のガスは圧縮されて，重力不安定を起こす．すなわち星が連鎖状にできていく．
 iii) 超新星爆発：超新星爆発が起こると，その衝撃波によってまわりの星間ガスを圧縮するので，重力不安定の引金になる．
 iv) 銀河渦状腕：渦状銀河／円盤銀河では，星は円盤状に分布しているのだが，渦状腕の部分には，他の部分に比べて星が少しだけ（5% 程度）多い．その結果，渦状腕の部分では重力ポテンシャルが少しだけ深くなっている．渦状腕の部分に星間ガスが進入してくると，この重力ポテンシャルのくぼみを落下することになり，そのため衝撃波が生じて圧縮され，重力不安定を起こす．渦状腕が目だつのは，新しい星がどんどん生まれているためである．
などがある．

なので，収縮して密度が高くなれば，ジーンズ質量は小さくなり，最初のガス塊はいくつかのより小さな塊に分裂する．分裂片はそれぞれ重力収縮して，さらにもっと小さな塊に分裂していく．

こうして子，孫と分裂を繰り返していくが，やがてどこかで——分裂片が太陽質量程度になったころ——分裂片の密度が十分高くなり，放射に対して不透明になる．そうすると収縮は断熱的になり，収縮と共に温度が上昇する．ガスの断熱的な変化では，温度は，

$$T \propto \rho^{\gamma-1} \tag{5.11}$$

のように変わる（γ はガスの比熱比で，1 原子分子の場合は $\gamma = 5/3$ で，2 原子分子の場合は $\gamma = 7/3$）．したがって，ジーンズ質量は，

$$M_J \propto T^{3/2}/\rho^{1/2} \propto \rho^{(3\gamma-4)/2} \propto \rho^{1/2} \tag{5.12}$$

となり，収縮して密度が高くなるとジーンズ質量は大きくなる．すなわちそれ以上の分裂は起きない．この段階で星になるのである．

5.4 原始星と林フェイズ　protostar and the Hayashi phase

重力不安定で収縮したガス塊は，そのまま主系列星になるわけではない．原始星や林フェイズ，そして T タウリ星などの前段階を経て，ようやく中心部で核融合の灯がともる段階に至る．ここでは，まず原始星や T タウリ星の観測的事実を紹介し，つづいて林フェイズなどの理論的側面を説明しよう．

5.4.1 原始星と T タウリ星

星間物質から星が生まれることは 1930 年代からわかっていたが，暗黒星雲こそが星の母体であるという明確な認識が得られたのは，1970 年代から 1980 年代にかけてである．ミリ波領域での星間分子スペクトルの観測や，赤外線観測によって，生まれたばかりの原始星がその姿を現してきたことが大きい．

■(1) 原始星からの双極ジェット

星の誕生の解明と共に明らかにされてきたことが，星の誕生にまつわる劇的な現象——**双極ジェット**（bipolar jet）である．生まれたばかりの星は，星の一生からすれば非常に短い期間ではあるが，きわめて激しく質量を放出している．この原始星からの双極ジェットは，活動銀河のジェットやSS433ジェットと並んで，代表的な宇宙ジェット現象の一つだ（9.5節）．

図5.10左は，電波で見た暗黒星雲L1551のCO分子スペクトル画像である．中心の原始星（+印）から図の左上と右下双方向に，CO分子線を出しているガスが写っている．

中心のIRS5（赤外線源5）は，太陽の30倍くらい明るい原始星だ．図の左上の部分はスペクトル線のうち赤方偏移側の遠ざかっている成分のみで見たもので，右下の部分は青方偏移側の近づいている成分のみで見たものだ．分子線を放射しているガス雲は，中心の原始星から双方向に吹き出しているのだ．さらに，ジェットのサイズは約3光年で，原始星に対する流速は約

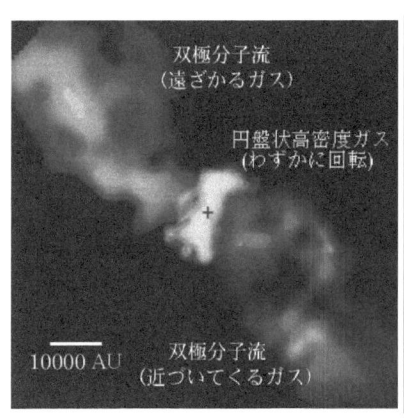

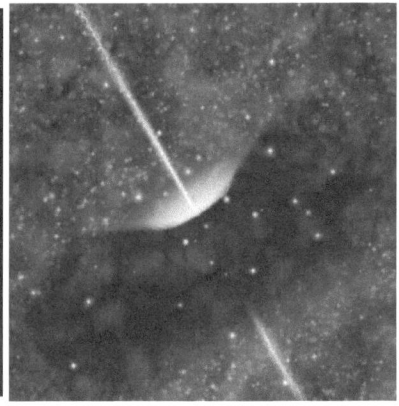

図5.10 （左）暗黒星雲L1551（粟野諭美他『宇宙スペクトル博物館』より）．（右）双極ジェットの想像図（http://astronomy.nmsu.edu/tharriso/ast110/）．

15 km s^{-1}，ジェットガスの総質量は約 0.3 太陽質量と見積もられている．

　一般に，このような双極ジェットの中心には赤外線星があり，そこから反対方向に分子ガスが二つの超音速流の形で流れ出している．ジェットの長さは，0.1 光年ないし数光年程度で，速度は，10 km s^{-1} から数十 km s^{-1} ほどである．CO 分子スペクトル線やその他の分子スペクトル線の観測から，双極ジェットで吹き出ている分子ガスの質量は，太陽質量の 0.1 倍から 100 倍程度であると見積もられている．すなわち生まれる星と同じかそれ以上の質量が，双極分子流として吹き飛ばされているのである．温度は絶対温度で 10 K から 50 K くらいである．またジェットの長さをジェットの速度で割れば，ジェットの年齢が大ざっぱに求められる．そうして求めたジェットの年齢（寿命）は，大体，1000 年から 10 万年，典型的には 1 万年程度である．最後に，双極ジェットは，原始星を取り巻くガス降着円盤から垂直方向に吹き出している（図 5.10 右）．

■**(2) 星形成の描像**

　分子雲から星が誕生する過程を**星形成**（star formation）と呼ぶ．星形成の現場は濃密な星間分子雲の奥深くに隠されていたが，星間ガスに吸収されにくい電波や赤外線の観測によって，詳しく観測されるようになった．その結果，T タウリ型星（おうし座 T 型星）や双極分子流などバラバラなモノとして観測されてきた現象が，星形成の一連のプロセスの中で一つのシナリオとしてまとまってきた．

　星形成の現場を観測したときに得られるスペクトルの形状から，観測的にはクラス 0 からクラス 4 まで分類されている．一方，生まれかけの**若い恒星状天体／YSO**（young stellar object）には，初期原始星，双極分子流を伴う原始星，古典的 T タウリ型星，弱輝線 T タウリ型星などがある．これらの間には，非常に密接なつながりがある（図 5.11）．

　　第 0 段階／初期原始星——分子雲コアの収縮： 　分子雲の内部には，1 万天文単位ぐらいのサイズで太陽の数倍の質量程度の，高密度のガス塊が多数存在しており，**分子雲コア**（molecular core）と呼ばれている．

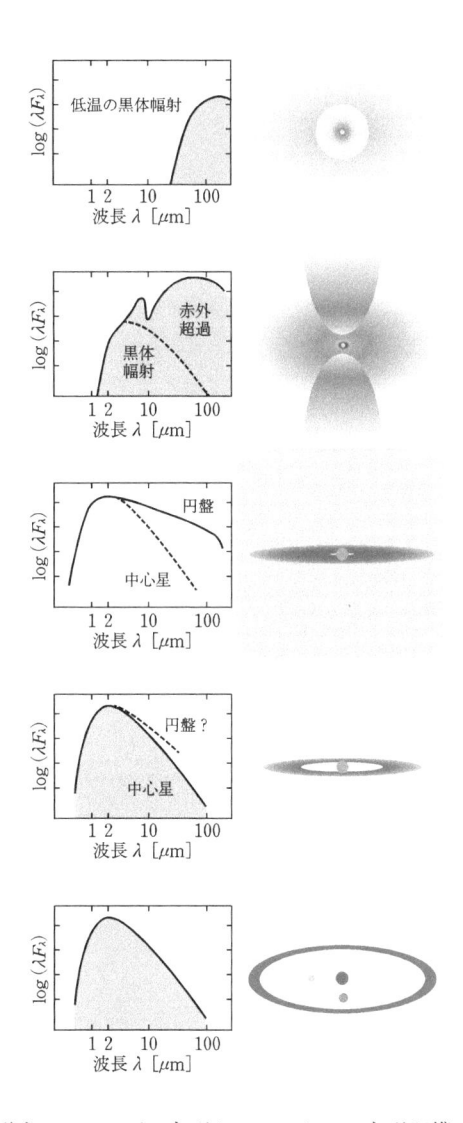

5.4 原始星と林フェイズ　protostar and the Hayashi phase　***143***

図 **5.11**　星形成のステージ．左列がスペクトルで右列が模式図．上から，クラス０／初期原始星，クラス I ／原始星，クラス II ／古典的 T タウリ型星，クラス III ／弱輝線 T タウリ型星，クラス IV ／主系列星の各段階．

これらのコアは，自分自身の重力のために，10万年程度の時間で中心に向かって自由落下し原始星になっていく．このとき，放射されるスペクトルは，波長では 0.1 mm 付近にピークのある，非常に低温（〜30 K）の黒体輻射スペクトルに近い．

第1段階／原始星——双極分子流の発達： 中心部の重力収縮は落ち着き，**原始星**（protostar）が誕生する．周囲にはまだ大量のガスが残っていて，原始星誕生後も，それらの星周ガスは原始星に向かって落下を続けている．一方で，原始星の周辺からは，極方向に双極分子ジェットが生じている．また角運動量をもったガスが原始星の周辺に降り積もり，回転ガス円盤を形成していく．誕生したばかりの原始星の周辺で，このような激しい活動が起こっている期間は，数10万年程度だと見積もられている．クラスⅠの天体では，$10\,\mu m$ から $100\,\mu m$ 程度の遠赤外線領域で主な放射を出している．放射の大部分は，中心星によって熱せられた，星周ガスに含まれる塵からの熱放射である．

第2段階／古典的Tタウリ型星——原始惑星系円盤の形成： 双極分子流は弱まり，原始星のまわりにはガスの円盤が残されている．このガスの円盤は**原始惑星系円盤**（protoplanetary disk）と呼ばれる．またガスのベールが剥ぎ取られた中心の若い星は**おうし座T型星／Tタウリ型星**（T Tauri star）あるいは**古典的Tタウリ型星**（CTTS；classical T Tauri star）と呼ばれる．この古典的Tタウリ型星は，水素 $H\alpha$ 輝線が非常に強いという特徴がある．古典的Tタウリ型星は，ゆっくりと収縮することによってガスの位置エネルギーを解放して輝いており，まだ星の内部での核反応は起こっていない．中心星はゆっくりと収縮して，約10万年ぐらい後に，弱輝線Tタウリ型星に進化する．クラスⅡの天体は，近赤外線から遠赤外線にわたる連続スペクトルを示すが，単純な黒体輻射ではなく，強い赤外超過を示すことが特徴である．

第3段階／弱輝線Tタウリ型星——星周ガス円盤の消失： 星の周辺のガスはますます希薄になり，落下するガスは少なくなる．星周ガス円盤も薄くなり，微惑星や惑星の形成もはじまっている．この段階の中

心星は，ますます剥き出しになって，**弱輝線 T タウリ型星**（WTTS；weak-line T Tauri star）として観測される．弱輝線 T タウリ型星では，水素 Hα 輝線は弱くなっている．太陽のような比較的低質量の星が，古典的 T タウリ型星および弱輝線 T タウリ型星として過ごす期間は，数千万年のオーダーである．クラス III の天体では，近赤外線の 2 μm 付近にピークのある黒体輻射スペクトルを示す．中心星のスペクトルが卓越しているが，周辺のガスによる影響も見られる．

第 4 段階／主系列星——主系列星の誕生： T タウリ型星の中心では，ゆっくりとした収縮に伴い温度と密度が上昇し，中心の温度が約 1000 万 K まで上昇すると，ついに水素がヘリウムに変換する核融合反応がはじまる．**主系列星**（main sequence star）の誕生である．この段階までに，中心星を取り巻く原始惑星系円盤はほとんど消失し，惑星系が誕生している．太陽程度の質量の星では，主系列星の期間は約 100 億年ある．スペクトルは，黒体輻射で近似される中心星のスペクトルになる．

5.4.2 林フェイズ

では，星が誕生するまでの過程を，理論的な側面を中心に密度‐温度図上や HR 図上で追いかけてみよう．星が誕生するまでの過程は，星間雲から原始星までのほぼ自由落下的な重力収縮の段階と，原始星から T タウリ星までの準静的なゆっくりとした重力収縮の段階（林フェイズ）とにわけられる．

■(1) ガス雲から原始星への重力収縮

まず，重力不安定によって星の質量にまで分裂したガス雲から，原始星までの進化の道筋を考えてみよう．密度‐温度図上（図 5.12）および HR 図上（図 5.13）で 1 太陽質量のガス雲の進化を追ってみる．

ガス雲の進化を左右するのは，

(i) ガス雲の自己重力とガス圧との間の力学的バランス
(ii) 固体微粒子の熱放射による冷却と断熱圧縮による加熱との間の熱的バ

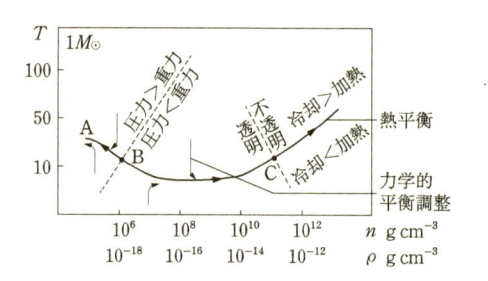

図 5.12 密度 - 温度図上でのガス雲の進化（林他『星の進化』より改変）．実線は熱平衡曲線で，点線は圧力＝重力のライン，破線は透明／不透明の境界．

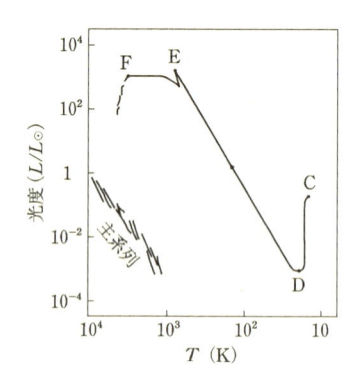

図 5.13 光度 - 温度図（HR 図）上での進化の経路（林他『星の進化』より改変）．

ランス

の二つの過程だ（核反応などの熱源はない）．この段階では力学的バランスを保てるほどのガス圧はなく，重力の方が優っており，ガス雲は原始星へ向かって，熱平衡（加熱＝冷却）を保ちながら，ほぼ自由落下的に重力収縮する．

スタート： 図 5.12 の実線は熱平衡曲線で，ガス雲の初期状態にかかわらず，ガス雲は力学的平衡調整しつつ，熱平衡状態に接近する．

5.4 原始星と林フェイズ protostar and the Hayashi phase

A ~ B： 圧力 > 重力の場合，ガス雲は再び膨張して星間雲へ戻る．

B： 圧力 = 重力均衡点（$1M_\odot$ の場合 3×10^{-18} g cm^{-3}）．

B → C〔透明自由落下期〕： 圧力 < 重力の場合，ガス雲は収縮する．ガス雲は赤外放射（IR 放射）に対して透明で，収縮（断熱圧縮）に伴う温度上昇を固体微粒子の IR 放射で冷却して，熱平衡を保ちながら，ほぼ温度一定で，自由落下的に収縮する（B から C まで約 10 万年）．

C〔不透明期〕： 密度の上昇によって IR 放射が外部へ出られなくなる．

C → D〔断熱自由落下期〕： 圧力 < 重力であるためガス雲はさらに収縮する．ガス雲が IR 放射に対して不透明になったために冷却が働かず，ガス雲は断熱収縮して温度 T と圧力 P が上昇し，一方，不透明なため光度 L は減少しながら，ほとんど自由落下的に収縮する．

D〔バウンス〕： 圧力 ~ 重力になって収縮はストップする．ガス雲の中心では収縮がストップし高温の芯ができるが，周辺部は超音速で落下し続けている（$1M_\odot$ の場合，$T \sim 20$ K，$L \sim 10^{-3}L_\odot$）．

D → E〔フレアアップ〕： 高温の芯と周辺部の間では電離衝撃波面が伝播していく．電離衝撃波面が表面まで達すると，光が漏れ出てきて，急激に増光する（$1M_\odot$ の場合，D から E まで 1–100 日のオーダー）．

E： 増光の終了．

E → F： 構造を力学調整（$1M_\odot$ の場合，E から F まで 10 日のオーダー）．

F〔原始星の誕生〕： 力学的平衡状態に達し，ゆっくりとした収縮へ移る（$1M_\odot$ の場合，$T \sim 6000$ K，$R \sim 10^2 R_\odot$，$L \sim 10^3 L_\odot$）．

■(2) 原始星から主系列星への重力収縮（林フェイズ）

つぎに，原始星から主系列星までの進化を考えてみよう．温度‐光度図（HR 図）上で 1 太陽質量の原始星の進化を追ってみる（図 5.14）．

誕生したばかりの**原始星**（protostar）は，$1M_\odot$ の場合，表面温度は約 6000 K で，半径は約 $100R_\odot$，光度は約 $1000L_\odot$ ぐらいだ．ただし，中心温度は約 10 万 K しかないので，まだ核融合反応は起こっていない．ガス塊が断熱圧縮して高温になったもので，エネルギー源は重力エネルギーである．

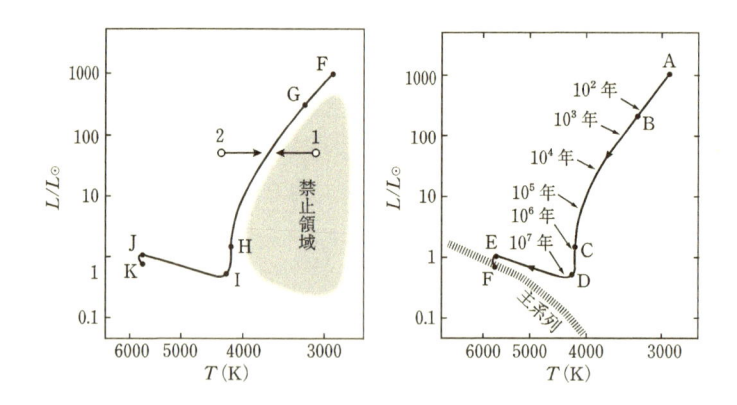

図 **5.14** 光度‐温度図（HR 図）上での進化の経路（林他『星の進化』より改変）．

このような原始星は，

(i) 少し重力収縮すると，断熱圧縮で温度が上昇する．
(ii) 温度が上昇すると表面からの熱放射が増加するが，内部に熱源がないので温度が減少する．
(iii) そうするとまた少し重力収縮する．

というサイクルを繰り返すことになる．そして原始星は主系列星へ向かって，力学平衡（重力 = 圧力）を保ちながら，ゆっくりと重力収縮していくこととなる．

- **F〔原始星の誕生〕**：原始星（先の図 5.13 の F）からスタート（$1M_\odot$ の場合，$T \sim 6000\,\text{K}$，$R \sim 10^2 R_\odot$，$L \sim 10^3 L_\odot$）．
- **F → G〔林フェイズの開始〕**：表面から対流層が形成されていく（$1M_\odot$ の場合，F から G まで約 100 年）．
- **G〔対流平衡〕**：星全体に対流層が広がる．収縮による加熱と対流によるエネルギー輸送が釣り合っている（$1M_\odot$ の場合，$R \sim 50 R_\odot$，$L \sim 300 L_\odot$）．
- **G → H〔大対流時代／林フェイズ〕**：星全体が対流平衡になっている．

5.4 原始星と林フェイズ　protostar and the Hayashi phase

林トラックに沿って進化する（$1M_\odot$ の場合, G から H まで約 10^6 年）.

H〔T タウリ星〕：　放射が十分強くなり, 中心部で対流がとまる（$1M_\odot$ の場合, $R \sim 20R_\odot$, $L \sim 15L_\odot$）.

H → I：　中心部から対流がおさまっていく（$1M_\odot$ の場合, C から D まで約 10^7 年）.

I〔輻射平衡〕：　対流がおさまる. 収縮による加熱と輻射によるエネルギー輸送が釣り合っている（$1M_\odot$ の場合, $R \sim 1.2R_\odot$, $L \sim 0.5L_\odot$）.

I → J：　少し収縮し, 温度が上昇し, 熱伝導率が上がって光度が少し上がる.

J〔水素燃焼期〕：　中心温度が 10^7 K となり中心部で核反応の火がともる.

J → K：　少し収縮.

K〔0 歳主系列星〕：　安定状態に達する. この状態に達した星を **0 歳主系列星**（zero-age main sequence）という. 核反応による加熱と輻射によるエネルギー輸送が釣り合っている（$1M_\odot$ の場合, $R \sim 0.9R_\odot$, $L \sim 0.7L_\odot$）.

現在：　46 億歳の主系列星（$1M_\odot$ の場合, $R \sim 1R_\odot$, $L \sim 1L_\odot$）.

以上の星形成過程で, F → G → H → I といたる, 収縮による加熱＝対流によるエネルギー輸送となっている大対流時代のことを**林フェイズ**（Hayashi phase）と呼ぶ. 林フェイズで重要な点は, HR 図（T-L 図）上に禁止領域（**林の禁止領域**）が存在し, 原始星はその禁止領域の境界——**林トラック**（Hayashi track）——に沿って進化することである.

そうなる理由は, 定性的には, 以下のように考えればよい. すなわち, もし星の表面温度が少し低いと（図 5.14 の 1）, 温度勾配が大きくなるために, 対流が強くなり, その結果, 表面温度が高くなって, HR 図上を林トラックの方へ移動する. 逆に, 星の表面温度が少し高いと（図 5.15 の 2）, 対流は静かになり, 表面温度が下がって, HR 図上をやはり林トラックの方へ移動する. 結局, 林フェイズ／対流時代には, 星は林トラックに沿って進化することとなる.

> **こぼれ話**

中性水素 21 cm 線： 中性水素は，軌道エネルギー準位の遷移によるスペクトル線以外に，スピン状態の遷移によって，21 cm の波長の電波を放出する．この 21 cm の電波を捉えることによって，星間ガスの分布や渦状腕の構造などを探ることができる．

2 相モデル： 高温だが希薄な雲間ガスと密度は高いが低温な星間雲は，両者の圧力がほぼ等しい状態で共存している（$P \propto \rho T$）．その結果，星間雲が雲間ガス内へ膨張したり，逆に収縮したりせずにすんでいる．このようなモデルを **2 相モデル**（two phase model）と呼んだ．

ストレームグレン球： 高温星の周囲の星間ガスは，高温星から放射される 91.2 nm 以下の波長の紫外線によって，ある範囲が電離されている．そのような高温星周辺の電離領域を**ストレームグレン球**と呼んでいる．前著『完全独習 現代の宇宙論』で詳しく説明したので，本書では割愛した．

星間減光： 星間ガスによって星の光が減光される**星間減光**（interstellar extinction）は，輻射輸送の簡単な応用例なのだが，残念ながら割愛した．

第 6 章

Stellar Structure
星の構造

夜空に輝く星（star）は，宇宙空間のガスが自分自身の重力で引き寄せ合って球状に集まり，内部でエネルギーを発生して自ら光っている天体である．**恒星**（fixed star）ともいわれる[*1]．過去から現在にいたるまで，星は天文学の基本的な天体なので，星について説明しだすとそれだけで 1 冊の書物ができあがる[*2]．本章では，**星の構造**（stellar structure），とくに主系列星の**内部構造**（internal structure）について，詳しく説明する．

6.1 レーン・エムデン方程式　Lane-Emden equation

天体の形状や構造を支配する主な力は，物質のおよぼす重力，回転運動に伴う遠心力，そしてガスの圧力，電磁力，輻射の力などである．

そのうちの重力に関して，いままでの章では，外場として与えてきた．すなわち地球重力場や中心天体の重力場などを仮定し，その中での天体の構造を考えてきた．地球の大気や恒星の希薄な大気そして中心天体のまわりの降着円盤など，ガス自身の質量が無視できる範囲内では，こうした重力場を外

[*1] 星にも，主にその進化の段階に応じていろいろなタイプがある．ざっと並べてみると，質量が小さすぎて核融合の火をともせなかった**褐色矮星**（brown dwarf），生まれたばかりでまだ核融合を起こしていない**原始星**（protostar），水素がヘリウムに変換する核融合反応を中心部で持続させながら安定して輝いている**主系列星**（main sequence star），大気が不安定になって明るさが変動する**脈動変光星**（pulsating variable），水素核融合が終わり膨張して赤くなった**赤色巨星**（red giant），恒星進化の末期に外層大気が飛散して高密度の中心核だけが残った**白色矮星**（white dwarf），同じく進化の末期に核融合反応が暴走して星全体が大爆発する**超新星**（supernova），超新星爆発の後に残される**中性子星**（neutron star）や**ブラックホール**（black hole）などだ．

[*2] 本書でも第 4 章から第 7 章まで四つの章を当てている．

場として与える近似は悪くない．

しかし，星の内部構造のように，ガス自身が作る重力場の中での天体の形状を考えるときには，ガスの分布が重力場を決め，その重力場がガスの分布を決めるので，ガスの分布と重力場とを**同時**（simultaneously）にかつ**無矛盾**（self-consistent）に解かなければならない．このような，ガス自分自身の重力——**自己重力**（self-gravity）——を考慮しながら天体の形状を決めるのは，一般には大変難しくなる（1.3節）．ここでは，比較的容易に解ける場合として，球対称天体の場合，いわば星の内部の構造を考えてみよう．

星間雲から原始星へ重力収縮していく星の形成段階では，重力が圧力を卓越している．しかし重力収縮がストップし，いったん星として形をなした後では，星の内部の任意の半径において，星を収縮させようとする重力と膨張させようとする圧力勾配力は釣り合っている．この重力と圧力勾配力の釣り合った状態を**力学平衡**（dynamical equilibrium）と呼んでいる．

6.1.1　静水圧平衡

星の内部構造は，星の中心に対して球対称（spherically symmetric）だとし，また時間的に変化しない（steady）とする．したがって，密度や圧力などの物理量は，中心からの半径 r のみの関数である（図6.1）．図のように，星の内部の半径 r における密度を ρ，圧力を P，半径 r より内側の質量を M_r としよう．星の表面（$r = R$）では，$\rho \sim 0$，$P \sim 0$，$M_r = M$ である．

星の内部の半径 r の場所に，厚さ dr で面積 A の薄く微小な仮想的円柱（微

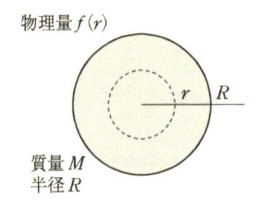

図 **6.1** 球対称性．球対称な星の内部の物理量は半径 r だけの関数になる．

6.1 レーン・エムデン方程式 Lane-Emden equation   **153**

小体積要素）を考え（図6.2），この微小円柱に働く半径方向の力の釣り合い
を調べてみよう（力の方向は，半径方向外向きを + とする）．円柱の下面の
圧力を P，上面の圧力を $P + dP$（外側ほど圧力は小さくなるので $dP < 0$）と
し，円柱内のガスの密度 ρ は（円柱が薄いので）一定とする（1.4節）．

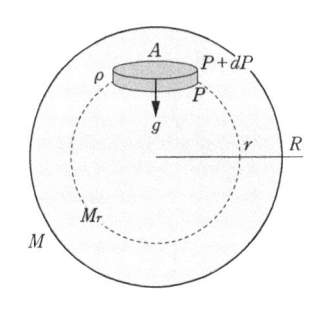

図 6.2　星の内部の静水圧平衡．　　　図 6.3　星の内部の球殻．

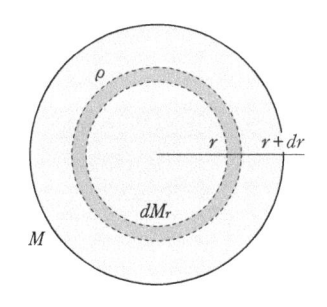

この微小円柱に対しては以下のような力が働く：

上面での全圧力↓	$-(P + dP)A$
下面での全圧力↑	$+PA$
重力↓	$-\dfrac{GM_r}{r^2}\rho A dr$
釣り合い	$-AdP - \dfrac{GM_r}{r^2}\rho A dr = 0$

あるいは，力学的な釣り合いの式として，

$$-\frac{GM_r}{r^2} - \frac{1}{\rho}\frac{dP}{dr} = 0 \tag{6.1}$$

が得られる．この (6.1) 式の第 1 項は，中心へ向かう単位質量あたりの重力
(gravitational force) であり，第 2 項は圧力勾配力 (pressure gradient force) で
ある．これは星の場合の**静水圧平衡** (hydrostatic equilibrium) である．

6.1.2 連続の式

つぎに，半径 r より内側に含まれる質量 M_r を決める方程式を立てよう．そのために，半径 r と半径 $r+dr$ に挟まれた球殻を考える（図 6.3）．

球殻は十分薄いとして，その内部では密度 ρ は一定としよう．球殻の体積は，$4\pi r^2 dr$ なので，M_r の増加分 dM_r は，

$$dM_r = \rho 4\pi r^2 dr$$

となり，あるいは，微分形に変形して，

$$\frac{dM_r}{dr} = 4\pi r^2 \rho \tag{6.2}$$

が得られる．この (6.2) 式がガスの分布と重力場を関係づける式で，**連続の式**（continuity equation）と呼ばれる（ポアソンの式；1.3 節）．

6.1.3 ポリトロープ星

変数が三つ（ρ, P, M_r）あるので，方程式系を解くためには，もう一つ式が必要である．それは密度 ρ と圧力 P の間に成り立つ関係式だ．ここでは，ρ と P の間に，**ポリトロピック関係**（polytropic relation）が成り立つとする：

$$P = K\rho^\gamma; \qquad K と \gamma は定数. \tag{6.3}$$

この関係が成り立っている星をポリトロープ星という．

上の (6.1)–(6.3) 式が，力学平衡／静水圧平衡の成り立っている星——すなわち**自己重力ガス球**（selfgravitating gas sphere）の構造を支配する方程式系である（独立変数 r；従属変数 ρ, P, M_r）[*3]．ただし，エネルギーの発生や

[*3] すべての質量が中心に集中している場合（中心集中星），(6.1)–(6.3) 式は，太陽コロナの構造（3.5 節）の式と同じになり，比較的簡単に解ける．中心集中星の反対の極限として，内部で密度が一定の場合（非圧縮の流体——たとえば水——でできた巨大な球），やはり簡単に積分できる．具体的に，質量 M，半径 R，密度 ρ（一定）の自己重力流体球の内部構造を解いてみよう．まず連続の式は密度を一定とすると即座に積分できて，境界条件として $r=R$ で $M_r=M$ と置けば，$M_r = M+(4\pi/3)(r^3-R^3)\rho$ が得られる．これを静水圧平衡の式に代入すれば，圧力が積分できて，境界条件として $r=R$ で $P=0$ と置けば，圧力分布は，$P(r) = (2\pi/3)G\rho^2(R^2-r^2) = (3/8\pi)GM^2(R^2-r^2)/R^6$ となる．

輸送の問題は考えていない（後述）．

6.1.4 物理量の概算

自然現象はしばしば微分方程式でモデル化されるが，ものごとの本質を理解するためには必ず微分方程式を解かなければいけないわけではない．**次元解析**や**概算**（オーダーエスティメイション；order estimation）で現象の概要を大掴みすることは多い．エムデン方程式を解く前に，質量 M で半径 R の星について，オーダーエスティメイションで物理量の概算をしてみよう．オーダーエスティメイションではしばしば，微分量（df）を差分量（$f_c - f_0$）で置き換える．

■**(1) 平均密度 ρ_m**

質量 M で半径 R の星の平均密度 ρ_m は，たんに，

$$\rho_\mathrm{m} = \frac{M}{(4\pi/3)R^3} \tag{6.4}$$

とする．この式で $M = M_\odot$，$R = R_\odot$ とすると，太陽の平均密度として，$\rho_\mathrm{m} = 1.4 \text{ g cm}^{-3}$ が得られる．

■**(2) 中心圧力 P_c**

静水圧平衡の式 (6.1) の微分量の部分で，圧力差 dP は表面での圧力 P_0（= 0）と中心での圧力 P_c の差とし（$dP = P_0 - P_\mathrm{c} = -P_\mathrm{c}$），$dr = R$ と差分に置き換えると，(6.1) 式は代数方程式となる．また中間ぐらいを取る意味で，$r = R/2$，$\rho = \rho_\mathrm{m}$，$M_r = M/2$ としよう．その結果，(6.1) から，

$$P_\mathrm{c} = \frac{2GM\rho_\mathrm{m}}{R} = \frac{3GM^2}{2\pi R^4} \tag{6.5}$$

が得られる．ただし 2 番目の等号では (6.4) 式を用いた．

この (6.5) 式で $M = M_\odot$，$R = R_\odot$ とすると，

$$P_\mathrm{c} = 6 \times 10^{15} \text{ dyn cm}^{-2} \tag{6.6}$$

となる．実際の太陽では，

$$P_c = 2 \times 10^{17} \text{ dyn cm}^{-2} \tag{6.7}$$

なので，概算値は30倍ほど小さいが，それほど悪くはない．

■(3) 中心温度 T_c

理想気体の状態方程式（$P = \mathcal{R}_g \rho T / \bar{\mu}$）と(6.5)式を用いると，

$$T_c = \frac{1}{\mathcal{R}_g/\bar{\mu}} \frac{P_c}{\rho_m} = \frac{\bar{\mu}}{\mathcal{R}_g} \frac{2GM}{R} \tag{6.8}$$

が得られる．ここで $\mathcal{R}_g$ は気体定数である．

この(6.8)式で $M = M_\odot$，$R = R_\odot$ とし，$\bar{\mu} = 0.6$ とすると，

$$T_c \sim 10^7 \text{ K} \tag{6.9}$$

となる．これは実際の太陽の中心温度に近い．中心温度に関しては，オーダーエスティメイションは比較的よい値を返してくれる．

■(4) 星の中心圧力の最低値

現在ではあらゆる要素を詰め込んだ数値シミュレーションでモデルを作ることも多いが，物理的な内容を抽出理解するためには，現在でも解析的な取り扱いが重要である．20世紀の前半，星の構造が理解されはじめたころは，数値計算のパワーもなく，さまざまな解析的手法で星の物理を探ろうとした．その一例として，主系列星の中心圧力の最低値を評価してみよう．

基礎方程式の(6.1)式と(6.2)式を辺々割ると，

$$\frac{dP}{dM_r} = -\frac{GM_r}{4\pi r^4} \tag{6.10}$$

を得る．ここで M_r を独立変数と考えて，この式を中心（$M_r = 0$，$P = P_c$）から表面（$M_r = M$，$P = P_s \sim 0$）まで積分すると，以下となる：

$$-\int \frac{dP}{dM_r} dM_r = P_c - P_s = \int_0^M \frac{GM_r}{4\pi r^4} dM_r. \tag{6.11}$$

さらに，$1/r^4 > 1/R^4$ であることを使うと，以下の不等式が得られる：

$$P_c = P_s + \int \frac{GM_r}{4\pi r^4} dM_r > P_s + \int \frac{GM_r}{4\pi R^4} dM_r = P_s + \frac{GM^2}{8\pi R^4} > \frac{GM^2}{8\pi R^4}. \tag{6.12}$$

具体的に数値を入れると，中心圧力の最低値，すなわち下限が得られる[*4]：

$$P_c > 4.5 \times 10^{14} \text{ dyn cm}^{-2} \left(\frac{M}{M_\odot}\right)^2 \left(\frac{R}{R_\odot}\right)^{-4}. \tag{6.13}$$

6.1.5 自己重力ガス球の構造：エムデン方程式

構成しているガスを中心へ引き寄せようとする自分自身の重力と，中心から外へ向かう圧力勾配力の釣り合った，力学平衡にあるガス球——自己重力ガス球——の構造を具体的に解いてみよう．

手順としては，3本の基礎方程式から変数を消去して1本の微分方程式にまとめ，つぎに変数変換をして得られた微分方程式を無次元化する．

まず基礎方程式の (6.1) 式を，

$$\frac{r^2}{\rho}\frac{dP}{dr} = -GM_r \tag{6.14}$$

と変形して，両辺を r で微分し，(6.2) 式を代入して M_r を消去すると，

$$\frac{d}{dr}\left(\frac{r^2}{\rho}\frac{dP}{dr}\right) = -4\pi G r^2 \rho \tag{6.15}$$

となる．さらに (6.3) 式から P を消去すると，ρ に関する2階の微分方程式：

$$\frac{d}{dr}\left[\frac{r^2}{\rho}\frac{d}{dr}(K\rho^\gamma)\right] = -4\pi G r^2 \rho \tag{6.16}$$

が得られる．

中心の境界条件（たとえば $r = 0$ で $\rho = \rho_c$，$d\rho/dr = 0$）を与えてこの (6.16) 式を解けば，ガス球の内部構造は求まるが，質量や半径の異なるガス球の構造を解くたびに，中心密度などを与えて解き直さなければならない．そこ

[*4] 他の場所でも出てくるが，$(M/M_\odot)^2$ という表現の仕方は，大きな数値の概算が多い天文学特有のものだろう．この項は，もとの式の M^2 の部分を，$M_\odot^2 \times (M/M_\odot)^2$ と変形してから，$M_\odot^2$ の部分は数値を計算して右辺の最初にまとめたものだ．たんに M に $M_\odot$ の値を入れて計算した場合と比べ，$(M/M_\odot)^2$ という形で残しておくと，質量が $10M_\odot$ の場合なども簡単に暗算できるので便利なのである．

で，以下のように変数変換して，(6.16) 式を無次元化する．

まず，変数変換の準備として，

$$\gamma = 1 + 1/N \tag{6.17}$$

として，(6.16) 式を，

$$\frac{d}{dr}\left[\frac{r^2}{\rho}\frac{d}{dr}\left(K\rho^{1+1/N}\right)\right] = -4\pi G r^2 \rho \tag{6.18}$$

と表す．さらに，

$$r = \sqrt{\frac{(N+1)P_c}{4\pi G \rho_c^2}}\xi = \sqrt{\frac{(N+1)K\rho_c^{1+1/N}}{4\pi G \rho_c^2}}\xi, \tag{6.19}$$

$$\rho = \rho_c D^N \tag{6.20}$$

で定義される，無次元化した半径 ξ と無次元化した密度 D を用いると[*5]，(6.18) 式は，最終的に，以下の形に整理される：

$$\frac{1}{\xi^2}\frac{d}{d\xi}\left(\xi^2 \frac{dD}{d\xi}\right) = -D^N. \tag{6.21}$$

この自己重力ガス球の構造を表す方程式を，**エムデン方程式**（Emden equation）とか，レーン・エムデン方程式（Lane-Emden equation）と呼ぶ[*6]．

エムデン方程式で残されたパラメータは，N（あるいは γ）である．またこの (6.21) 式を解くための境界条件は，以下である：

$$\xi = 0 \text{ で } D = 1 \quad (r = 0 \text{ で } \rho = \rho_c), \tag{6.22}$$

$$\xi = 0 \text{ で } \frac{dD}{d\xi} = 0 \quad (r = 0 \text{ で } dP/dr = 0). \tag{6.23}$$

パラメータ N（あるいは γ）を与えて上の境界条件のもとで (6.21) 式を解けば，自己重力ガス球の内部構造が求まる．

[*5] もちろん最初から (6.19) 式の変換の形がわかっているわけではない．仮に $r = \alpha\xi$ などと置いて (6.18) 式に代入し，係数がうまく消えるように α を決めるのである．

[*6] アメリカの天体物理学者ジョナサン・ホーマー・レーン（Jonathan Homer Lane；1819〜1880）とスイスの天体物理学者ヤコブ・ロベルト・エムデン（Jacob Robert Emden；1862〜1940）にちなむ．

6.1.6 エムデン方程式の解

エムデン方程式の具体的な解を紹介しておこう.

■**(1) 解析的な解**

パラメータ N が 0, 1, 5 の場合, エムデン方程式は解析解をもつ (図 6.4).

(i) $N = 0$ ($\gamma = \infty$) のときの解 D_0:

$$D_0 = 1 - \frac{1}{6}\xi^2. \tag{6.24}$$

(ii) $N = 1$ ($\gamma = 2$) のときの解 D_1:

$$D_1 = \frac{\sin \xi}{\xi}. \tag{6.25}$$

(iii) $N = 5$ ($\gamma = 6/5$) のときの解 D_5:

$$D_5 = \frac{1}{\sqrt{1 + \frac{\xi^2}{3}}}. \tag{6.26}$$

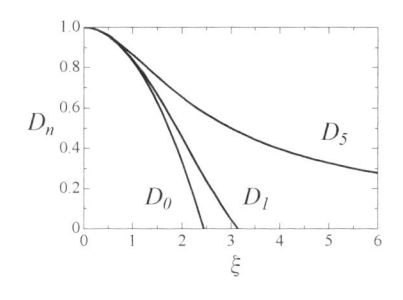

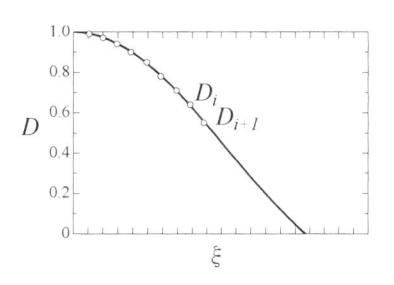

図 **6.4** エムデン方程式の解析解.

図 **6.5** エムデン方程式の数値解法.

■**(2) 数値的な解**

ガス球が水素原子からできているとすると, 水素原子は単原子理想気体なので, その比熱比は 5/3 である. さらに断熱状態だとすると, ポリトロープ

指数 γ は，ガスの比熱比に近い．すなわち，

$$\gamma = 5/3 \quad \text{あるいは} \quad N = 3/2$$

である．実際，主系列星の内部構造は，$N = 3/2$ のエムデン解でよく近似できることがわかっている．このような一般の N の場合には，エムデン方程式は数値的に解かなければならない．ここではオイラー法を用いて，エムデン方程式を数値的に解く方法の概要を紹介しよう（図 6.5）．

まず，$E = dD/d\xi$ という変数を導入して，エムデン方程式を連立化する：

$$\frac{dD}{d\xi} = E, \tag{6.27}$$

$$\frac{dE}{d\xi} = -\frac{2}{\xi}E - D^N. \tag{6.28}$$

境界条件は，以下である：

$$\xi = 0 \quad \text{で} \quad D = 1, \quad E = 0. \tag{6.29}$$

中心から $d\xi$ の刻みで外向きに $0, 1, 2, \cdots, i, i+1, \cdots$ と番号を振っていくと，中心の値は，$\xi_0 = 0$，$D_0 = 1$，$E_0 = 0$ である．さらに，i 番目の値を，$\xi_i = id\xi$，D_i，E_i などとすると，$i+1$ 番目の値は，

$$\begin{aligned}
\xi_{i+1} &= (i+1)d\xi, \\
D_{i+1} &= D_i + dD = D_i + E_i d\xi, \\
E_{i+1} &= E_i + dE = E_i + \left(-\frac{2}{\xi_i}E_i - D_i^N\right)d\xi
\end{aligned} \tag{6.30}$$

で与えられる（図 6.5）．中心から外へ向けて順番に i 番目の値を計算していくことによって，数値的に構造を求めることができる．

上記のように，数値的に解くということは，連続的な変数からなる微分方程式を，離散的な変数からなる方程式——**差分方程式**と呼ぶ——に置き換えて，解析的な解ではなく離散的な値（数値解）を求めるということなのだ．オイラー法は精度があまりよくなく，実際にはもっと精度のよい数値計算法を用いるが，数値計算の概要はわかってもらえるかと思う．

具体的な計算例を図 6.6 に示す．

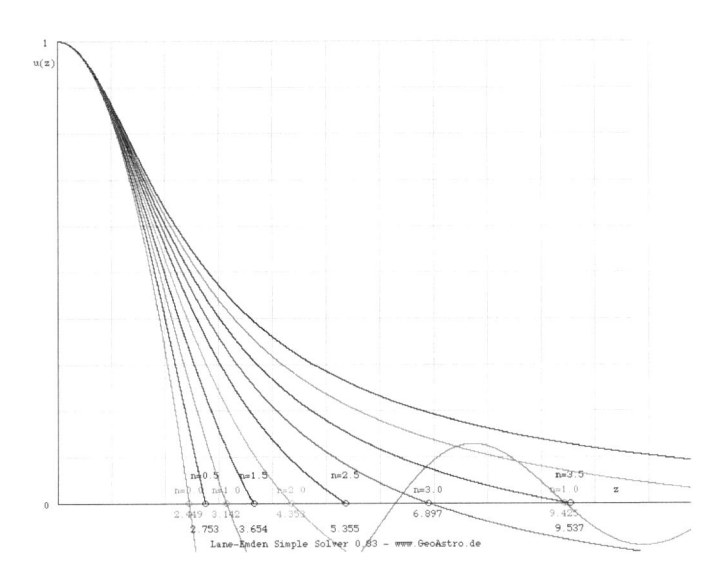

図 6.6 エムデン方程式の数値解の例 (http://www.jgiesen.de/astro/standardmodel/applet/index.html).

6.2 エネルギーの発生と輸送の釣り合い energy balance

ここまでは，重力と圧力勾配力が釣り合った力学平衡（静水圧平衡）にある自己重力ガス球の構造について調べた．ただし，これではまだ星とはいえない．というのは，星は自ら光っているからだ．

星が光っている理由は，中心で発生したエネルギー（主系列星の場合は核反応エネルギー）が，星の内部を表面へ向かって輸送され，さらに星の表面から輻射として放射されているためだ．星が一定の光度を保つためには，発生エネルギーと放射エネルギーは等しくなければならない．ここでは，このエネルギーの発生と輸送／放射の釣り合いを考慮して，星の構造を考えてみよう．

エネルギーの輸送の形態には，よく知られているように，**熱伝導**（conduction），**対流**（convection），**放射**（radiation）の三つの機構がある．このうち，熱伝導は星の内部ではほとんど効かない．対流は，原始星や赤色巨星，さらに主系列星のうち，とくに低温度の星で重要である．さらに比較的温度の高い主系列星では放射が重要である．したがって，星の内部のエネルギーの輸送形態としては，一般には，放射と対流を考慮しなければならないが，対流の機構はやや複雑なので，以下では，エネルギーの輸送機構として放射のみ考える．また，輸送の具体的な過程やエネルギー発生の具体的な過程は，後の節で扱い，ここではもう少し，一般的に考える．

6.2.1 輻射平衡の式

星の表面から単位時間あたりに放射される全エネルギー，すなわち星の光度 L [erg s^{-1}] は，星の半径 R と星の表面から単位時間あたり単位面積あたりに放射されるエネルギー（輻射流束）F [erg s^{-1} cm^{-2}] を使って，

$$L = 4\pi R^2 F \tag{6.31}$$

と表すことができる．星の表面が温度 T の黒体輻射を放射していれば，ステファン・ボルツマンの法則から，$F = \sigma T^4$ である．

さて星の内部でも，(6.31) 式と似たような関係を考えることができる（図6.7）．すなわち，星の内部の半径 r の球面を単位時間あたりに流れる全エネルギー（いわば星の内部光度）L_r [erg s^{-1}] を，

$$L_r = 4\pi r^2 F_r \tag{6.32}$$

と表そう．ただしここで F_r [erg s^{-1} cm^{-2}] は，星の内部の半径 r における，単位時間あたり単位面積あたりのエネルギー流量である．

さて問題は，このエネルギー流量を表す式だ．

熱は熱いところから冷たいところへ流れる．その結果，熱エネルギーの流れは，温度勾配 dT/dr に比例し，一般に，$-KdT/dr$ と表される．ここで比例定数 K は**熱伝導率**（conductivity）と呼ばれ，物質の種類や状態に依存する"定数"である．

6.2 エネルギーの発生と輸送の釣り合い　energy balance

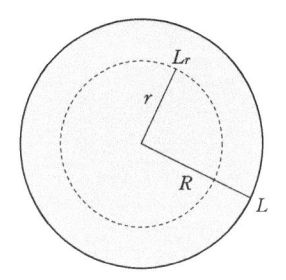

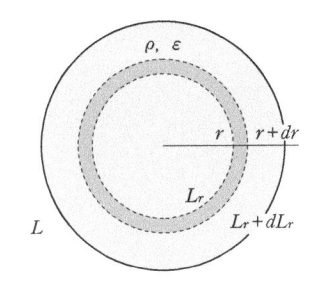

図 **6.7**　内部光度と輻射流束.

図 **6.8**　輻射エネルギーの連続性.

輻射によるエネルギー輸送の場合も，基本的には同じで，輻射エネルギーは温度の高いところ（星の中心）から低いところ（星の周辺）へ流れる．すなわちエネルギー流量 F_r は，温度勾配に比例し，

$$F_r = -K\frac{dT}{dr} \tag{6.33}$$

と表される．ただし単純な熱伝導の場合と異なって，熱伝導率 K が定数ではなく，温度 T や密度 ρ の関数になっている．具体的には，

$$K = \frac{4acT^3}{3\kappa\rho} \tag{6.34}$$

と表される．ここで，c（$= 2.9979 \times 10^{10}$ cm s^{-1}）は光速，

$$a = 7.566 \times 10^{-15} \text{ erg cm}^{-3} \text{ K}^{-4} \tag{6.35}$$

は**輻射定数**（radiation constant）と呼ばれる定数である．また，κ は**吸収係数**（absorption coefficient）で，(6.34) 式の分母にあることからわかるように，エネルギーの流れに対する抵抗を表す量である（6.3 節で詳しく述べる）[*7].

(6.33) 式と (6.34) 式から，

[*7] もっとも現在の段階では，K を (6.34) 式のように表したとしても，一つの未知量（K）の代わりに別の未知量（κ）で置き換えたに過ぎない．この κ の具体的な形については，6.3 節で述べる．なおエネルギーの流れやすさを表す量（熱伝導率 K）の代わりに，エネルギーの流れに対する抵抗を表す量（吸収係数 κ）を用いるのは，天文学の古式ゆかしき伝統である．

$$F_r = -\frac{4acT^3}{3\kappa\rho}\frac{dT}{dr} \tag{6.36}$$

と表され,さらに,(6.32)式から,

$$L_r = -\frac{4acT^3}{3\kappa\rho}\frac{dT}{dr} \times 4\pi r^2 \tag{6.37}$$

と書ける.あるいは,変形して,エネルギーの輸送を表す方程式(輻射平衡の式)として,最終的に,以下の式が得られる:

$$\frac{dT}{dr} = -\frac{3\kappa\rho}{4acT^3}\frac{L_r}{4\pi r^2}. \tag{6.38}$$

6.2.2 エネルギー発生に関する連続の式

つぎに,星の内部の半径 r の球面を単位時間あたりに流れる全エネルギー(内部光度)L_r に関する方程式を導こう.質量の分布の連続の式に似たような関係式が成り立つ.すなわち,半径 r と半径 $r+dr$ に挟まれた球殻を考える(図 6.8).球殻は十分薄いとして,その内部では密度 ρ は一定としよう.また単位時間あたり単位質量あたりのエネルギー発生率を ε とする.

半径 r の球面を単位時間あたりに通過するエネルギーを L_r,半径 $r+dr$ の球面を単位時間あたりに通過するエネルギーを L_r+dL_r とすると,その増加分が,球殻内で発生したエネルギーに等しいから,

$$(L_r + dL_r) - L_r = dL_r = \rho \times 4\pi r^2 dr \times \varepsilon \tag{6.39}$$

あるいは,以下の微分方程式が得られる:

$$\frac{dL_r}{dr} = 4\pi r^2 \rho \varepsilon. \tag{6.40}$$

6.2.3 基礎方程式のまとめ

以上をまとめると,結局,星——力学平衡と輻射平衡が成り立っているガス球——の内部構造を記述する微分方程式系は,以下の4本となる:

$$\frac{dP}{dr} = -\frac{GM_r\rho}{r^2}, \tag{6.41}$$

6.2 エネルギーの発生と輸送の釣り合い　energy balance

$$\frac{dM_r}{dr} = 4\pi r^2 \rho, \tag{6.42}$$

$$\frac{dT}{dr} = -\frac{3\kappa\rho}{4acT^3}\frac{L_r}{4\pi r^2}, \tag{6.43}$$

$$\frac{dL_r}{dr} = 4\pi r^2 \varepsilon. \tag{6.44}$$

独立変数 r に対して，従属変数が ρ, P, M_r, T, L_r, κ, ε と七つあるので，あと三つの式が必要である．具体的には，補助方程式として，

$$P = P(\rho, T), \tag{6.45}$$

$$\kappa = \kappa(\rho, T), \tag{6.46}$$

$$\varepsilon = \varepsilon(\rho, T) \tag{6.47}$$

が必要である．これらのうち，状態方程式は理想気体の状態方程式を用いる．吸収係数 κ とエネルギー発生率 ε に関する補助方程式は，以下の節で与える．

これら星の内部構造を表す微分方程式系は，1階の微分方程式が四つあるので，境界条件も四つ必要である．境界条件としては，通常，

$$\text{星の中心：} \quad r = 0 \text{ で } M_r = 0, \ L_r = 0, \tag{6.48}$$

$$\text{星の表面：} \quad r = R \text{ で } \rho = 0, \ T = 0 \tag{6.49}$$

を置く．両端で境界条件を課すので，数学的には2点境界値問題となり，解くのはそれなりに面倒なこととなる．

なお，上記の基礎方程式系を解いて，質量 M で半径 R の星の内部構造を求めるとき，通常の感覚では，微分方程式を $r=0$（中心）から $r=R$（表面）まで積分すればいいように見える．しかしながら，質量 M は事前に与えられるが，半径 R は，計算をはじめる前には未定であり，計算完了と同時に求まる量なのである．したがって，中心からの距離 r を独立変数とした方程式系では，現実的な計算には都合が悪い．そこで実際には，独立変数として，ある半径 r より内部の質量 M_r が使われる．

基礎方程式は，常微分方程式系なので，2番目の式（連続の式）で他の式を辺々割ればよい．すなわち，

$$\frac{dP}{dM_r} = -\frac{GM_r}{4\pi r^4}, \tag{6.50}$$

$$\frac{dr}{dM_r} = \frac{1}{4\pi r^2 \rho}, \quad (6.51)$$

$$\frac{dT}{dM_r} = -\frac{3\kappa L_r}{64\pi^2 acr^4 T^3}, \quad (6.52)$$

$$\frac{dL_r}{dM_r} = \varepsilon, \quad (6.53)$$

$$P = P(\rho, T, 化学組成), \quad (6.54)$$

$$\kappa = \kappa(\rho, T, 化学組成), \quad (6.55)$$

$$\varepsilon = \varepsilon(\rho, T, 化学組成) \quad (6.56)$$

のようになる（補助方程式には，平均分子量などに影響する化学組成も入れた）．

また境界条件は以下となる：

$$星の中心：\quad M_r = 0 \text{ で } r = 0, \quad L_r = 0, \quad (6.57)$$
$$星の表面：\quad M_r = M \text{ で } \rho = 0, \quad T = 0. \quad (6.58)$$

6.2.4 輻射平衡星の内部構造（エディントン・モデル）

輻射平衡の成り立っている星の内部構造を記述する基礎方程式系は，一般的には数値的に解くことになる．その具体的な結果は後ほど示すが，ここでは特別な場合について解いてみよう．

温度勾配 dT/dr を表す (6.43) 式を圧力勾配 dP/dr を表す (6.41) 式で辺々割って整理すると，

$$\frac{dT}{dP} = \frac{3\kappa L_r}{16\pi ac G T^3 M_r} \quad (6.59)$$

となる．表向きは半径 r が消えている点に注意して欲しい．

右辺には未知量 $\kappa L_r/M_r$ があるが，ここで思い切った仮定として，

$$\frac{\kappa L_r}{M_r} = \frac{\kappa L}{M} = 一定 \quad (6.60)$$

としよう．この仮定は，物理的には，もし κ が一定ならば L_r/M_r が一定ということになり，エネルギー源が一様に分布している状態を表している．このモデルを**エディントン・モデル**（Eddington model）と呼び[*8]．このモデルが

[*8] イギリスの天文学者アーサー・エディントン（Sir Arthur Stanley Eddington；1882〜1944）

成り立っている星を**エディントン星**（Eddington star model）と呼ぶ．

この (6.60) 式を (6.59) 式に代入すると，

$$\frac{dT}{dP} = \frac{3}{16\pi acGT^3}\frac{\kappa L}{M} \tag{6.61}$$

となり，表面の境界条件（$P = 0$ で $T = 0$）を使って積分し，整理すると，

$$L = \frac{4\pi acGT^4 M}{3\kappa P} \tag{6.62}$$

が得られる．これがエディントン星の物理量の間に成り立つ関係である．

上の (6.62) 式をもう少し変形してみよう．まずガス圧と輻射圧を考慮した状態方程式[*9]は，

$$P = \frac{\mathcal{R}_g}{\bar{\mu}}\rho T + \frac{1}{3}aT^4 \tag{6.63}$$

と表せる．さらに，ガス圧（$\mathcal{R}_g \rho T/\bar{\mu}$）と全圧（$P$）の比として，

$$\beta \equiv \frac{(\mathcal{R}_g/\bar{\mu})\rho T}{P} \tag{6.64}$$

を導入すれば（定義より β は 1 より小），輻射圧は，

$$\frac{1}{3}aT^4 = (1-\beta)P \tag{6.65}$$

と表せる．輻射平衡の成り立っている星では，輻射圧が非常に大きいので，1 に比べて β は十分小さい．

この (6.65) 式を (6.62) 式に代入して整理すると，エディントン星の光度 L として，

$$L = (1-\beta)L_E \tag{6.66}$$

が得られる．ただしここで，

$$L_E \equiv \frac{4\pi cGM}{\kappa} \tag{6.67}$$

にちなむ．

[*9] 温度 T のガスと輻射場が熱平衡状態になっている場合，輻射場は温度 T の黒体輻射となる．またそのときの輻射圧 P_{rad} は，a（$= 7.5646 \times 10^{-15}$ erg cm^{-3} K^{-4}）を輻射定数として，$P_{rad} = aT^4/3$ となる．

は，**エディントン光度**（Eddington luminosity）と呼ばれるもので，星の質量 M と吸収係数 κ だけで決まる量である（9.4 節）．

輻射圧の全圧に対する割合 $(1-\beta)$ は当然 1 よりは小さいので，明らかに，

$$L \leq L_\mathrm{E} \tag{6.68}$$

が成り立つ（等号は $\beta=0$ のとき）．すなわち，輻射圧で支えられたエディントン星の光度には，エディントン光度という上限が存在する．

6.3　吸収係数とロスランド不透明度　absorption coefficient and Rosseland opacity

前節で星の内部構造に関する基礎方程式を導いたが，その中で，二つの変数——κ と ε——が未定だった．この節では，まず前者の吸収係数について述べる．先に述べたように，物理的には，伝導率 K がエネルギーの流れやすさを表しているのに対して，吸収係数 κ は星の大気中において輻射エネルギーの通過しにくさを表す量である．もっとも一口に吸収係数／不透明度といっても，実際には，星の物質による輻射の吸収はさまざまな過程によって生じる．さらに波長によっても異なる．上の κ は，それらすべてをひっくるめたものである．以下では，素過程について，もう少し詳しく説明していこう．

6.3.1　吸収係数あるいは不透明度

光学的厚み（3.3 節）や輻射輸送（4.6 節）で使ったが，ここであらためて，**吸収係数**（absorption coefficient）／**不透明度**（opacity）の定義を述べておく．

■(1) 単色光に対する吸収係数

星の内部で，個々の光が星の物質に吸収される割合は，波長あるいは振動数に依存している．そこで単色光に対する**（質量）吸収係数**（mass absorption coefficient）を以下のように定義する．以下で，添え字の ν は振動数 ν の単色光であることを表している．

星の内部で ds の長さの領域を考える（図 6.9）．物質の密度を ρ とする．この領域に左端から入射した強度 I_ν の光が，ds の領域を通過する間に吸収

6.3 吸収係数とロスランド不透明度　absorption coefficient and Rosseland opacity　*169*

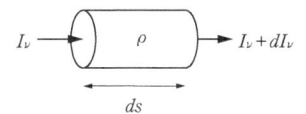

図 **6.9**　光の強度の変化と吸収係数.

を受け，右端から $I_\nu + dI_\nu$ の強度で出ていったとする（吸収を受けているから $dI_\nu < 0$）．このとき光の吸収量 dI_ν は，領域の長さ ds と物質の密度 ρ の積に比例し，またもとの光の強さ I_ν に比例するだろう．すなわち，

$$dI_\nu = -\kappa_\nu \rho I_\nu ds \tag{6.69}$$

と表せるはずだ[*10]．この式で出てきた κ_ν が，単色光に対する（質量）吸収係数で，物質の単位質量あたり単位振動数あたりの吸収率を表す量である．上の (6.69) 式の両辺で，dI_ν と I_ν の次元は同じだから，κ_ν の次元は［(長さ)²/質量］となる（単位では，$cm^2\ g^{-1}$ など）．

■**(2) 正味の吸収係数**

　厳密に言えば，放射の各振動数ごとに吸収を考えていかなければならないが，それは大変になるので，しばしば，振動数について平均した吸収係数が用いられる．

　一番単純な平均の仕方は，単純な算術平均的に，

$$\kappa_{\rm NG} = \int \kappa_\nu d\nu \tag{6.70}$$

という積分をすることである．しかしこれは正しい方法ではない．光の通りやすさを表しているのが，$1/\kappa_\nu$ であることを考えると，

$$\frac{1}{\kappa_{\rm OK}} = \int \frac{1}{\kappa_\nu} d\nu \tag{6.71}$$

のような積分を取らないといけない．具体的には，黒体輻射の分布に関係し

[*10] 光学的厚みを $d\tau_\nu = \kappa_\nu \rho ds$ で定義すると，$dI_\nu = -I_\nu d\tau_\nu$ となる．

た重み関数を掛けて平均をするが，詳しくはロスランド平均不透明度で述べる．

6.3.2 吸収の素過程

では，光はどのような過程で吸収されるのだろうか？ 星の内部において，光を吸収する素過程として主に関係するのは，以下の四つの過程（図 6.10）である：

(1) 束縛 - 束縛遷移（bound-bound transition）
(2) 束縛 - 自由遷移（bound-free transition）
(3) 自由 - 自由遷移（free-free transition）
(4) 電子散乱（electron scattering）

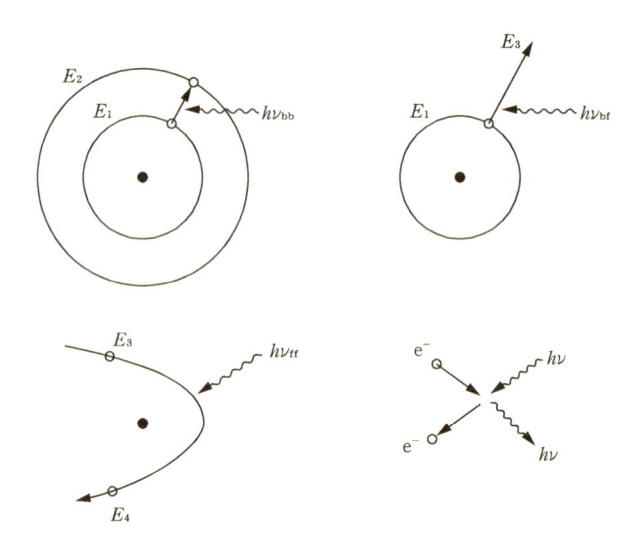

図 6.10 束縛 - 束縛遷移（左上）．束縛 - 自由遷移（右上）．自由 - 自由遷移（左下）．電子散乱（右下）．

以下，順にみていこう（1.5 節参照）．

6.3 吸収係数とロスランド不透明度 absorption coefficient and Rosseland opacity

■(1) 束縛 - 束縛遷移

原子内に束縛された電子は，光が入射してくると，低いエネルギー準位（エネルギー E_1）から高いエネルギー準位（エネルギー E_2）へ，エネルギー差に応じた特定の波長（振動数）の光を吸収して遷移する（図 6.10 左上）．これを**束縛 - 束縛遷移**（bound-bound transition）という．吸収される光の振動数 ν_{bb} は，以下の式で決まる[*11]：

$$E_2 - E_1 = h\nu_{bb}. \tag{6.72}$$

ただしこの束縛 - 束縛遷移による吸収は，星の内部ではあまり効かない（星の外層大気では吸収線形成の機構として重要である）．というのは，まず星の内部では温度が高いために，多くの原子が電離状態になっており，束縛状態の電子が少ないためと，さらに束縛状態にある電子に光が入射しても，入射してくる光の平均的な振動数が大きくしたがってエネルギーが高いために，しばしば電子を電離してしまうためだ．

■(2) 束縛 - 自由遷移

入射してきた光子のエネルギーが電離エネルギーよりも大きいと，電子は電離されてしまう．電子が束縛状態（エネルギー E_1）から自由状態（エネルギー E_3）に遷移することになる（図 6.10 右上）．自由状態のエネルギーは任意の値を取りうるので，光子の吸収も連続的に生じる．これを**束縛 - 自由遷移**（bound-free transition）という．吸収される光の振動数 ν_{bf} は，以下となる：

$$E_3 - E_1 = h\nu_{bf}. \tag{6.73}$$

各振動数ごとに，さまざまな種類の原子によって生じるこの束縛 - 自由遷移による吸収係数を計算し，振動数に対する吸収係数 κ_ν を振動数で平均した結果，束縛 - 自由遷移の吸収係数として，近似的に，

$$\kappa_{bf} = 4.34 \times 10^{25} Z(1+X) \rho T^{-7/2} \text{ cm}^2 \text{ g}^{-1}$$

[*11] 束縛 - 束縛遷移で吸収あるいは放出される光子の波長 λ（あるいは振動数 ν）は，1.5 節に出てきたリュードベリの公式 (1.58) 式で与えられる．

$$= 1.50 \times 10^{24} \rho T^{-7/2} \text{ cm}^2 \text{ g}^{-1} \qquad (6.74)$$

が得られている．ただしここで，X は水素の重量比，Z は金属元素（水素とヘリウム以外の元素）の重量比，ρ は密度，T は温度である（現在の宇宙では，$X = 0.73$，$Z = 0.02$ とした）．この式を**クラマースの近似**（Kramers' approximation）という．

■(3) 自由 - 自由遷移

光子は自由電子によっても吸収される．すなわち自由電子は光子を吸収して，自由状態（エネルギー E_3）から自由状態（エネルギー E_4）に遷移する（図 6.10 左下）．このとき自由状態のエネルギーは任意の値を取りうるので，光子の吸収も連続的に生じる．これを**自由 - 自由遷移**（free-free transition）という．吸収される光の振動数 ν_{ff} は，以下となる：

$$E_4 - E_3 = h\nu_{\text{ff}}. \qquad (6.75)$$

自由 - 自由遷移の吸収係数は，近似的に，

$$\begin{aligned}\kappa_{\text{ff}} &= 3.68 \times 10^{22}(X + Y)(1 + X)\rho T^{-7/2} \text{ cm}^2 \text{ g}^{-1} \\ &= 6.24 \times 10^{22} \rho T^{-7/2} \text{ cm}^2 \text{ g}^{-1}\end{aligned} \qquad (6.76)$$

で与えられる．ただしここで，X は水素の重量比，Y はヘリウムの重量比，ρ は密度，T は温度である（現在の宇宙では，$X = 0.73$，$Y = 0.25$ とした）．これも**クラマースの近似**（Kramers' approximation）という．

■(4) 電子散乱

自由電子と衝突した光子は，吸収されずに散乱されることもある（図 6.10 右下）．この自由電子による光子の散乱を**電子散乱**（electron scattering）とか**トムソン散乱**（Thomson scattering）という．散乱が生じると光子の運動量が変化する．すなわち光子はまっすぐ進めない．したがって電子散乱は，正味の吸収ではないが，輻射エネルギーの輸送を邪魔するので，吸収係数に寄与する．電子散乱による吸収は，温度や密度によらず，一定の値になる：

$$\begin{aligned}\kappa_{\text{el}} = \kappa_0 &= 0.20(1 + X) \text{ cm}^2 \text{ g}^{-1} \\ &= 0.35 \text{ cm}^2 \text{ g}^{-1}.\end{aligned} \qquad (6.77)$$

6.3.3 吸収係数の近似的表現

以上のいろいろな吸収過程による吸収係数を合わせたもの，

$$\kappa = \kappa_{\text{bf}} + \kappa_{\text{ff}} + \kappa_{\text{el}} \tag{6.78}$$

が，求めたかった吸収係数 $\kappa(\rho, T)$ である．吸収係数 κ の密度，温度依存性を図 6.11 と図 6.12 に示す．

まず低温（1 万 K 以下）では，ほとんどの原子は電離しておらず，自由 - 自由吸収や電子散乱は小さい．また束縛 - 自由吸収を起こす高いエネルギーの光子もない．したがって，吸収係数は小さい．

一方，逆に高温（100 万 K 以上）では，ほとんどの光子が高いエネルギーをもっており，低いエネルギーの光子より吸収されにくい．したがって，束縛 - 自由吸収や自由 - 自由吸収は小さく，電子散乱が主である．

結局，吸収係数は，束縛 - 自由吸収や自由 - 自由吸収が重要となる中間的な温度でもっとも大きくなる．

吸収係数全体は，近似的には，以下のように表せる：

$$\kappa \propto \rho^{1/2} T^4 \quad (10^4 \text{ K} \leq T \leq 10^5 \text{ K}), \tag{6.79}$$

$$\kappa \propto \rho T^{-7/2} \quad (10^5 \text{ K} \leq T \leq 10^6 \text{ K}), \tag{6.80}$$

$$\kappa = 0.2(1 + X) \quad (10^6 \text{ K} \leq T). \tag{6.81}$$

6.3.4 ロスランド平均不透明度

恒星内部は光学的に十分厚く，輻射とガスは局所熱平衡状態に達しており，輻射強度 I_ν は，ほぼプランク分布：

$$I_\nu \sim B_\nu(T) = \frac{2h\nu^3}{c^2} \frac{1}{\exp(h\nu/kT) - 1} \tag{6.82}$$

が実現している．ただし熱平衡の温度 T は，半径の関数 $T = T(r)$ である．

輻射場はほぼ等方的でプランク分布に近いとはいうものの，温度およびプランク分布が半径の関数であるために，半径方向にわずかな非等方性があ

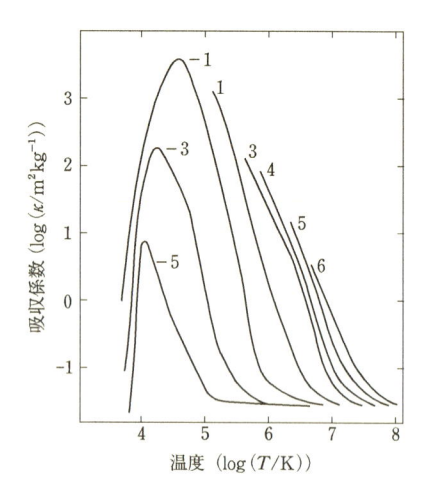

図 **6.11** 吸収係数の温度依存性．各曲線に付してある数値が $\log \rho$ であり，ρ は kg/m³ 単位で表されている．

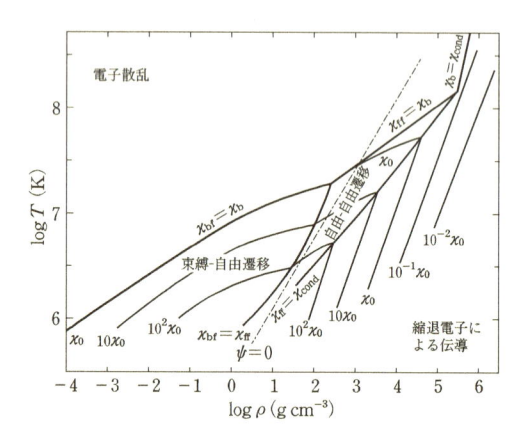

図 **6.12** 吸収係数の温度・密度依存性（Hayashi et al. 1962, "Evolution of the Stars", *Progress of Theoretical Physics Supplements* 22, 1 より）．

6.3 吸収係数とロスランド不透明度 absorption coefficient and Rosseland opacity

る．その結果，輻射強度 I_ν は近似的に，輻射輸送の方程式から[*12]，

$$I_\nu(r,\theta) \sim B_\nu(T) - \frac{\cos\theta}{\kappa_\nu \rho}\frac{\partial B_\nu(T)}{\partial r} \tag{6.83}$$

となる．ここで $\cos\theta$ は半径外向きから測った方向余弦である．

輻射強度に方向余弦を掛けて立体角で積分したものが輻射流束である．したがって，いまの場合，輻射流束 F_ν は，

$$\begin{aligned}F_\nu(r) &= \int I_\nu \cos\theta d\Omega = 2\pi \int I_\nu \cos\theta \sin\theta d\theta \\ &= 2\pi \int \left[B_\nu(T) - \frac{\cos\theta}{\kappa_\nu \rho}\frac{\partial B_\nu(T)}{\partial r}\right]\cos\theta \sin\theta d\theta \\ &= 0 - \frac{4\pi}{3\kappa_\nu \rho}\frac{\partial B_\nu(T)}{\partial r} \\ &= 0 - \frac{4\pi}{3\kappa_\nu \rho}\frac{dB_\nu(T)}{dT}\frac{dT}{dr}\end{aligned} \tag{6.84}$$

となる．さらに振動数に関して 0 から ∞ まで積分して，全輻射流束 F，

$$F(r) = -\frac{4\pi}{3\rho}\frac{dT}{dr}\int_0^\infty \frac{1}{\kappa_\nu}\frac{\partial B_\nu}{\partial T}d\nu \tag{6.85}$$

が得られる．この式が，

$$F(r) = -\frac{4acT^3}{3\kappa_R \rho}\frac{dT}{dr} \tag{6.86}$$

[*12] 源泉関数を $S_\nu = (\varepsilon_\nu + \sigma_\nu J_\nu)/(\kappa_\nu + \sigma_\nu)$ とすると，輻射輸送方程式 (4.28) は，

$$\cos\theta\frac{dI_\nu}{dz} = -\rho(\kappa_\nu + \sigma_\nu)(I_\nu - S_\nu)$$

と表せる（経路 ds と鉛直方向 dz の間で $ds\cos\theta = dz$ とした）．この式を，

$$I_\nu = S_\nu - \frac{\cos\theta}{\rho(\kappa_\nu + \sigma_\nu)}\frac{dI_\nu}{dz}$$

と書き換えてみる．このとき，光学的に十分厚い領域では右辺の第 2 項は第 1 項に比べ十分に小さい．また第 1 項の源泉関数は黒体輻射に近い．したがって，第 0 近似として，

$$I_\nu^{(0)}(z,\theta) \sim S_\nu^{(0)} \sim B_\nu(T)$$

と置いていいだろう．この式を輻射強度の勾配に入れて近似を高めると，第 1 近似として，

$$I_\nu^{(1)}(z,\theta) \sim S_\nu^{(0)} - \frac{\cos\theta}{\rho(\kappa_\nu + \sigma_\nu)}\frac{dI_\nu^{(0)}}{dz} \sim B_\nu(T) - \frac{\cos\theta}{\rho(\kappa_\nu + \sigma_\nu)}\frac{dB_\nu(T)}{dz}$$

が得られる．

という形になるように κ_R を決めると，κ_R として，以下の式が得られる：

$$\frac{1}{\kappa_R} = \frac{\pi}{acT^3} \int_0^\infty \frac{1}{\kappa_\nu} \frac{\partial B_\nu}{\partial T} d\nu. \tag{6.87}$$

さらに黒体輻射の性質を使うと，

$$\int_0^\infty \frac{\partial B_\nu}{\partial T} d\nu = \frac{\partial}{\partial T} \int_0^\infty B_\nu d\nu = \frac{\partial}{\partial T}\left(\frac{ac}{4\pi}T^4\right) = \frac{acT^3}{\pi} \tag{6.88}$$

のように変形できる．これを使うと，上の κ_R の表式は最終的に，

$$\frac{1}{\kappa_R} \equiv \frac{\int \frac{1}{\kappa_\nu} \frac{\partial B_\nu}{\partial T} d\nu}{\int \frac{\partial B_\nu}{\partial T} d\nu} \tag{6.89}$$

のように表すことができる．これを**ロスランド平均不透明度**（Rosseland mean opacity）と呼ぶ[*13]．

6.4 核融合反応　nuclear reaction

　未定だった二つの変数——κ と ε——のうち，この節では，後者の核融合によるエネルギーの発生について述べる．

　自然界には，重力・電磁気力・核力（強い力）・弱い力と，四つの真の力が知られている．核融合反応は，このうち，電磁力・核力・弱い力が関係しており（星の内部の高密度高温状態を作るという意味では重力も間接的に関与する），かなり複雑でややこしい．以下，基本的な骨格を説明しよう．

　原子は正の電荷をもった原子核と負の電荷をもった電子からできているが，星の内部のような高温状態では原子は電離して，原子核（水素ならば陽子）と電子がバラバラになっている．高温状態で飛び回っている二つの原子核が近づくと，共に正に帯電しているため，最初は，電磁気力が斥力として働き，二つの原子核は反発しようとする（図 6.13 左）．しかも電磁気力は距

[*13] ノルウェーの天文学者スヴェイン・ロスランド（Svein Rosseland；1894〜1985）にちなむ．日本語では通常"ロスランド"と訳されるので慣例にしたがうが，もともとは"ロズランド"と濁って発音される．

6.4 核融合反応　nuclear reaction　　**177**

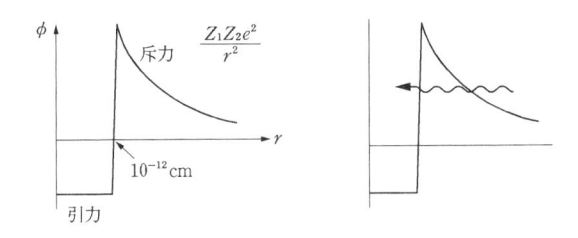

図 **6.13**　クーロンの障壁とトンネル効果.

離の2乗に反比例して強くなるので，二つの原子核が近づけば近づくだけ，反発力が強くなる．電磁気力はクーロン力ともいわれるので，この反発力による障壁を**クーロンの障壁**（Coulomb barrier）ともいう．

しかし，二つの原子核の距離が，核力の場のサイズ：

$$\text{約}\ 10^{-12}\ \text{cm}$$

よりも小さくなると，核力が引力として働きはじめ，クーロンの障壁は消え失せて，二つの原子核は引き寄せあう．実際には，10^{-12} cm まで近づかなくても，トンネル効果でクーロンの障壁を超えることができる（図 6.12 右）．

熱核融合反応（nuclear fusion reaction）とは，二つの原子核が衝突したとき，（熱運動のエネルギーが十分大きければ）量子力学的なトンネル効果で一つに合体し，大きなエネルギー（結合エネルギー）を解放する過程である．主系列星の内部で重要な反応としては，pp 連鎖反応と CNO 循環反応がある．

6.4.1　pp 連鎖反応

水素がヘリウムに変換する核融合反応の一つに，水素原子核が他の水素原子核とつぎつぎに融合していってヘリウムへいたる過程がある（図 6.14）．全体として，連なり（チェイン）になっているので，この過程は，**陽子陽子連鎖反応／pp 連鎖反応**（pp チェイン；pp-chain）と呼ばれる．主要ステップ

は以下のようになっている[*14].

(1) $^1\text{H} + {}^1\text{H} \rightarrow {}^2\text{D} + e^+ + \nu + 1.44$ MeV：2個の水素原子核（陽子p）が衝突して，その際に1個のpが陽電子崩壊（$p \rightarrow n + e^+ + \nu$）を起こして，最終的に陽子pと中性子nからなる重水素（デューテリウム）の原子核Dができる．陽電子崩壊は弱い力で起こるため非常に確率が低く，その結果，このステップの反応は，水素原子核1個につき，50億年に1回しか起こらない．

(2) $^2\text{D} + {}^1\text{H} \rightarrow {}^3\text{He} + \gamma + 5.49$ MeV：重水素と水素が反応してヘリウム3（ヘリウムの同位体）と光子γが生じる．1個のDは，わずか3秒で反応を起こす．

(3) $^3\text{He} + {}^3\text{He} \rightarrow {}^4\text{He} + 2{}^1\text{H} + 12.85$ MeV：2個のヘリウム3が反応して，1個のヘリウムと2個の水素になる．1個のヘリウム3は，平均15年で反応を起こす．

化学反応式の整理で行うように両辺の係数を合わせながら以上を加え合わせると（具体的には1と2の反応を2倍したものと3を両辺足し合わせる），

$$6{}^1\text{H} \rightarrow {}^4\text{He} + 2{}^1\text{H} + 2e^+ + 2\nu + 2\gamma + 26.71 \text{ MeV}$$

あるいは，さらに整理して，最終的に，

$$4{}^1\text{H} \rightarrow {}^4\text{He} + 2e^+ + 2\nu + 2\gamma + 26.71 \text{ MeV}$$

となる．水素の核融合反応というと，しばしば最後の式だけが書いてあることが多い．しかし決して"4個の水素が一度に融合してヘリウムになる"のではない．粒子2個ずつが地道に融合を繰り返し，上記のような結果になるのだ[*15].

[*14] ここで紹介しているのはpp1と呼ばれる主反応経路で，pp2やpp3などの反応経路もある．

[*15] 粒子の相互作用は2体ずつが基本なのだ．このことは，人混みで偶然に知人に出会う可能性を考えてみるといい．2人の知り合いが偶然遭遇することはあっても，3人の知り合いが同時に出会う可能性は非常に低いし，4人（4体）が偶然に衝突する可能性はほとんどないだろう．

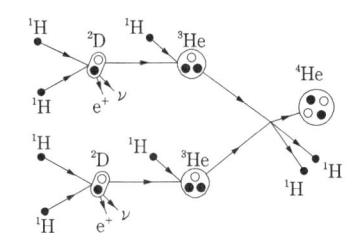

図 6.14　陽子陽子連鎖反応.　　　　　図 6.15　CNO 循環反応.

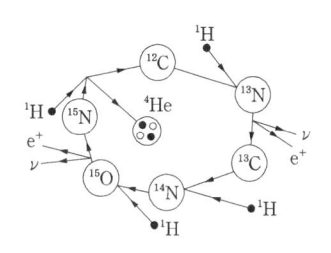

各ステップの反応時間についても一言触れておこう．反応時間は，プラズマの温度や密度にも依存するので，一概には言えないが，一つの目安になる．陽子と陽子の融合（約 10 億年）やヘリウム 3 とヘリウム 3 の融合（約 100 万年）が極端に長く，重水素と陽子の融合（約 1 秒）が極端に短いのは，主として電磁的な反発力に関係している．ちなみに，化学反応で一番時間がかかる経路を**律速段階**というが，陽子陽子連鎖反応の律速段階は陽子同士の融合で，そのタイムスケールが全体のタイムスケールを左右している．

この pp 連鎖反応によるエネルギー発生率 ε は，温度の 4 乗に比例する：

$$\varepsilon \propto \rho T^4. \tag{6.90}$$

核反応は温度に非常に敏感なのである．

6.4.2　CNO 循環反応

水素がヘリウムに変換する核融合反応のもう一つは，C（炭素）と N（窒素）と O（酸素）原子核を触媒としながら，水素原子核が反応を起こしていって，最終的にヘリウムが生成される過程である（図 6.15）．全体として，循環（サイクル）になっているので，この過程は，**CNO 循環反応／CNO サイクル**（CNO cycle）と呼ばれる．主要ステップは以下のようになっている．

(1) $^{12}C + {}^1H \to {}^{13}N + \gamma + 1.96$ MeV 　　（1.3×10^7 年かかる）

(2) $^{13}N \to {}^{13}C + e^+ + \nu + 2.22$ MeV 　　（7 分で起こる；陽電子崩壊）

(3) $^{13}C + {}^1H \to {}^{14}N + \gamma + 7.54$ MeV 　　（2.7×10^6 年かかる）

(4) $^{14}N + {}^1H \to {}^{15}O + \gamma + 7.35$ MeV 　　（3.2×10^8 年かかる；律速段階）

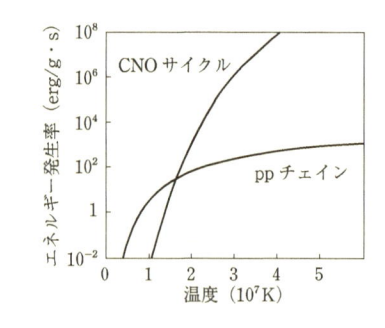

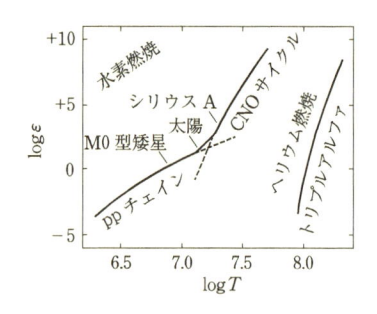

図 6.16 pp 連鎖反応と CNO 循環反応の温度依存性.

(5) $^{15}O \to {}^{15}N + e^+ + \nu + 2.71$ MeV　　（82 秒で起こる；陽電子崩壊）
(6) $^{15}N + {}^1H \to {}^{12}C + {}^4He + 4.96$ MeV　　（1.1×10^5 年かかる）

以上を加え合わせると，最終的に，

$$4{}^1H \to {}^4He + 2e^+ + 2\nu + 2\gamma + 25.0 \text{ MeV}$$

となる．最後の差し引きでは，C も N も O も出てこない．C, N, O は触媒として働いているのである．

この CNO 循環反応によるエネルギー発生率 ε は，温度の 16 乗に比例する：

$$\varepsilon \propto \rho T^{16}. \tag{6.91}$$

CNO 循環反応は pp 連鎖反応以上に温度に非常に敏感である．

星の中心温度が 2×10^7 K 以下（M 型）では pp 連鎖反応が，2×10^7 K 以上（O 型や B 型）では CNO 循環反応がメインになる．また 2×10^7 K 程度（A 型，F 型，G 型，K 型）では両方の過程が働いている（図 6.16）．

6.5　主系列星の内部構造と質量光度関係　　main sequence star

本章の最後に，ここまでの結果を総合して，主系列星とはどんな天体かを，あらためて考えてみよう．

6.5.1 主系列星の内部構造

まず星の内部構造の方程式系を解いた結果を図 6.17 に示す．

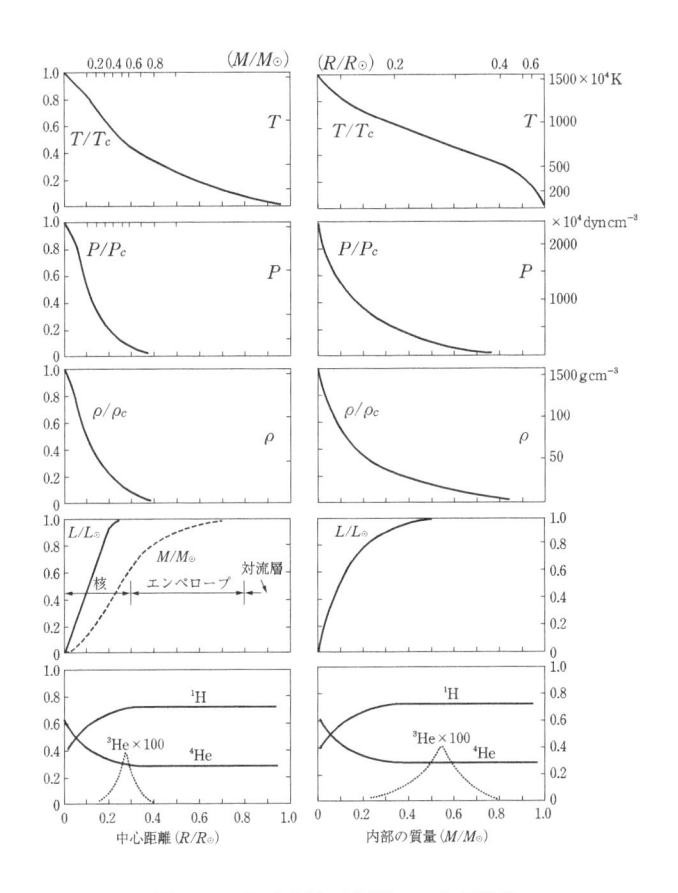

図 6.17 主系列星（太陽）の内部構造．

図を眺めてみると，圧力や密度の分布は，おおまかな様子はエムデン方程式を解いたポリトロープ星とさほど違わないようにみえる．しかし，温度分布など他の物理量の変化は，ポリトロープ星では得られなかったものだ．

また光度分布をみると，半径の 2 割ぐらいの中心核領域で光度が増加し，

その外部ではほぼ一定になっている．すなわち，核反応によるエネルギーの発生は，中心核領域でのみ起こっており，外層領域ではそのエネルギーが運ばれているだけなのだ．水素やヘリウムなど核種の変化も核反応によるものである．

6.5.2 主系列星の質量光度関係

主系列星の物理量の間に成り立つ関係として，第4章で質量光度関係について触れた．**質量光度関係**（mass-luminosity relation）とは，横軸に星の質量，縦軸に絶対等級（あるいは光度）を取ったグラフ上に，星の実測値をプロットすると，質量と光度の間に対応関係があるものだ（図6.18）．

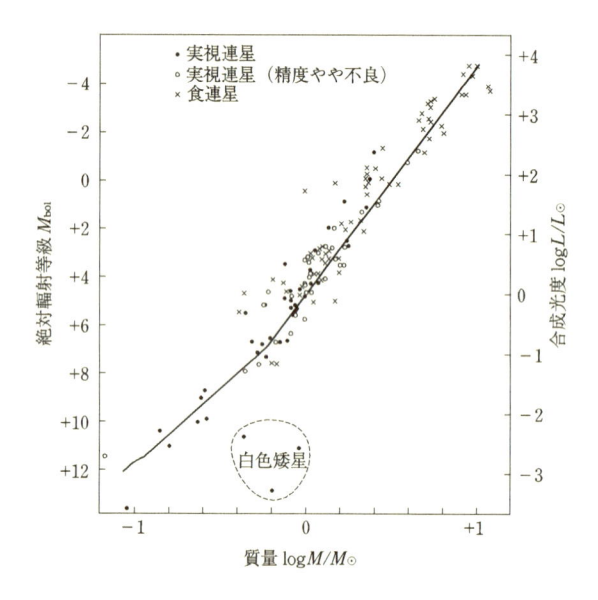

図 **6.18** 主系列星の質量光度関係．

質量光度関係は，観測的には，大ざっぱに，

$$L \propto M^4 \tag{6.92}$$

程度であるようにみえる．ただしもう少し詳しくみると，質量の大きな主系

列星に対しては，大体，
$$L \propto M^3 \tag{6.93}$$
で，質量の小さい方では，
$$L \propto M^5 \tag{6.94}$$
程度になっている．その結果，全体を眺めると，$L \propto M^4$ ぐらいにみえる．

星の内部構造の方程式が出揃ったので，この質量光度関係を理論的に導いてみよう．

まず，6.1.5 節の物理量の概算で行ったように，基礎方程式 (6.41)–(6.47) の微分を置き換えて，以下のような代数方程式系に直す（中心 c や平均 m を表す添え字は省略する）：

$$P = \frac{GM\rho}{R}, \tag{6.95}$$

$$M = \frac{4\pi R^3}{3}\rho, \tag{6.96}$$

$$\frac{T}{R} = \frac{3\kappa\rho L}{16\pi a c R^2 T^3}, \tag{6.97}$$

$$L = \frac{4\pi R^3}{3}\rho\varepsilon, \tag{6.98}$$

$$P = \frac{\mathcal{R}_\mathrm{g}}{\bar{\mu}}\rho T, \tag{6.99}$$

$$\kappa = \begin{cases} \kappa_1 \rho T^{-7/2} & (10^5 \text{ K} \leq T \leq 10^6 \text{ K}), \\ \kappa_0 \text{ (一定)} & (10^6 \text{ K} \leq T), \end{cases} \tag{6.100}$$

$$\varepsilon = \begin{cases} \varepsilon_1 \rho T^4 & (T \leq 2 \times 10^7 \text{ K}), \\ \varepsilon_2 \rho T^{16} & (T \geq 2 \times 10^7 \text{ K}). \end{cases} \tag{6.101}$$

以上，8 個の変数（M, R, L, ρ, P, T, κ, ε）に対して 7 本の代数式があるので，変数のうち 6 個を消去すれば，二つの変数（たとえば M と L）の間に一つの関係式が成り立つ．

温度によって κ と ε の式が違うので，以下，質量が小さな星（温度も低い）と大きな星（温度は高い）にわけて考えてみよう．

■**(1) 質量が小さな星の場合**

質量が小さい星では，温度も低いので，

$$\kappa = \kappa_1 \rho T^{-7/2}, \tag{6.102}$$

$$\varepsilon = \varepsilon_0 \rho T^s \quad (s = 4 \text{ または } 16) \tag{6.103}$$

としよう．以下，係数はあまり重要でないので，比例関係で考えていく．

まずPとRは，(6.97)式と(6.95)式より，それぞれ以下のようになる：

$$R = \frac{3\kappa\rho L}{16\pi a c T^4} \propto \frac{\kappa\rho L}{T^4}, \tag{6.104}$$

$$P = \frac{16\pi a c G M T^4}{3\kappa L} \propto \frac{M T^4}{\kappa L}. \tag{6.105}$$

つぎに (6.105)，(6.104)，(6.102)，(6.103) を使って，R, P, κ, ε を消去しよう．その結果，(6.96)，(6.98)，(6.99) は，それぞれ以下のようになる：

$$M \propto \frac{\kappa^3 \rho^3 L^3}{T^{12}} \rho \propto \frac{\rho^7 L^3}{T^{22.5}}, \tag{6.106}$$

$$L \propto \frac{\kappa^3 \rho^3 L^3}{T^{12}} \rho\varepsilon \propto \frac{\rho^7 L^3}{T^{22.5-s}}, \tag{6.107}$$

$$\frac{MT^4}{\kappa L} \propto \rho T, \quad \rightarrow \quad \frac{MT^3}{\kappa L} \propto \rho, \quad \rightarrow \quad \frac{M}{L} \propto \frac{\rho^2}{T^{6.5}}. \tag{6.108}$$

さらに (6.106) 式と (6.107) 式を辺々割って，整理すると，

$$\rho \propto \frac{L}{MT^s} \tag{6.109}$$

となるので，これを使って，(6.106) 式と (6.108) 式から ρ を消去すると，それぞれ，

$$M \propto \frac{L^{10}}{M^7 T^{22.5+7s}}, \quad \rightarrow \quad M^8 \propto \frac{L^{10}}{T^{22.5+7s}}, \tag{6.110}$$

$$M \propto \frac{L}{T^{6.5}} \frac{L^2}{M^2 T^{2s}}, \quad \rightarrow \quad M^3 \propto \frac{L^3}{T^{6.5+2s}}, \tag{6.111}$$

となる．この2式から T を消去して整理すると，最終的に，

$$L \propto M^{(15.5+5s)/(2.5+s)} \tag{6.112}$$

という関係式が得られる．

この式で s に具体的な値を入れると，

$$L \propto M^{71/13} \propto M^{5.46}, \quad s = 4 \quad (\text{pp チェイン}), \tag{6.113}$$

6.5 主系列星の内部構造と質量光度関係　main sequence star

$$L \propto M^{67/13} \propto M^{5.15}, \quad s = 16 \quad (\text{CNOサイクル}) \tag{6.114}$$

となり，質量の小さな星では $L \propto M^5$ ぐらいという観測的事実を説明できる．

■**(2) 質量が大きな星の場合**

質量が大きい星では，温度が高く電子散乱が主な吸収係数になるので，

$$\kappa = \kappa_0 \ (\text{一定}), \tag{6.115}$$

$$\varepsilon = \varepsilon_0 \rho T^s \quad (s = 4 \text{ または } 16) \tag{6.116}$$

とする．

まず P と R は，(6.97) 式と (6.95) 式より，それぞれ以下のようになる：

$$R = \frac{3\kappa\rho L}{16\pi a c T^4} \propto \frac{\kappa \rho L}{T^4}, \tag{6.117}$$

$$P = \frac{16\pi a c G M T^4}{3\kappa L} \propto \frac{MT^4}{\kappa L}. \tag{6.118}$$

つぎに (6.118)，(6.117)，(6.115)，(6.116) を使って，R, P, κ, ε を消去しよう．その結果，(6.96)，(6.98)，(6.99) は，それぞれ以下のようになる：

$$M \propto \frac{\kappa^3 \rho^3 L^3}{T^{12}} \rho \propto \frac{\rho^4 L^3}{T^{12}}, \tag{6.119}$$

$$L \propto \frac{\kappa^3 \rho^3 L^3}{T^{12}} \rho \varepsilon \propto \frac{\rho^5 L^3}{T^{12-s}}, \tag{6.120}$$

$$\frac{MT^4}{\kappa L} \propto \rho T, \quad \rightarrow \quad \frac{M}{L} \propto \frac{\rho}{T^3}. \tag{6.121}$$

さらに (6.121) 式より，

$$\rho \propto \frac{MT^3}{L} \tag{6.122}$$

となるので，これを使って，(6.119) 式から ρ を消去すると，

$$M \propto \frac{M^4 T^{12}}{L^4} \frac{L^3}{T^{12}}, \quad \text{すなわち} \quad L \propto M^3 \tag{6.123}$$

となり，大質量の星で成り立つ $L \propto M^3$ が説明できる．また (6.121) 式から ρ を消去すると，

$$L \propto \frac{M^5 T^{15}}{L^5} \frac{L^3}{T^{12-s}}, \quad \rightarrow \quad L^3 \propto M^5 T^{3+s},$$

$$\rightarrow \quad M^9 \propto M^5 T^{3+s}, \quad \rightarrow \quad T \propto M^{4/(3+s)} \tag{6.124}$$

が得られ，（中心）温度と質量の関係も導ける．

6.5.3 主系列星とは

主系列星とはどんな星なのかを最後にもう一度まとめておこう．

恒星の観測的特徴をまとめた第4章の4.3節で，主系列星の基本的な物理量には，質量 M，表面温度 T，半径 R，光度 L があるが，ステファン‐ボルツマンの法則と，HR 図および質量光度関係という二つの観測的関係から，これらのうち独立な物理量はたった一つ——質量 M ——であると述べた．すなわち主系列星では，質量 M だけをパラメータとして，表面温度 T や半径 R や光度 L などの基本的な物理量，その内部の構造，寿命などなどがすべて一意的に決っていると述べた．理論的な考察結果から，以上のことを確認しておこう．

中心温度 T_c 核反応効率 ε が温度に非常に敏感なため（pp チェインでは $\varepsilon \propto T_c^4$，CNO サイクルでは $\varepsilon \propto T_c^{16}$），中心温度がわずかに変わっただけで R や L は大きく変わる．すなわち他の基本的な物理量の変化幅に対して，中心温度の変化幅は，

$$T_c = 1 \times 10^7 - 4 \times 10^7 \text{ K} \tag{6.125}$$

と非常に狭く，事実上，中心温度は星の質量によらず一定と考えてよい——主系列星は，<u>核反応によって中心温度が一定に制御された星</u>，なのだ．

半径 R 主系列星の半径 R は，力学的平衡から定まる．すなわち力学的平衡から，オーダー的に，$GM/R \sim (\mathcal{R}_g/\bar{\mu})T_c$ なので，$R \propto M/T_c$ だが，中心温度がほぼ一定なので，

$$R \propto M \tag{6.126}$$

となる．すなわち質量 M にほぼ比例して半径 R も大きくなる．

平均密度 ρ_m 主系列星の平均密度 ρ_m は，$\rho_m = M/(4\pi R^3/3)$ から，

6.5 主系列星の内部構造と質量光度関係　main sequence star

$$\rho_{\mathrm{m}} \propto M^{-2} \tag{6.127}$$

となる．すなわち質量 M が大きいほど平均密度 ρ_{m} は小さくなる（太陽質量の星の平均密度は 1.4 g cm^{-3} ぐらいだが，10 太陽質量では 0.2 g cm^{-3} ぐらいになる）．ちなみに質量が大きいほど，中心密度や中心圧力も小さくなる．

光度 L　主系列星の光度 L は，輻射平衡（より一般的にはエネルギーの釣り合い）から決まる．その結果，前節で導いたように，大まかには，

$$L \propto M^4 \tag{6.128}$$

という質量光度関係が成り立つ．物理的には，質量が大きくなると中心温度が少し上昇し，核融合によるエネルギー発生量が大きくなるため，結果として光度が大きくなる．さらに質量が大きくなると平均密度が小さくなり，輻射の輸送に対する抵抗が減って，光が流れやすくなるため，その効果も合わさって，結果的に，光度が大きくなる．

表面温度 T　主系列星の表面温度 T は，ステファン - ボルツマンの法則 ($L = 4\pi R^2 \sigma T^4$) から，$T \propto (L/R^2)^{1/4}$ なので，

$$T \propto M^{1/2} \tag{6.129}$$

となる．すなわち質量 M が大きいと表面温度 T も大きくなる．

寿命 τ　主系列星の寿命 τ は，使えるエネルギー E を光度 L で割って得られるが，使えるエネルギー E は質量 M に比例するから，$\tau = E/L \propto M/M^4$，

$$\tau \propto M^{-3} \tag{6.130}$$

となる．すなわち質量 M が大きいほど星の寿命 τ はどんどん短くなる——<u>星は太く短く，細く長く生きる</u>（太陽質量の星だと 10^{10} 年だが，10 太陽質量では 3×10^7 年ほどしかない）．

第7章

星の進化と終末
Stellar Evolution

　星はその生涯の大部分を主系列星で過ごす．中心部で燃料となる水素を燃やし尽くしてしまうと，星の構造は劇的に変化し，星は赤色巨星へと変貌するが，その後の星の進化は星の質量によって大きく異なる．本章では，**星の進化**（stellar evolution）と**星の終末**（stellar death），そして死した星である**コンパクト星**（compact star）について，順に説明していこう．

7.1　赤色巨星と進化の最終段階　red giant and stellar death

　水素という核融合反応の燃料がヘリウムに変換してなくなった後，星は主系列を離れて赤色巨星への道をたどる．ここでは星が赤色巨星になる理由を考えるが，まず赤色巨星について簡単に説明しておこう．

7.1.1　赤色巨星とは

　HR図上で，右下のM型赤色矮星から左上の青色巨星まで連なる主系列星に対し，**赤色巨星**（red giant）は右上に位置する．表面温度は低温（赤っぽい）だが，非常にサイズの大きな星々である．例としては，オリオン座 α 星のベテルギウス（Betelgeuse；0等，M1I）や，さそり座 α 星のアンタレス（Antares；0等，M1I）などが挙げられる．

　図7.1に $7M_\odot$ の赤色巨星の内部構造モデルを示す．また，この赤色巨星がもつ基礎的な物理量を表7.1に示す．

7.1 赤色巨星と進化の最終段階　red giant and stellar death

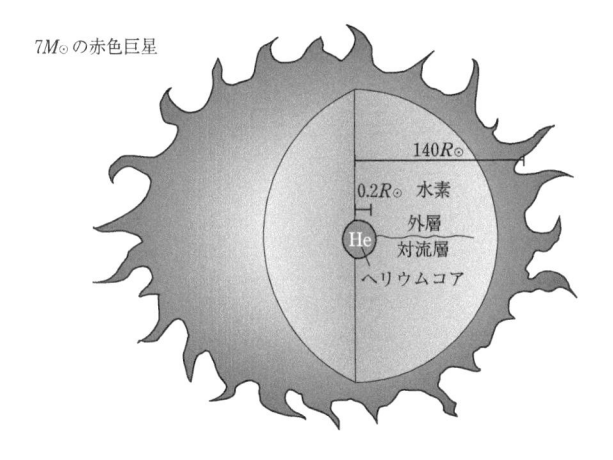

図 **7.1**　赤色巨星の概念図．質量は $7M_\odot$ の場合．

表 **7.1**　$7M_\odot$ の赤色巨星．

	ヘリウムコア（He core）	水素外層（H envelope）
半径 R	$0.2R_\odot$	$140R_\odot$
質量 M	$0.2 \times 7M_\odot$	$0.8 \times 7M_\odot$
密度 ρ	10^3 g cm^{-3}	10^{-5}–3×10^{-6} g cm^{-3}

（参考：地球大気の密度 ～ 10^{-3} g cm^{-3}）

7.1.2　水素の殻燃焼

　主系列星の段階では，水素がヘリウムに変換する核融合反応は，星の中心部（半径にして1割–2割くらいの領域）で起こっている．やがて中心部の水素が燃え尽きてしまうと，中心部では水素燃焼はストップし，水素の燃焼領域は中心部のまわりの殻状の領域に移る．これを水素の**殻燃焼**（shell-burning）という．この段階に至ると，水素の燃えた灰であるヘリウムの溜まったヘリウムコアと，水素がまだ燃えてヘリウムになっている水素燃焼殻，そして主に水素からなる外層は，それぞれ別々に変化していく（図 7.2）．

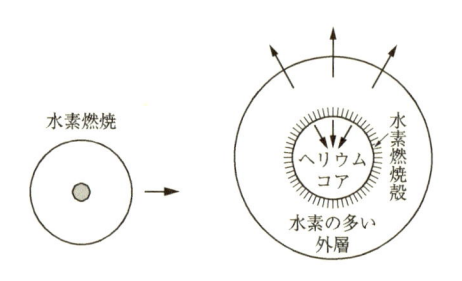

図 7.2　"核"燃焼から"殻"燃焼へ.

■**(1) ヘリウムコア：重力収縮**

水素の燃えかすであるヘリウムの溜まった中心核（コア）を**ヘリウムコア**（Helium core）という．ヘリウムコアが形成された段階では，コアの温度は～$10^{7.5}$ K 程度であり，ヘリウムはまだ燃えない（ヘリウムが燃えるのは 10^8 K 程度）．すなわちコアにはエネルギー源がない．しかしコアから外層へはエネルギーは流れていく．その結果，原始星と同じように，コアは**重力収縮**する．

$7M_\odot$ の星の場合，コアの半径と質量は，それぞれ，$0.2R_\odot$，$0.16 \times 7M_\odot \sim 1.2M_\odot$ 程度であり，コアの重力収縮のタイムスケールは約 50 万年である．

■**(2) 水素燃焼殻：不動**

水素が燃焼してヘリウムに変換し続けている領域を**水素燃焼殻**（Hydrogen-burning shell）という．水素燃焼殻では，CNO サイクルによって水素がヘリウムに変換し，赤色巨星段階における星のエネルギー源となっている．

重要で興味深い点は，この水素燃焼殻の位置がほとんど不変である，ということだ．なぜなら，もし水素燃焼殻が少し収縮したとすると，圧縮によって温度が上昇するが，CNO サイクルの核反応効率 ε は $\varepsilon \propto T^{16}$ と温度に非常に敏感なため，核反応によるエネルギーの発生が急上昇し，温度そして圧力が急上昇して，その結果，殻は膨張する．逆に，もし水素燃焼殻が少し膨張したとすると，少し温度が下がり，それによって核反応効率が激減し，温度

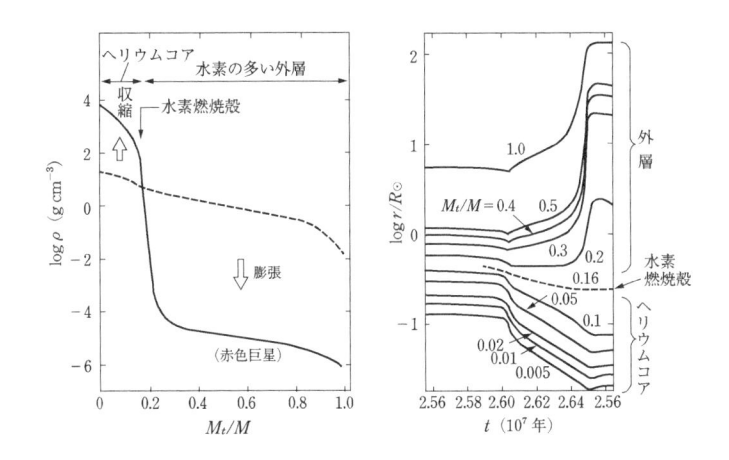

図 7.3　重力収縮するヘリウムコアと，ほぼ不動の水素燃焼殻，そして膨張する外層大気．左は空間的な構造の変化，右は時間的な構造の変化．

そして圧力が急降下して，その結果，殻は収縮する．

以上の結果，水素燃焼殻の位置はほぼ一定に保たれ，したがって，星の光度もほぼ一定に保たれる．そのため，主系列から離れて赤色巨星に進む段階では，HR 図上をほぼ水平（光度一定）に進むことになる（図 7.4）．

■**(3) 水素外層： 膨張**

核反応の起こっていない外層大気を**水素外層**（Hydrogen envelope）という．水素燃焼殻の位置と温度が不変な一方，内部のヘリウムコアは重力収縮する．その結果，水素燃焼殻の付近では，ガスの密度が急激に減少し，密度分布に大きな落差ができる（図 7.3）．水素燃焼殻の温度はほとんど不変なので，密度が減少すれば圧力も減少し，したがって圧力にも落差ができる．このような圧力分布／密度分布を力学平衡によって維持するために，水素燃焼殻の外部の外層の密度も全体として減少しなければならない．すなわち外層は膨張する．

外層が膨張して半径 R が大きくなっても（巨星化），光度 L はほぼ一定に保たれるため，ステファン - ボルツマンの法則より，表面温度 T は低くなる（赤くなる）．すなわち星は赤色巨星になる．また HR 図上では，ほぼ水平

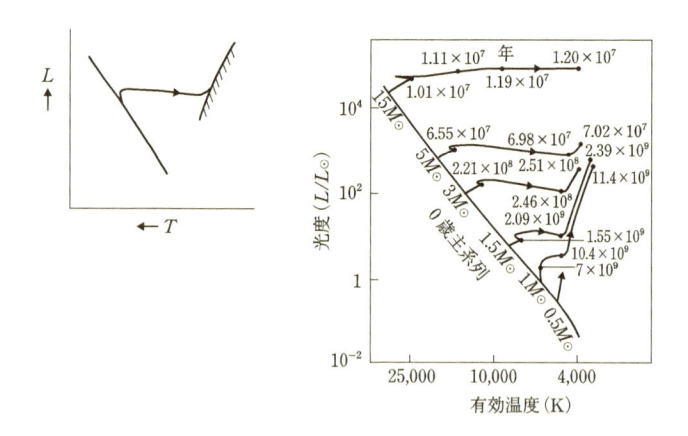

図 7.4 HR 図上における赤色巨星への進化の道筋.

(L 一定) に右 (T の低い方) へ進む (図 7.4). さらに表面温度が低くなって外層の温度勾配が大きくなると, 外層では対流がはじまり, その結果, 原始星のときにたどった林トラックを逆に昇っていくことになる.

$7M_\odot$ の星の場合, 水素外層の半径と密度は, それぞれ, $140R_\odot$, 3×10^{-6} g cm^{-3} 程度であり, 外層大気の密度は地球大気より薄い[*1].

7.1.3 ヘリウム燃焼とたまねぎ構造

赤色巨星化した以降の進化について, かいつまんで述べよう.

ヘリウムコアの振る舞いと以後の進化は, 原始星から主系列星ができ赤色巨星となる過程の繰り返しである. すなわち, ヘリウムコアが収縮して中心温度が上がり, 約 10 億 K になると, ヘリウムの核融合反応がはじまる. その結果, ヘリウムコアはヘリウムの核融合反応によるエネルギー発生によって支えられ, 一種の主系列星になる (ヘリウム燃焼核は膨張し, 外層大気は収縮する). ヘリウムが燃え尽きるとふたたびコアは収縮し外層は膨張する.

表 7.2 に, さまざまな核種の核融合反応過程をまとめておく.

[*1] 赤色巨星の外層大気に突入した探査船は融けるだろうか？ ラリイ・ニーヴン, ジェリイ・パーネル (池央耿訳)『神の目の小さな塵』〔創元 SF 文庫, 上下巻〕(東京創元社, 1978) を読んでみて欲しい.

表 7.2 主な核融合反応.

	反応温度	燃料元素	核融合反応過程	反応生成物
水素燃焼	$(1\text{–}4) \times 10^7$ K	H	$4\,^1\text{H} \to {}^4\text{He}$	He
ヘリウム燃焼	$(1\text{–}3) \times 10^8$ K	He	$3\,^4\text{He} \to {}^{12}\text{C} + \gamma$	
			$^{12}\text{C} +{}^4\text{He} \to {}^{16}\text{O} + \gamma$	
			$^{16}\text{O} + 4\text{H} \to {}^{20}\text{Ne} + \gamma$	$^{12}\text{C}, {}^{16}\text{O}$
炭素燃焼	$(6\text{–}7) \times 10^8$ K	C	$2\,^{12}\text{C} \to {}^{20}\text{Ne} + {}^4\text{He}$	
			$2\,^{12}\text{C} \to {}^{24}\text{Mg} + \gamma$	$^{20}\text{Ne}, {}^{24}\text{Mg}, \text{Na}$
ネオン燃焼	1.5×10^8 K	Ne	$^{20}\text{Ne} + \gamma \to {}^{16}\text{O} + \alpha$	
			$^{20}\text{Ne} + \alpha \to {}^{24}\text{Mg} + \gamma$	$^{16}\text{O}, {}^{24}\text{Mg}$
			$^{24}\text{Mg} + \alpha \to {}^{28}\text{Si} + \gamma$	$^{16}\text{O}, {}^{24}\text{Mg}$
酸素燃焼	2×10^9 K	O, Mg	$^{16}\text{O} + {}^{16}\text{O} \to {}^{28}\text{Si} + \alpha$	Al, Si, S, Cl
シリコン燃焼	3×10^9 K	Si	——	^{56}Fe, Cr, Mn, Co, Ni, Cu, Zn

こうして巨星の内部は，さまざまな核種の灰が溜まったたまねぎ構造になっていく（図 7.5）.

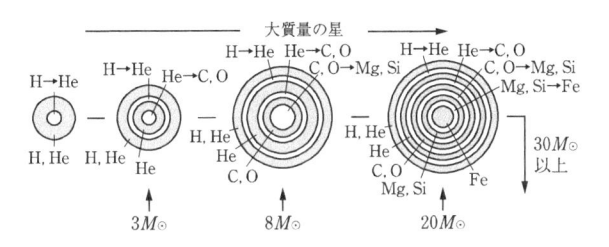

図 7.5 進化した星の内部構造.

7.1.4 進化の最終段階

主系列星の構造や寿命などが星の質量によって決まっていたように，星の進化も質量によって決まっている（図 7.6）．とくに星の進化の最後の段階——星の終末——は，その質量によって大きく異なる．

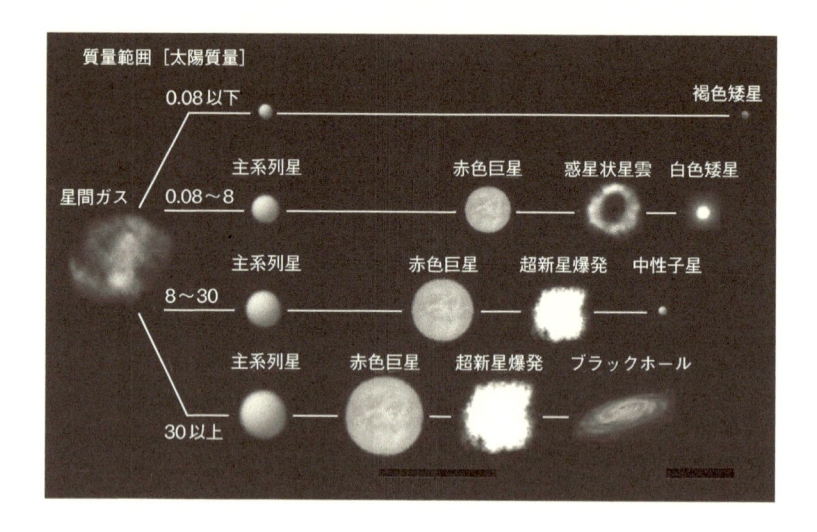

図 7.6 星の質量と終末.

■**(1)** $M \leq 0.08 M_\odot$

　生まれたときの質量が太陽の 8% ぐらいより小さいと，中心の温度が核反応が起こる温度（〜 10^7 K）に達する前に収縮が止まってしまい，主系列星になれない[*2]．収縮に伴って重力エネルギーによって淡く輝く低温の**褐色矮星**（brown dwarf）になる（図 7.7）．

■**(2)** $0.08 M_\odot \leq M \leq 0.46 M_\odot$

　質量が太陽の約 8% より大きいと，中心部の温度が上昇し約 10^7 K になったときに，水素に火がついて核融合反応がはじまり，主系列星となる．水素がヘリウムに変換されるにつれ，中心部にヘリウムが溜まっていき，やがて水素の外層は膨張して赤色巨星へと進化する．太陽の約 46% より軽い星だと，ヘリウムに火がつく温度（〜 10^8 K）に達する前に中心部の水素が燃え尽きてしまい，核反応はそれ以上進まない．水素の外層がなくなってしまう

[*2] 通常の水素の核反応の場合．原子核が陽子と中性子からなる重水素の場合は，核反応の閾（いき）値が水素より低いので，重水素の核反応は起こる場合がある．

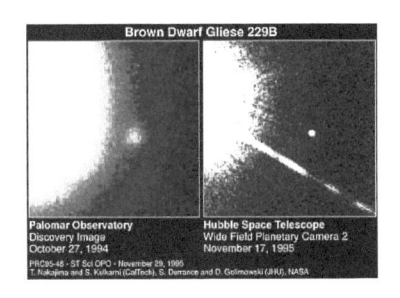

7.1 赤色巨星と進化の最終段階 red giant and stellar death

図 7.7 褐色矮星グリーゼ 229B（NASA/STScI）．左側はパロマー天文台で右側はハッブル宇宙望遠鏡で撮影したもので，それぞれの画像の左方の大きい星がグリーゼ 229A で，中央右よりの小さな点が褐色矮星．

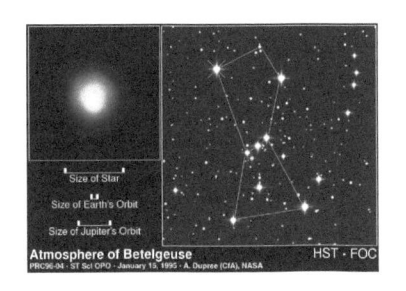

図 7.8 赤色巨星ベテルギウス（NASA/STScI）．

と，ほとんどヘリウムでできた白色矮星——ヘリウム白色矮星——が残ると考えられる．ただし質量の小さい星の寿命は現在の宇宙年齢より長いので，ヘリウム白色矮星はまだ存在していない．この質量範囲の星は現在も主系列星として輝いている．

■(3) $0.46M_\odot \leq M \leq 8M_\odot$

質量が太陽の約 46% を超えると，やはり赤色巨星になる（図 7.8）．しかし，外層の水素が燃え尽きる前に中心部の温度が上昇し，約 1 億 K になった段階でヘリウムの灰に火がつく（ヘリウム燃焼）．今度はヘリウムが新たな燃料となって，炭素 C や酸素 O の灰を作るという，次の段階の核融合反応がはじまる．He 燃焼がはじまると，ヘリウムコアは膨張し，それに応じて外層は収縮して，赤色巨星化とは逆のパターンで HR 図上を右から左へ水平に移動する．この質量範囲では炭素や酸素には火がつかない．そしてヘリウム燃焼殻ができた段階でふたたび赤色巨星化する．この赤色巨星段階で外層大気をゆっくりと放出して惑星状星雲を形成する（図 7.9）．一方，炭素と酸素が大部分のコアは白色矮星（CO 白色矮星）になる．これは太陽の運命でもある．

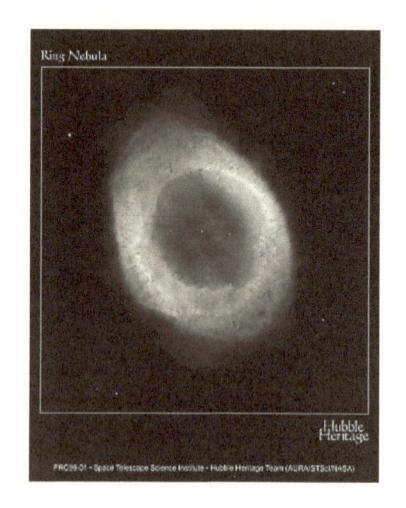

図 7.9 こと座環状星雲 M57 (NASA/STScI).

図 7.10 大マゼラン銀河で起こった超新星 SN1987A (AAO).

■**(4)** $8M_\odot \leq M \leq 30M_\odot$

質量が太陽の約 8 倍より大きいと，中心の温度が 8×10^8 K に上昇した段階で，炭素と酸素の灰に火がつく（炭素燃焼）．そして，Ne, Mg, Si, Fe などの元素が合成されていく．核反応は一気に鉄まで進んでしまうが，せっかくできた鉄はまわり中からエネルギー（ガンマ線光子）を吸収して，ヘリウムと中性子に分解してしまう（鉄の光分解と呼ぶ）．軽い元素がエネルギーを放出しながら核融合して鉄まできたのは発熱反応だが，そのプロセスを逆転させるのだから，この鉄の光分解は吸熱反応である．この反応は，ほんの 0.1 秒ほどしかかからない．その結果，中心核の圧力は一挙に下がって，中心核は重力圧潰し，陽子と電子は合体して中性子になり，中心核全体が中性子の塊になる．この中性子コアが形成される際に解放される重力エネルギーのうち，99% はニュートリノとして放出され，残りの 1% 程度が物質にわたって爆発エネルギーとなり，外層は反動で飛び散る．ただし，鉄の光分解が熱を吸収するために，このままでは超新星爆発にはいたらない．しかし，

中性子でできた中心核は非常に密度が大きいため，さすがのニュートリノも素通りできずにいったん溜め込まれ，その大量のニュートリノが外層部に飛び出てきて，ニュートリノが運び出した莫大なエネルギーが外層部で解放され，その結果，星全体が大爆発する（図 7.10）．これが**重力崩壊型超新星**だ．

このときは中心には中性子星が残されると考えられている．もとの星の質量は太陽の何十倍もあっても，超新星爆発の際に大部分は星間空間に飛び散ってしまい，残された中性子星の質量は太陽程度にしかならない．

■**(5) $30M_\odot \le M$**

星の質量が 20 数倍から 30 倍くらいになると，やはり超新星爆発を起こして星は吹き飛ぶが，その中心核は，ブラックホールになると考えられている．超新星爆発の中でもとくに規模が大きいもので，**ハイパーノヴァ／極超新星**（hypernova）と呼ばれるものがあるが，そのような極超新星からブラックホールが誕生するのかもしれない．

星の初期質量に対して，最終質量と生成物をまとめたグラフを図 7.11 に示しておく．より重い星の最期についてはまだ十分にわかっていない．

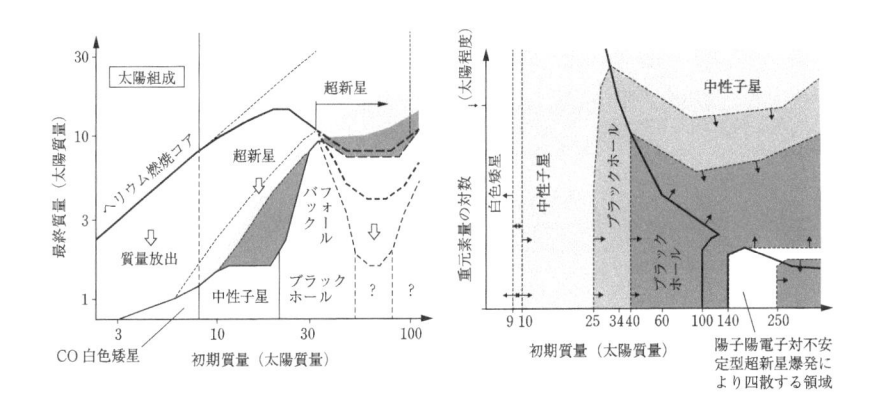

図 **7.11** 星の初期質量と最終生成物および最終質量（Heger et al. 2003, "How massive single stars end their life", *The Astrophysical Journal* 591, 288; Woosley et al. 2002, "The evolution and explosion of massive stars", *Reviews of Modern Physics* 74, 4, 1015）．

7.2 超新星と超新星残骸　supernova and SNR

星の劇的な最期である超新星とその残骸について，簡単にまとめておこう．

7.2.1 超新星の種類

新星のように星が急激に輝き出す現象だが，規模が桁違いで，新星の100万倍も明るくなり（〜 $10^{11}L_\odot$），1年から2年ぐらいかかって暗くなる現象が，**超新星**（supernova）だ[*3]．極大期の明るさは銀河全体にも匹敵するほどで，遠くの銀河の超新星も観測できる．超新星は，比較的重い星の進化の最後の段階で核反応の暴走が起こり，星"全体"が大爆発したものである（図 7.10）．爆発ガスの膨張速度は数千 km s^{-1}，放出エネルギーは 10^{44} J にもなる．

観測的には，超新星は，水素のスペクトル線の検出されない I 型（type I）と，水素スペクトル線の見える II 型（type II）に大きくわけられる．さらに I 型は，ケイ素 Si のスペクトル線がある Ia 型，Si の線が弱くヘリウム He の線がある Ib 型，Si が弱く He も見えない Ic 型に亜分類される．また II 型は光度曲線の形によって，IIP 型や IIL 型などに亜分類される（図 7.12，表 7.3）．

理論的には，超新星爆発のメカニズムも大きく2種類ある．白色矮星にガス物質が降着して限界質量を超えたとき，炭素に核融合の火がつき，どんどん重い元素ができていく．この炭素の核融合は，たった 0.1 秒程度で暴走し，その結果，星はコナゴナに砕けてしまう．これが**核爆発型超新星**だ[*4]．一方，大質量の星の中心核が重力崩壊する場合が**重力崩壊型超新星**だ．

また超新星の一種だが，きわめて規模が大きなタイプを，**極超新星／ハイパーノヴァ**（hypernova；HN）と呼ぶ．通常の超新星のエネルギーは 10^{44} J ぐらいだが，極超新星では 10^{45}–10^{46} J ぐらいのエネルギーになる．水素の

[*3] nova も supernova もラテン語に由来するので，複数形はラテン語の文法にしたがって -e を付け，novae や supernovae にする．超新星の省略形は SN だが，その複数形は SNs ではなく SNe となる．

[*4] 二つの白色矮星が合体して超新星爆発を起こすという説もある．単独の場合を SD（single degenerate），合体の場合を DD（double degenerate）と呼ぶ．

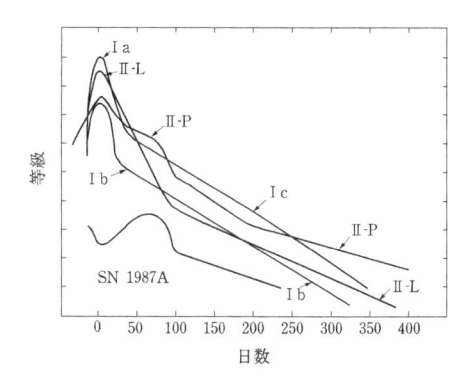

図 7.12 典型的な超新星の光度曲線.

表 7.3 超新星の観測的分類と対応モデル.

タイプ	スペクトルの特徴	光度曲線の特徴	理論モデル
Ia	H線なし,Si線強い		核爆発型
Ib	H線なし,Si線弱い,He線あり		重力崩壊型
Ic	H線なし,Si線弱い,He線なし		重力崩壊型
II-P	H線あり	極大直後に平坦部	重力崩壊型
II-L	H線あり	極大後に直線的に減少	重力崩壊型
II-n	H線あり	後期にゆっくりと減光	重力崩壊型

線が見えないのでI型に分類されるが,非常に高速で強力な爆発をしていて明るい.極超新星は,おそらく $40M_\odot$ ぐらいの非常に重い星が,重力崩壊を起こしたものだろう.いわゆる**ガンマ線バースト**(gamma-ray burst)の原因になっているかもしれない.

7.2.2 超新星残骸

超新星爆発によって,星を作っていた物質は周辺の空間に吹き飛び,非常な高速で星間空間に広がっていく.この膨張していくガスの雲が**超新星残骸**(supernova remnant;SNR)である.膨張していくガス雲は,周辺の空間にもともと存在してた星間ガスにぶつかり,それらの星間ガスを掃き集めて取り込んでいく.したがって,超新星残骸のガスには,星を作っていたガス物質

だけでなく，星間空間に存在していたガス物質や磁場なども取り込まれている[*5]．

有名な超新星残骸である"おうし座"にあるかに星雲（Crab nebula）は，1054年に観測された超新星爆発の名残で，中心には中性子星かにパルサー（Crab pulsar）が残っており，1969年に33ミリ秒でパルスを発する天体として発見された（図7.13）．

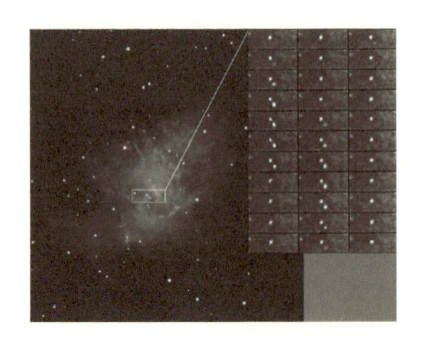

図7.13 おうし座かに星雲とかにパルサー（N. A. Sharp/NOAO/AURA/NSF）．

かに星雲は，光や電波はもとより，強いX線も放射している．超新星爆発とは，それほどまでに激しい現象なのである．そして電波領域でかに星雲を観測してみると，きれいな"べき乗型スペクトル"になっていることがわかる（図5.5）．これはいわゆるシンクロトロン放射の特徴的スペクトルである．超新星残骸には，星が吹き飛んだガスや，掃き集められた星間ガスや磁場などが混ざり合っている．中心の中性子星からは高エネルギー電子も大量に供給されていて，超新星残骸の磁場の中に飛び込み，そこでシンクロトロン放射で電波を出しているということなのだ．

[*5] 超新星爆発ではガスが球殻状に掃き寄せられるために，超新星残骸の大部分は周辺部が明るい．しかし一部には，むしろ中心部の方が詰まったタイプのものもある．かに星雲がいい例だ．このような中心領域の明るい超新星残骸は，**プレリオン**（plerion）と呼ばれることがある．この plerion というのは，"中心の詰まった"という意味のギリシャ語 $\pi\lambda\acute{\eta}\rho\eta\varsigma$ = pleres に由来する．

7.3 白色矮星 white dwarf

質量放出や華々しい超新星爆発などを経て,星はいよいよその進化の終末段階に入る.星の進化の果てに残されるのは,小さくて非常に高密度の天体であり,**コンパクト星**(compact star)と総称される.ここではそれら終末星について述べよう.まず,電子の縮退圧で支えられた**白色矮星**(white dwarf;WD)を挙げる(図 7.14).

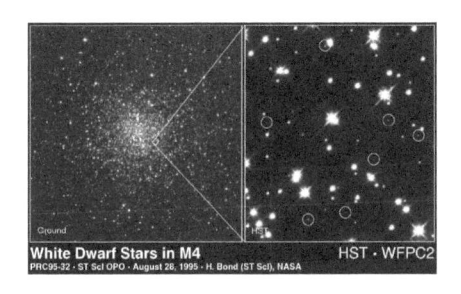

図 7.14 球状星団 M4 内の多数の白色矮星(NASA/STScI).右の画像の白丸で囲んである天体.

7.3.1 白色矮星とその歴史

■(1) 白色矮星とは

白色矮星は,質量は太陽程度だが,半径は地球程度しかない.そのため平均的な密度は太陽の約 100 万倍,言い替えれば 1 cm^3 あたり 1.4 トンにもなる(図 7.15,図 7.16).表面温度は 1 万 K にもなる高温だが,表面積が小さいために(太陽の 1 万分の 1 くらい)見かけは暗い.

白色矮星は重力が強いため,(太陽のように)高温のガスの圧力によって自分自身を支えることができない.ではどうして潰れないかというと,電子の縮退圧という量子力学的な圧力によって支えられている.

電子や中性子のような素粒子を(空間的/速度的に)狭いところに詰め込むと,パウリの排他律にもとづいて,**縮退圧**(degeneracy pressure)と呼ばれ

図 7.15 地球と白色矮星の大きさの比較 (http://www.astronomy.ohio-state.edu/). 白色矮星の大きさは地球ぐらい（太陽の約 100 分の 1）だが, 質量は太陽と同じぐらいである.

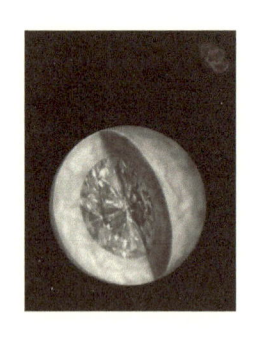

図 7.16 白色矮星の内部構造 (http://starryskies.com/). ダイヤモンドでできた星を思い浮かべたらいい.

る量子力学的な反発力を示すようになる. 電子が存在する空間および速度空間（運動量空間）は, ミクロにみれば連続的ではなく離散的になっていて, 可能な状態がすべて占められてしまうと, それ以上に電子を詰め込めなくなる. かりに空間的に一点に詰め込めたとしても, 運動量空間が一杯なので, 結局, それが圧力として作用することになる. これが縮退圧だ[*6].

白色矮星では, 陽子や中性子などはまだ縮退していないが, 電子が縮退しており, その電子の縮退圧で重力を支えている.

■(2) 白色矮星の歴史

白色矮星の観測史で重要な天体は, おおいぬ座 α 星のシリウスだ. 肉眼では一つの星に見えるが, 実はシリウス A と呼ばれる主星とシリウス B と呼ばれる伴星からなる連星系だということが 19 世紀にわかった. それ以降の歴史を表 7.4 に示す.

主星のシリウス A は -1.5 等の全天でもっとも明るい星だが, 伴星のシリ

[*6] 縮退圧を説明するために, イメージ的には硬い球を狭い空間に押し込めるような表現がされることもあるが, 縮退という現象は完全に量子力学的なものなので, 日常的なアナロジーで説明することはかなり難しい.

表 7.4 白色矮星の歴史.

時期	できごと
1844 年	シリウス（−1.5 等級）のふらつき運動から，シリウスに伴星が存在することをドイツのベッセルが推測
1862 年	シリウスの暗い伴星（10 等級）をアメリカの A. G. クラークが発見
1915 年	シリウス伴星のスペクトル観測が行われ（アダムス），シリウスもその伴星も，表面温度がほぼ同じで約 1 万 K であることが判明
1924 年	高密度天体についての研究（エディントン）
1926 年	電子の縮退圧によって支えられている（ファウラー）
1935 年頃	白色矮星の構造が解明される（チャンドラセカール）

ウス B は 10 等級に過ぎない．等級差は約 10 等で，5 等級の差で明るさは 100 倍違うから，シリウス B はシリウス A の約 1 万分の 1 の明るさしかない．表面温度は A も B もほぼ同じなので，ステファン‐ボルツマンの法則から，シリウス B の半径が A の 100 分の 1 ぐらいしかないことがわかる．

またシリウスは実視連星で連星の運動が観測でき，シリウス B の質量は A の質量の 1/2 ぐらいであることもわかる．それらの結果，太陽と同じくらいの質量がありながら，半径は 100 分の 1 くらいしかない，非常にコンパクトな天体が存在することが判明して，非常に小さいが（矮小）高温で白く輝いているために，"白色矮星"という名前が付けられた．

白色矮星に関しては，アメリカのウォルター・シドニー・アダムス（Walter Sydney Adams；1876〜1956）や前章で触れたエディントンが上記のような評価をしていき，インド生まれのアメリカの物理学者スブラマニヤン・チャンドラセカール（Subrahmanyan Chandrasekhar；1910〜1995）が最終的に正体を解明した．

7.3.2 白色矮星の内部構造

白色矮星を構成しているガス——縮退ガス——は，理想気体とはほど遠い状態のために理想気体の状態方程式は使えない．電子が縮退している場合，縮退ガスの圧力（電子圧 P_e）は，温度によらず，密度 ρ のみの関数となる．とくに密度が比較的小さく非相対論的な範囲では，電子圧 P_e は，だいたい，

と表される. ただし h はプランク定数, m_e は電子の質量, m_H は水素の質量である. 一方, 密度が高くなって相対論的になってくると,

$$P_\mathrm{e} \sim hc \left(\frac{\rho}{m_\mathrm{H}}\right)^{4/3} \propto \rho^{4/3} \qquad (7.2)$$

となる (図 7.17). ただし c は光速である.

これら縮退ガスの状態方程式を用いると, 白色矮星の内部構造を決める基礎方程式は, 以下の式で表される:

$$\frac{1}{\rho}\frac{dP_\mathrm{e}}{dr} = -\frac{GM_r}{r^2}, \qquad (7.3)$$

$$\frac{dM_r}{dr} = 4\pi r^2 \rho, \qquad (7.4)$$

$$P_\mathrm{e} = \begin{cases} K\rho^{5/3} & (\text{非相対論的領域}), \\ K'\rho^{4/3} & (\text{相対論的領域}). \end{cases} \qquad (7.5)$$

以上の式は, ガスの圧力が電子圧 P_e になっているだけで, ポリトロープ星の内部構造を表す方程式とまったく同じ形をしている (熱的な構造は考えなくてよい). したがって, 白色矮星の内部構造もポリトロープ星の内部構造とおおむね同じである (図 7.18).

縮退ガスの状態方程式を用いて具体的に解いた結果, 白色矮星の中心密度

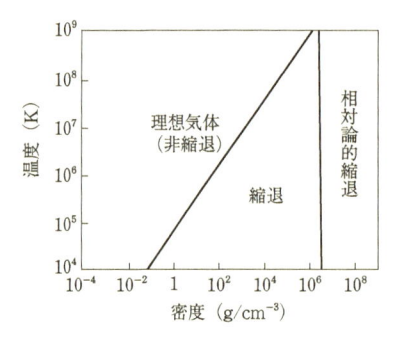

図 7.17 非縮退, 縮退, 相対論的縮退の境界.

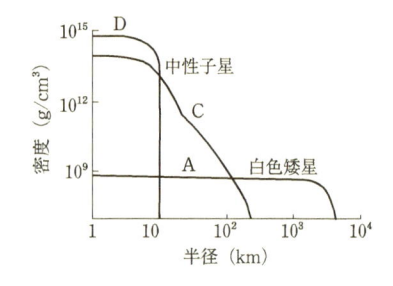

図 7.18 白色矮星と中性子星の内部構造.

$$P_\mathrm{e} \sim \frac{h^2}{m_\mathrm{e}}\left(\frac{\rho}{m_\mathrm{H}}\right)^{5/3} \propto \rho^{5/3} \qquad (7.1)$$

ρ_c と半径 R は，それぞれ，以下のようになる：

$$\rho_c = 0.136 \left[\frac{32}{9\pi^3} \frac{G^3 m_e^3}{(h/2\pi)^6} (\bar{\mu} m_H)^5 \right] M^2$$
$$= 4.2 \text{ ton cm}^{-3} \quad (\bar{\mu}=2, M=1M_\odot \text{のとき}), \tag{7.6}$$
$$R = 5.10 \left[\frac{9\pi^2}{128} \frac{(h/2\pi)^6}{G^3 m_e^3} (\bar{\mu} m_H)^{-5} \right]^{1/3} M^{-1/3}$$
$$= 0.88 \times 10^4 \text{ km} \quad (\bar{\mu}=2, M=1M_\odot \text{のとき}). \tag{7.7}$$

7.3.3 チャンドラセカール質量

白色矮星は，重力 = 縮退圧で釣り合っている星である．白色矮星の質量が大きくなるほど，その質量を支えるために原子はびっしり詰まらなければならず，半径は小さくなる．ただしこの電子の縮退圧にも限界があるため，太陽の約 1.4 倍より質量の大きい白色矮星は存在できない．この白色矮星の質量の上限を**チャンドラセカール質量**（Chandrasekhar mass）という．

白色矮星の質量を M，半径を R とし，平均密度を ρ，電子ガスの圧力を P_e とする．

まず白色矮星内の単位体積あたりの物質にかかる重力の大体の大きさ F_g は，

$$F_g = -\frac{GM}{R^2} \rho \propto \frac{M^2}{R^5} \tag{7.8}$$

である．ここで $\rho = M/(4\pi R^3/3)$ を用いた．

それに対して，平均的な縮退圧の勾配力は，非相対論的な場合，$P_e \propto \rho^{5/3} \propto (M/R^3)^{5/3}$ なので，

$$F_p = -\frac{dP_e}{dR} \sim \frac{P_e}{R} \propto \frac{M^{5/3}}{R^6} \tag{7.9}$$

となる．一方，相対論的な場合，$P_e \propto \rho^{4/3} \propto (M/R^3)^{4/3}$ なので，以下となる：

$$F_p = -\frac{dP_e}{dR} \sim \frac{P_e}{R} \propto \frac{M^{4/3}}{R^5}. \tag{7.10}$$

この様子をまとめたものが図 7.19 である．

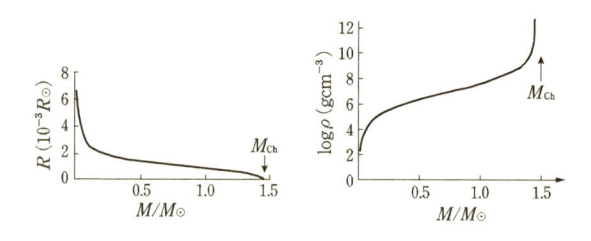

図 7.19　白色矮星の半径と質量の関係. M_{Ch} はチャンドラセカール質量.

■**(1) 質量が小さい場合**

質量 M が小さい場合，密度も小さく，縮退は非相対論的である．すなわち (7.8) 式と (7.9) 式から，重力 $\propto M^2/R^5$ で，圧力勾配力 $\propto M^{5/3}/R^6$ である．したがって，(i) もし重力 > 圧力なら，半径 R が小さくなって釣り合うことができ，逆に，(ii) もし重力 < 圧力なら，半径 R が大きくなって釣り合うことができる．すなわち，常に重力と圧力はバランス可能である．

実際，半径 R は，(7.8) と (7.9) から，

$$R \propto M^{-1/3} \tag{7.11}$$

となる．すなわち質量 M が大きくなると，（重力が強くなるので）半径 R が小さくなって釣り合う．

この状態はずっとは続かない．というのは，(7.11) 式から，平均密度 ρ が，

$$\rho = M/(4\pi R^3/3) \propto M/R^3 \propto M/M^{-1} \propto M^2 \tag{7.12}$$

となるので，質量 M が大きくなると平均密度 ρ も大きくなり，いずれは相対論的縮退になるためだ．

■**(2) 質量が大きい場合**

質量 M が大きくなって，縮退が相対論的になると，(7.8) 式と (7.10) 式から，重力 $\propto M^2/R^5$ で，圧力勾配力 $\propto M^{4/3}/R^5$ である．すなわち質量 M を固定して考えたとき，重力も圧力も同じように R に依存する．したがって，重力の方が圧力勾配力よりも大きいと，いくら縮んでもバランスできなく

なる！

こうして，縮退圧で支えられる質量の大きさにはある上限が存在することがわかる．この質量限界を（白色矮星の）チャンドラセカール質量と呼ぶ．理論的な計算から，白色矮星のチャンドラセカール質量 M_Ch は，

$$M_\text{Ch} = 1.44 \left(\frac{2}{\bar{\mu}_e}\right)^2 M_\odot \tag{7.13}$$

となる[*7]．すなわち太陽の約 1.4 倍よりも重い白色矮星は存在できない．

7.4　中性子星　neutron star

つぎは中性子の縮退圧で支えられた星，**中性子星**（neutron star；NS）について（図 7.20）．中性子は陽子と共に原子核を構成する素粒子で，電荷はもたない．中性子や陽子——核子——は電子の約 1800 倍の質量をもっている．

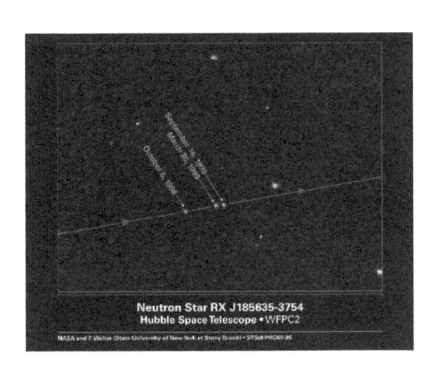

図 **7.20**　中性子星 RX J185635-3754（HST/NASA）．この中性子星は 200 光年彼方の宇宙空間を疾走している．

[*7] チャンドラセカール質量を M_ch と置くと，白色矮星の半径 R と質量 M の関係は，

$$R = 7.83 \times 10^6 \left[\left(\frac{M_\text{ch}}{M}\right)^{2/3} - \left(\frac{M}{M_\text{ch}}\right)^{2/3}\right]^{1/2} \text{ m}$$

というナウエンバーグの式（Nauenberg's relation）で表される．

7.4.1 中性子星とその歴史

■**(1) 中性子星とは**

中性子星の質量も，白色矮星と同じく，太陽程度だが，半径は僅かに 10 km くらいしかない（図 7.21, 図 7.22）．したがって平均密度は 1 cm^3 あたり実に 5 億トンもある．中性子星は中性子の縮退圧によって支えられている．原子核が隙間なく詰まったものだと考えればいいだろう[*8]．

図 7.21 京阪神と中性子星．中性子星の直径はだいたい 20 km ぐらいなので，こんなもんだろう．

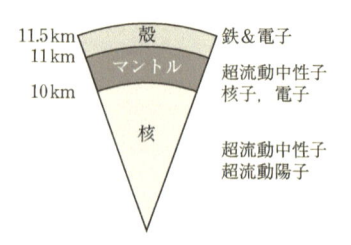

図 7.22 中性子星の内部構造．ごく表層には通常の原子や電子が残っているが，大部分は縮退物質になっている．

■**(2) 中性子星の歴史**

中性子星の発見は電波天文学でなされた．1967 年，ケンブリッジ大学のジョスリン・ベル（Jocelyn Bell Burnell；1943～）やアントニー・ヒューイッシュ（Antony Hewish；1924～）らが，1.34 秒という正確な周期で規則正しく電波を出す天体を発見した．電波パルスの周期があまりにも規則正しいことから，最初は宇宙人の信号かと思われ，LGM（Little Green Men；緑色の小人すなわち宇宙人）という暗号名までついた．その後，類似の天体がつぎつぎ見つかって天体現象であることが確実になった．現在では 1500 個以上も知られている**パルサー**（pulsar）の発見である．パルサーの特徴が中性子星の理論的予測と一致したことから，パルサーの正体は中性子星だと認められ

[*8] やはり大ざっぱすぎるが，運動量空間も詰まっている．

た．典型的な超新星残骸であるかに星雲の中心にも，1969年，たった33ミリ秒周期のパルサーが見つかり，かにパルサー（Crab pulsar）と呼ばれている（図7.13）．

現在では，パルサーは，強い磁場をもち高速で自転する中性子星だと信じられている．自転周期は短いものではミリ秒から数十秒ぐらいで，磁場の強さは1億から10兆ガウスある（実験室で強力な磁石として使われるものは数千ガウス，太陽黒点磁場も数千ガウスほど）．中性子星の自転軸に対して磁場の軸が傾いているために，中性子星が自転するにつれて磁場が振り回されて，灯台のように電磁パルスを放射しているのだ．なお，非常に強い磁場をもった超強力なパルサーを**マグネター**（magnetar）と呼ぶことがある．

元素合成などの予想と観測の比較などから，銀河系には10億個程度の中性子星が存在していると見積もられている．

観測的な発見は以上の通りだが，理論的には，実際の発見に先立つはるか前の1930年に，当時ソ連のランダウ（Lev Davidovitch Landau；1908～1968）やアメリカのツヴィッキー（Fritz Zwicky；1898～1974）が推測していた．さらに1939年になって，オッペンハイマー（Robert Oppenheimer；1904～1967）と弟子のヴォルコフ（George Volkov；1914～2000）が，中性子星について詳細に検討していた．理論家の夢想の産物とされてきたものが現実の宇宙に存在することがわかるまでに，実に30年近くを要したわけである（表7.5）．

7.4.2 中性子星の内部構造

中性子星の場合も，白色矮星と同様，縮退ガスでできているので，内部構造を表す基礎方程式も基本的には似たものになる．ただし，中性子星の場合は，一般相対論的効果が効いてくるので，若干修正される．

具体的には，中性子星の内部構造を決める基礎方程式は，

$$\frac{dP}{dr} = -\frac{G\left(M_r + \frac{4\pi r^3 P}{c^2}\right)\left(\rho + \frac{P}{c^2}\right)}{r^2\left(1 - \frac{2GM_r}{rc^2}\right)}, \tag{7.14}$$

$$\frac{dM_r}{dr} = 4\pi r^2 \rho, \tag{7.15}$$

表 7.5 中性子星の歴史.

時期	できごと
1932 年	中性子をチャドウィックが発見
1930 年代	中性子でできた星——中性子星——をソ連のランダウやアメリカのツヴィッキーが理論的に推測
1939 年	中性子星の理論モデルをアメリカのオッペンハイマーと彼の学生のヴォルコフが提案
1967 年	1.34 秒で規則正しく電波のパルスを出す天体——パルサー——をイギリスのベルやヒューイッシュらが発見
1969 年	かに星雲（1054 年の超新星爆発の残骸）の中心にもパルサー発見
1971 年	1970 年に打ち上げられた X 線衛星ウフルによって X 線パルサーが発見される（ジャッコーニ）
1976 年	X 線バースターが発見される（グリンドレー）

$$P = K\rho^\gamma \tag{7.16}$$

と表される．白色矮星の内部構造の式と比べると，力学平衡の式で何ヶ所か違う部分があるが，これらが相対論的補正項である．相対論的補正項のうち，$4\pi r^3 P/c^2$ はエネルギー換算質量で，P/c^2 はエネルギー換算密度である．分母の補正項は，時空の曲がりに起因する項である．この相対論的補正を入れた式は，**TOV 方程式**（Tolman-Oppenheimer-Volkoff equation）と呼ばれる．

上の方程式を解けば中性子星の内部構造は原理的には求められる[*9]．しかし，きわめて高密度な状態における縮退中性子ガスの振る舞いが完全にわかっていないため，縮退中性子ガスの状態方程式もまだ確立していない．し

[*9] 密度が一定なら解析的に解ける．密度 ρ が一定なら，(7.15) 式より，$M_r = (4\pi/3 r^3 \rho$ となり，(7.14) 式に代入して，

$$\frac{dP}{(\rho/3 + P/c^2)(\rho + P/c^2)} = -\frac{4\pi G r}{1 - (8\pi G/3c^2)\rho r^2} dr$$

のように変数分離型にできる．この微分方程式を $r = R$ で $P = 0$ という境界条件で積分すると，

$$\frac{P + \rho c^2}{3P + \rho c^2} = \sqrt{\frac{1 - r_S/R}{1 - r_S r^2/R^3}}$$

という解が得られる．ただし，$r_S (= 2GM/c^2)$ はシュバルツシルト半径．なお，意味のある解であるためには右辺が 1/3 より大きい必要があり，その条件から，$R > (9/8) r_S$ となる．

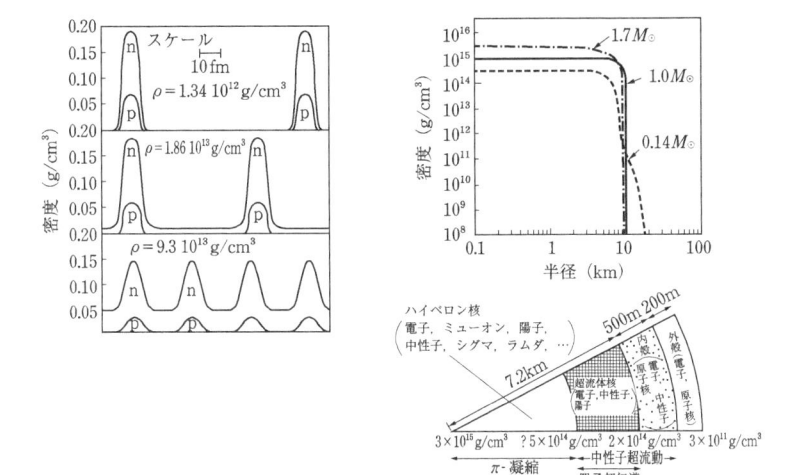

7.4 中性子星　neutron star

図 7.23　中性子星の内部構造.

たがって中性子星の内部構造もまだ完全には解けていないが，中性子星の内部は，大体，以下のような構造になっていると考えられている（図 7.23）.

深さ 50 m（密度 $\rho \sim 10^9$ g cm^{-3}）では，白色矮星の中心ぐらいで，電子の縮退圧が効いている．それより内側になると原子核に電子が取り込まれ，中性子過剰核（固体）となっていく．

深さ 200 m（密度 $\rho \sim 10^{11}$ g cm^{-3}）になると，原子核外への中性子の浸み出し（neutron drip）が起こりはじめる．自由中性子（超流動）と中性子過剰核と電子になっていく（縮退しているが"自由"というのは，すべての状態が占められているので，パウリの排他律によって他へ移れないから）.

深さ 700 m（密度 $\rho \sim 10^{14}$ g cm^{-3}）で原子核が融け，原子核密度の中性子物質になる．成分は，中性子，その数 % の陽子と電子である．さらに密度が $\sim 10^{15}$ g cm^{-3} ぐらいで）ハイペロン（重核子）が生成され，ハイペロン核（n, μ, p, Σ^-, Δ, Λ, Ξ）となるが，深部はまだよくわかっていない．

また中性子星にも限界質量が存在する．しかし，高密度物質の性質がよくわかっていないため，中性子星のチャンドラセカール質量は，太陽質量の 2–3 倍くらいという大まかな値しかわかっていない．中性子星の場合は，一

般相対論的不安定性による限界質量があり，そちらは，大体，1.5–3 $M_\odot$ ぐらいで，こちらの条件で，中性子星の質量上限が決まるかもしれない．

7.5 ブラックホール　black hole

最後に，ブラックホール (black hole；BH) について簡単に説明する．

7.5.1 ブラックホールとその歴史

■(1) ブラックホールとは

光でさえ脱出不可能な天体という存在自体は，ニュートン力学を使っても考えることができる．実際，すでに18世紀末には，イギリスの天文学者ジョン・ミッチェル (John Michel；1724〜1793) やフランスの科学者ピエール・シモン・ド・ラプラス (Pierre-Simon de Laplace；1749〜1827) らが，光では見えない天体のことを予言している．

天体の表面から，ある速度で物体を打ち上げたとしよう．もし物体の得た運動エネルギーが，天体表面と無限遠との間の重力の位置エネルギー差よりも大きければ，物体は無限遠まで脱出できる．このときの速度を**脱出速度** (escape velocity) と呼ぶが，ニュートン力学においては，万有引力定数を G，天体の質量を M，天体の半径を R とすると，脱出速度 v は，

$$v = \left(\frac{2GM}{R}\right)^{1/2} \tag{7.17}$$

と表される．天体の質量が大きいかあるいは半径が小さい場合，脱出速度も大きくなり，ついには光速を超える[*10]．すなわちもっとも速い光でさえ，表面から脱出できないような天体が考えられる．これがブラックホールに対するニュートン力学的な描像であるが，ただし光は質量をもたないので，このようなニュートン力学的な描像は正確ではない．一般相対論を用いてはじめ

[*10] 天体の密度 ρ を使うと，$M = 4\pi R^3 \rho/3$ なので，$v_{esc} = \sqrt{4\pi G\rho/3}\,R$ となる．すなわち，密度が一定なら，天体の半径を大きくしていくと，脱出速度はどんどん大きくなる．そこでミッチェルやラプラスは，天体の半径を大きくしていけば，ついに脱出速度が光速を超えてしまい，そのような天体からは光でさえ脱出できないので，観測することができないだろうと予想した．

7.5 ブラックホール black hole

て，ブラックホールを正しく記述することができる．

アインシュタインの一般相対論では，重力の法則は時空の曲がり（幾何学）に置き換えられた．そして重力が強いというのは時空の曲がりが大きいことである．光は空間の曲がりに沿って，最短距離の路を"直進"する．その結果，空間内での光の軌跡は曲線になる．これは，地球という球面の上での"直線"である大圏航路が，実際は曲線であるのと似ている．さらに天体の質量が大きくなりあるいは半径が小さくなると，空間の曲がりも大きくなり，ついには光でさえその曲がりの中から逃げることができなくなる．一般相対論における**ブラックホール**（black hole）とは，このように時空の曲率が大きくなって光でさえ脱出できなくなった天体のことを指す（図 7.24）．

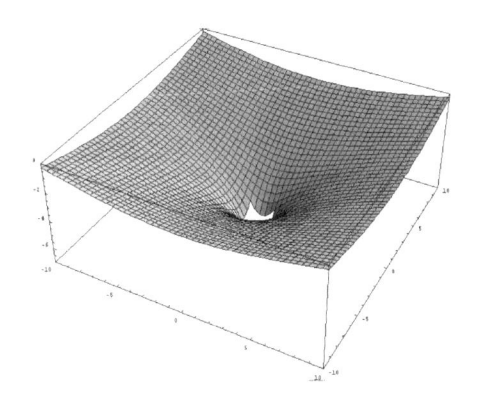

図 **7.24** 曲がった空間．ブラックホール時空の曲がり方を視覚的に表す，仮想的な"超空間"における**埋め込みダイアグラム**．水平方向が 2 次元の通常空間座標 (x,y) で，鉛直方向が仮想的な超空間軸 h を取り，超空間軸の方向に曲がり方を表していく．シュバルツシルト半径を r_S とすると，図のグラフは，$h/r_S = \sqrt{r/r_S - 1}$ で表される．

超新星爆発の際などに，中心核の質量が中性子星の質量上限を越えると，如何なる圧力によっても自分自身の重力を支えることができなくなり，中心核は中心に向かって無限に崩壊していく．このような無限小への**重力崩壊**（gravitational collapse）によって，恒星質量のブラックホールができる．

控えめな見積もりで，超新星の1％程度がブラックホールを残すとすると，銀河系内には1000万個のブラックホールが存在していることになる．おそらくは，1億から10億個ぐらいはあるだろう．こうなると，ブラックホールは星の数（の100分の1）ほどあるといっても差し支えなさそうだ．

活動銀河をはじめ，大部分の銀河の中心にあると推測されている**超大質量ブラックホール**（supermassive black hole）については，その形成過程がまだよくわかっていない．

■**(2) ブラックホールの歴史**

簡単な歴史を表7.6にまとめておこう．

表7.6 ブラックホールの歴史．

時期	できごと
1916年	アインシュタインが一般相対性理論を完成
1916年	ドイツの天文学者シュバルツシルトが球対称なシュバルツシルト解を導出
1916年	電荷をもったライスナー・ノルドシュトルム解の導出
1917年	ワイル解の導出
1939年	星が無限小へ収縮し重力崩壊することをオッペンハイマーと弟子のシュナイダーが証明
1963年	カー解の導出
1963年	クェーサーの発見
1965年	カー・ニューマン解の導出
1969年	アメリカの物理学者ホィーラーが"ブラックホール"と命名
1969年	イギリスのリンデンベルが超大質量ブラックホールの推定
1971年	はくちょう座X-1の同定（ジャッコーニ，ロッシ，小田稔）
1972年	冨松・佐藤解の導出
1980年代	X線観測によってブラックホール候補がつぎつぎ見つかる

7.5.2 ブラックホールの種類と構造

■**(1) ブラックホールの種類**

ブラックホールを表す解には，球対称な時空をもった**シュバルツシルト解**（Schwarzschild solution），角運動量をもち自転している軸対称な**カー解**（Kerr solution），球対称だが電荷を帯びた**ライスナー・ノルドシュトルム解**（Reißner-Nordström solution），さらに電荷を帯びかつ自転している**カー・**

ニューマン解（Kerr-Newman solution）の 4 種類がある（図 7.25）[*11].

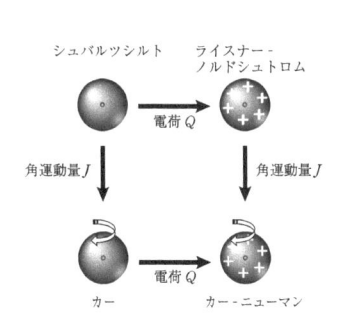

図 7.25 ブラックホールの種類.

図 7.26 ブラックホールに吸い込まれると，形や色や匂いや美しさなど，もともとのモノの属性はすべて失われ，質量と電荷と角運動量だけが残る.

結局，ブラックホールは質量・自転・電荷の三つの性質だけしかもたない．色や形や素粒子の違いなど，ブラックホールになる前に物体が有していたであろう物質のさまざまな性質は，ブラックホールになるとすべて失われてしまう．このように重力崩壊することによって，物体が持っていた多くの毛（属性）が抜け落ちて，結果的にせいぜい 3 本の毛（属性）しか残らないことを，ブラックホールの名づけ親であるホイーラーたちは，**毛無し定理**（no hair theorem）と呼んだ（図 7.26）[*12].

■**(2) シュバルツシルト・ブラックホールの構造**

星などに比べると，ブラックホールの構造はきわめて単純である．

球対称な**シュバルツシルト・ブラックホール**（Schwarzschild black hole）

[*11] これら以外にも，非球対称な時空の曲がりをもった**ワイル解**（Weyl solution）や**冨松‐佐藤解**（Tomimatsu-Sato solution）があるが，裸の特異点という宇宙にとって具合の悪い性質をもつため，現実の宇宙には存在しないと考えられている．ちなみに，ロジャー・ペンローズ（R. Penrose；1931～）は，宇宙は"裸"を許さないという**宇宙検閲官仮説**（cosmic sensorship hypothesis）を提唱した．

[*12] ただし，3 本の毛は残っているのだから，日本では，**おばQ定理**と呼びたいところである．

は，**事象の地平面**（event horizon）と呼ばれる一方通行の球面で囲まれている（図 7.27）．事象の地平面で自由落下する慣性系の速度が光速に等しくなるため，その内側からは光でさえも出てこれない．ニュートン力学の類推でいえば，事象の地平面の脱出速度が光速に等しくなる面である．ただし事象の地平面のところに，固体地球の表面や太陽の表面のようなはっきりとした境界があるわけではなく，またそこで空間の性質が局所的に変わるわけでもない．

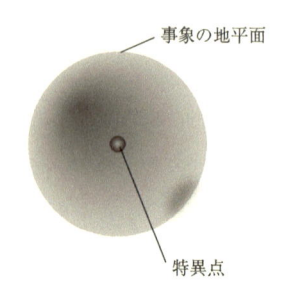

図 7.27 シュバルツシルト・ブラックホールの構造．事象の地平面と特異点しか名前を付ける場所がない．

図 7.28 シュバルツシルト滝．滝に特別の標識はないが，後戻りは不可能だ．

たとえば，図 7.28 のように，河を滝に向かって流されている状況を思い浮かべてみると，水の中に沈んで流されている人にとっては，どの場所でも周囲は水（空間）であって，どこからが滝（事象の地平面）だという標識があるわけではない．後戻りできなくなっているのに気づいたときには時すでに遅く，滝壺（特異点）にまっさかさまに落ち込むのみである．

シュバルツシルト・ブラックホールの事象の地平面の半径を**シュバルツシルト半径**（Schwarzschild radius）と呼ぶ[*13]．万有引力定数を G，ブラックホールの質量を M，光速を c とすると，シュバルツシルト半径 r_S は，

$$r_S = \frac{2GM}{c^2} = 3\left(\frac{M}{M_\odot}\right) \text{ km} \tag{7.18}$$

[*13] シュバルツシルト半径の半分，GM/c^2 を**重力半径**（gravitational radius）と呼ぶ．

で表される．太陽質量程度のブラックホールの場合，約 3 km である．

ブラックホールの中心では時空の曲率が無限大になり，そこは**特異点**（singular point）と呼ばれる．特異点では古典的な一般相対論は破綻するため，量子重力あるいは新しい物理学を考えなければならない．

では，特異点と事象の地平面の間には何があるのか？ 実は何もない．正確に言えば，時間と空間（真空）と多少のエネルギーはあるだろうが，構造としては何もない．つまり，シュバルツシルト・ブラックホールは，地球や太陽などよりはるかに単純な，おそらくは宇宙の中でもっとも単純な天体なのだ．

ブラックホールの近傍では物質の速度はしばしば光速のオーダーになる．そこでブラックホール近傍で生じる現象のタイムスケールとして，シュバルツシルト半径を光速で横切る時間：

$$t_S = r_S/c = 10^{-5} \left(\frac{M}{M_\odot} \right) \text{s} \tag{7.19}$$

がよく使われる．この時間を**光速横断時間**（light crossing time）という．$10 M_\odot$ 程度のブラックホール周辺では，もっとも短い物理現象は 0.1 ミリ秒程度のタイムスケールで起こる．また $10^8 M_\odot$ 程度の超大質量ブラックホール周辺では，10 数分のタイムスケールになる．

■**(3) カー・ブラックホールの構造**

角運動量をもち自転している**カー・ブラックホール**（Kerr black hole）の場合は，事象の地平面はやはり球面だが，その半径はシュバルツシルト半径より小さくなる．さらに事象の地平面の外側に，カー・ブラックホールの赤道方向に膨らんだ無限赤方偏移面（静止限界）という曲面をもつ（図 7.29）．無限赤方偏移面の内側では，いかなる物体も静止できず，ブラックホールの回転方向に引きずられる．

カー・ブラックホールで，無限赤方偏移面と事象の地平面の間の空間を**エルゴ領域**（ergosphere）と呼ぶ．エルゴ領域内ではブラックホールの回転エネルギーを取り出すことが可能だと考えられている．

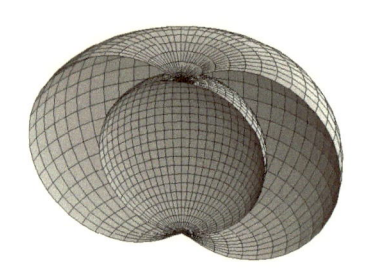

図 7.29　スピンパラメータ 0.998 の極限カー・ブラックホールの輪切り．球状の外部地平面と赤道方向に膨らんだ静止限界の間がエルゴ領域．

7.6　星とガスの輪廻　recycle

　本章の最後に，いまひとつ強調しておきたいことは，星が宇宙の錬金術師だということだ（図 7.30）．

　銀河系が生まれた頃のガスはほぼ水素（ヘリウムが 1 割ほど）でできていたので，初期に生まれた星——**種族** III（population III）と呼ばれる——もほぼ水素のみでできていた．星の進化の過程で，水素やヘリウムが核融合し，炭素や窒素そして鉄などの重元素（水素とヘリウム以外の元素）ができる．そして，それら星の内部で作られた重元素は，恒星風や惑星状星雲，超新星などによって，星間空間にまき散らされていくこととなる．

　時が経つにつれ，星間空間のガスは重元素をたくさん含むようになり，さらにそのガスから星が生まれていく．その結果，後の世代にできる星ほど，含まれる重元素の割合が多くなる．太陽はこのような後代の星の一つである．

　このような星の進化の過程で重元素が生成された結果，銀河系が生まれて約 50 億年後に誕生した，太陽と太陽系には，多量の重元素が存在するようになったのである．つまり，われわれの体を作っている重元素の多く，窒素，酸素，鉄などは，すべて，かつて存在した星の内部で核融合反応により作られたものなのだ．言い換えれば，星の錬金術によって，水素やヘリウムから

7.6 星とガスの輪廻　recycle

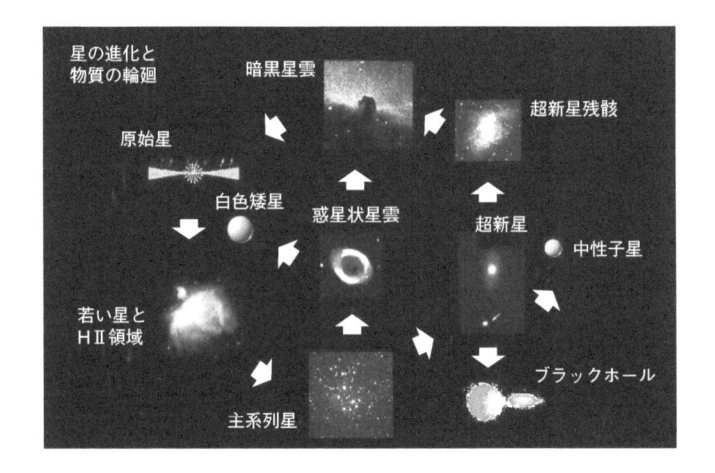

図 7.30　星の進化と物質の輪廻（リサイクル）．

人間の材料ができたというわけである．

　というわけで，われわれは文字通り〈星の子〉なのだが，太陽のように宇宙年齢ほど長い寿命の星の子ではなく，ましてや太陽よりも小さくて細く細く生きている星の子でもない．太陽よりも質量が大きくて，太く短く，そして情熱的に生きた星，の子，なのである．

こぼれ話

　脈動星：　脈動星の理論も面白いが，かなり難しいので割愛した．
　ガンマ線バースト：　こちらも話題の天体だが，残念ながら細かい話は省略した．

第8章

Binary and Accretion Disk

連星系天文学と降着円盤

二つないし複数の星々がお互いのまわりを回っている連星では，連星間の相互作用でさまざまな現象が起こる．さらにコンパクト星のまわりに強烈なエネルギーを放射する**降着円盤**（accretion disk）を形成することもある．本章では，単独の星とはわけて，連星系に独自の現象を取り扱うことにしたい．最近では，**連星系天文学**（binary astrophysics）と呼ばれる分野だ．

8.1 連星の構造とその種類　binary and its types

重力的に結び付いた二つの星がお互いのまわりを回りあっている天体を，**連星**（binary）とか**連星系**（binary system）と呼ぶ（図 8.1）[*1]．連星では万有引力の法則から質量を求めることができる．場合によっては星同士の相互作用で激しい活動が起こる．したがって連星の研究は非常に重要だ．

最初に連星の構成をまとめておく（図 8.2）．質量 M_1 の星と質量 M_2 の星が連星であるとき，二つの星の重心間の距離を**連星間距離**（separation），二つの星の質量中心を**共通重心**（center of mass；CM）と呼ぶ．また二つの星が公転運動している平面を**軌道面**（orbital plane）と呼び，軌道面に垂直な方向と視線方向のなす角を**軌道傾斜角**（inclination angle），そしてお互いのま

[*1] 二つ（あるいはそれ以上）の星が隣り合って見えているものを **2 重星**（double star）（あるいは多重星）と呼ぶ．2 重星の中で，二つの星がたまたま視線方向に並んでいるため見かけ上くっついて見えるが，実際の距離は遠く離れていて物理的には無関係なものを光学的 2 重星という．たとえば，北斗七星のミザール（2.4 等）とアルコア（5 等），はくちょう座のくちばしに当たるアルビレオ（β Cyg）の A と B（K 型の 3 等星と B 型の 5 等星）などは光学的 2 重星だ．

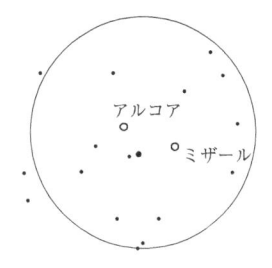

図 **8.1** 光学的 2 重星ミザールとアルコア.

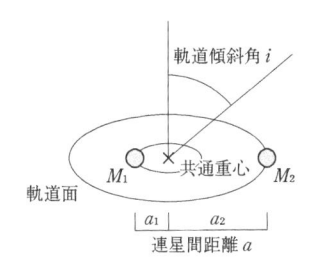

図 **8.2** 連星の構成要素.

わりを回る周期を**公転周期**（orbital period）という．さらに主星の質量と伴星の質量の比を**質量比**（mass ratio）と呼ぶ．なお観測的に明るい方を**主星**（primary star），暗い方を**伴星**（companion star）と呼ぶ慣わしである[*2]．

連星にはいろいろなタイプがある．観測的には，望遠鏡などで主星と伴星が分離して見えるものを**実視連星**（visual binary）という（例：北斗七星のミザール）．また連星の軌道面を斜め方向や真横から見ていると，星の軌道運動によって視線速度が変化するため，星のスペクトル線がドップラー偏移を起こす．この偏移の周期性から連星だとわかるものを**分光連星**（spectroscopic binary）という（例：ミザール，アルゴル）．さらに軌道面をほぼ真横から見ていると，主星と伴星がお互いに相手を隠し合う**食**（eclipse）／**掩蔽**（occultation）が起こる．食が起こると連星全体の見かけの明るさが変化し，その周期的変光から連星だとわかるものを**食連星**（eclipsing binary）という（例：アルゴル）．

物理的な観点では，連星間距離が十分に大きく，それぞれの星は単独星と同じように考えてよいものを**遠隔連星**（distant binary）と呼ぶ．一方，連星間距離が短いものを**近接連星**（close binary）と呼ぶ．

[*2] ここで注意しなければならないのは，大きい方でもないし青い方でもなくて，明るい方だという点だ．小さくても非常に明るければそちらが主星になるかもしれないし，星は暗くても明るいガス円盤に取り巻かれていれば，そちらが主星になる場合もある．主星・伴星は，あくまでも観測的な明るさの大小で定義される．

8.2 連星系力学：一般化されたケプラーの第3法則

generalized Kepler's third law

単独星の質量を求めることは難しいが，連星では万有引力の法則からその質量を求めることができる．本節では連星の力学についてまとめ，質量関数と呼ばれるものを導入し，連星における質量の求め方を説明しておく．

■**(1) 一般化されたケプラーの第3法則**

星1と（質量 M_1）と星2（質量 M_2）からなる連星を考える（図8.2）．共通重心から星1および星2までの距離をそれぞれ a_1 および a_2，連星間距離を a とする（$a_1 + a_2 = a$）．まず共通重心に対するテコの原理から，

$$a_1 : a_2 : a = M_2 : M_1 : (M_1 + M_2) \tag{8.1}$$

が成り立つ．したがって軌道半径の比がわかれば，質量の比が得られる．

一方，共通重心のまわりの各星の運動について考えると，星1については，二つの星の間の万有引力と回転に伴う遠心力が釣り合っている条件から，

$$\frac{GM_1 M_2}{a^2} = M_1 a_1 \Omega^2 \tag{8.2}$$

が成り立つ（万有引力では連星間距離 a を使い，遠心力では星1の公転半径 a_1 を使う点に注意）．ただしここで G は万有引力定数，Ω は公転の角速度である．公転周期 $P(=2\pi/\Omega)$ を使って整理すれば，以下となる：

$$GM_2 = a_1 a^2 \left(\frac{2\pi}{P}\right)^2. \tag{8.3}$$

また星2についても同じように考えると，以下が得られる：

$$GM_1 = a_2 a^2 \left(\frac{2\pi}{P}\right)^2. \tag{8.4}$$

上の (8.3) 式と (8.4) 式を辺々加え，$a = a_1 + a_2$ であることを使うと，

$$M_1 + M_2 = \frac{a^3}{G}\left(\frac{2\pi}{P}\right)^2 \tag{8.5}$$

が得られる．これを**一般化されたケプラーの第 3 法則**という[*3]．

シリウスは，シリウス A（−1.46 等の A 型主系列星）とシリウス B（8.3 等の白色矮星）からなる連星である（距離 8.6 光年）．シリウス系の公転周期 P は 50.0 年，連星間距離 a は 20.0 天文単位である．一般化されたケプラーの第 3 法則から，シリウス系の全質量が約 $3M_\odot$ になる．さらにシリウス系は A と B が分離して見えるので，公転半径の比率が約 1 : 2 であることがわかり，そのことからシリウス B（白色矮星）の質量が約 $1M_\odot$ と判明した．

■**(2) 視線速度振幅**

連星の片方の星あるいは両方の星のスペクトル線（多くの場合は吸収線）が観測される分光連星では，スペクトル線のドップラー変動の様子から，連星の星の運動状態に関する情報が得られる．

共通重心のまわりを公転運動している星 1 を斜めの方向（軌道傾斜角 i）から観測しているとしよう（図 8.3）．星 1 が通常の恒星でスペクトルが観測されていて，もし線スペクトルが十分な精度で観測されたなら，共通重心のまわりの星 1 の公転運動に伴って，スペクトル線の波長は規則正しく変化するだろう．すなわち，観測者に対して，星 1 が近づくように運動しているときはスペクトル線は青い方にずれ，遠ざかるように運動しているときは赤い方にずれる．視線に対して真横方向に動いているときにはずれない（連星を真上から見ているときには，スペクトル線のずれは観測できない）．

スペクトル線のずれの大きさを速度に換算したもの[*4]をプロットすれば，公転軌道が円軌道の場合には，サイン型のグラフが得られる（図 8.4）．このようにして得られたのが星 1（あるいは星 2）の**視線速度 V**（radial velocity）のグラフで，サイン型のグラフの周期が連星周期になる．またグラフの縦方向の振幅は星の軌道運動の大きさを表していて**視線速度振幅 K** という．

上記の話を式で表すと，星 1 あるいは星 2 の観測される視線速度は，公転

[*3] 片方の星の質量が無視できるときには，この式は太陽系の惑星に対して成り立つケプラーの第 3 法則に帰着する．

[*4] 観測される波長を λ とし実験室での波長を λ_0 とすると，赤方偏移 z は，$z = (\lambda - \lambda_0)/\lambda_0$ で定義された（1.5 節）．赤方偏移が小さければ，視線速度 V は $V = cz$ で得られる．

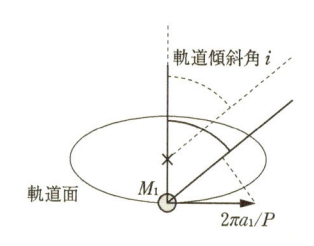

図 8.3 共通重心のまわりの星 1 の公転運動. 星 2 は描いていない. 星 1 の公転速度に $\sin i$ を掛けたものが, 星 1 の視線速度振幅 K_1 になる.

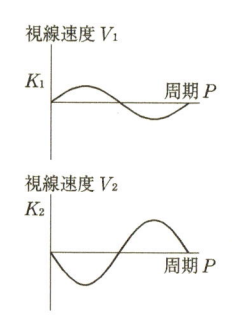

図 8.4 視線速度の模式図. 同時に観測される場合, K_1 が正のときに K_2 が負になる.

角速度 Ω と時間 t を用いて,

$$V_1 = K_1 \sin \Omega t, \quad V_2 = K_2 \sin \Omega t \tag{8.6}$$

のように変化する. ただしここで, K_1 および K_2 が視線速度振幅で, 星 1 (星 2) の軌道半径 a_1 (a_2) と公転周期 P および軌道傾斜角 i を用いて,

$$K_1 = \frac{2\pi a_1}{P} \sin i, \quad K_2 = \frac{2\pi a_2}{P} \sin i \tag{8.7}$$

と表される (図 8.3). この式で, $(2\pi a_1/P)$ と $(2\pi a_2/P)$ は星 1 および星 2 の公転速度で, 公転速度に軌道傾斜角 i の sin を掛けたものが, 視線速度の最大値, すなわち視線速度振幅になるわけだ.

星 1 のスペクトル線も星 2 のスペクトル線も, 両方とも観測されている場合には, それぞれの情報を活用することができるが, 片方のスペクトル線しか観測されていない場合は, 質量関数を用いることになる.

■**(3) 質量関数**

星 1 が暗かったりブラックホールだったりして, 星 2 のスペクトル線しか観測されていない場合, 分光観測からわかる観測量は, 公転周期 P と星 2 の視線速度振幅 K_2 だけである. そのような連星に対しても何らかの情報を得るには, これらの観測量を上手に利用しなければならない. そこで, いまま

で出てきた式を組み合わせて，以下のような関係式を導いてみる．

まず力学的に導いた (8.4) 式と分光学的な関係式である (8.7) 式を辺々掛け合わせて，a_2 を消去すると，

$$GM_1 \sin i = K_2 \frac{2\pi}{P} a^2 \tag{8.8}$$

となる．つぎに，(8.8) 式の両辺を 3 乗したものを (8.5) 式の両辺を 2 乗したもので辺々割って，連星間距離 a を消去すると，最終的に，

$$\frac{(M_1 \sin i)^3}{(M_1 + M_2)^2} = \frac{P K_2^3}{2\pi G} \tag{8.9}$$

が得られる．この関係式 (8.9) の左辺は未知の量（各星の質量と軌道傾斜角）であり，右辺は定数および既知の観測量（周期と視線速度振幅）なので，観測量から右辺の値を計算すれば，左辺の未知の量に対する制約が与えられることになる．また左辺を見るとわかるように，左辺は（当然右辺も）質量の次元をもった量になっている．そこで，この関係式を，

$$f(M) \equiv \frac{(M_1 \sin i)^3}{(M_1 + M_2)^2} = \frac{P K_2^3}{2\pi G} \tag{8.10}$$

と置いて**質量関数**（mass function）と呼んでいる．

上の式にそのまま観測データを代入してもいいが，連星周期 P を日で，視線速度振幅 K_2 を km s^{-1} で測ることにして，

$$f(M) = \frac{(M_1 \sin i)^3}{(M_1 + M_2)^2} = 10^{-7} M_\odot \left(\frac{P}{\text{日}}\right) \left(\frac{K_2}{\text{km s}^{-1}}\right)^3 \tag{8.11}$$

のように変形しておくと便利である．

■**(4) はくちょう座 X-1 の質量**

具体的な例として，質量関数を用いて，ブラックホール天体である**はくちょう座 X-1**（Cyg X-1）の質量を評価してみよう．

はくちょう座 X-1 の場合，ブラックホールはもちろん光を出さないが（周囲の降着円盤は光っている），相手の星である青色超巨星 HD226868 のスペクトルが観測されている．図 8.5 が視線速度のグラフである．このスペ

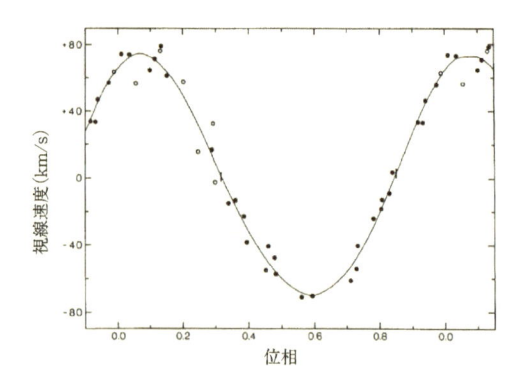

図 8.5 はくちょう座 X-1 の視線速度 (Bolton 1975, "Optical observations and model for Cygnus X-1", *The Astrophysical Journal* 200, 269). 縦軸は km s^{-1} を単位とする視線速度だが,横軸は公転周期を単位とする連星位相になっている.

クトル観測から,はくちょう座 X-1 では,公転周期が $P = 5.6$ 日で,星 2 (HD226868) の視線速度振幅が $K_2 = 75$ km s^{-1} だとわかる.

これらの値を質量関数 (8.10) 式の右辺に入れると,

$$f(M) = \frac{(M_1 \sin i)^3}{(M_1 + M_2)^2} = 0.241 M_\odot \tag{8.12}$$

となる.これが,はくちょう座 X-1 のブラックホールの質量 M_1,青色超巨星の質量 M_2,そして軌道傾斜角 i の間に成り立つ関係式である.

未知量は三つあるが,軌道傾斜角を固定すれば,与えられた軌道傾斜角に対して,質量の間の関係を表す式になる.いろいろな軌道傾斜角に対して,ブラックホールの質量 M_1 (図では M_x) と,青色超巨星の質量 M_2 の間の関係を描いたものが図 8.6 である.

この図からわかることは,まず,軌道傾斜角が大きい場合,すなわち連星の公転面を横方向から観測している場合には,ブラックホールの推定質量は小さくなるし,軌道傾斜角が小さい場合,すなわち連星を上方向から見ている場合には,ブラックホールの推定質量は大きくなる.

また,はくちょう座 X-1 では,青色超巨星 HD226868 のスペクトル型は

8.3 近接連星とロッシュ・ポテンシャル　Roche potential

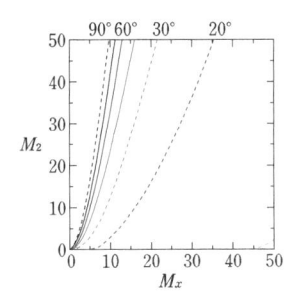

図 **8.6** はくちょう座 X-1 における未知量の間の関係．横軸は太陽質量を単位としたブラックホールの質量，縦軸は太陽質量を単位とした青色超巨星の質量．軌道傾斜角は，左から右に向かって，90°，60°，50°，40°，30°，20°．

O9 型で，主系列星なら太陽の 30 倍程度の質量があると推定される．図で縦軸の $30M_\odot$ の目盛りを横方向に見ていくと，ブラックホールの質量は軌道傾斜角が 90° のもっとも小さい場合でさえ $10M_\odot$ 弱ということがわかる．さらに，はくちょう座 X-1 では，食現象は観測されていないので，軌道傾斜角は 90° より小さく 60° ぐらいよりは大きいだろう．となると，ブラックホールの質量は $10M_\odot$ 程度から $20M_\odot$ 程度ぐらいに推定される．

こうして軌道傾斜角に関する不定性があるものの，はくちょう座 X-1 のコンパクト星があきらかにブラックホールであること，そしてその質量が太陽の 10 倍から 20 倍程度であることがわかるのである．

8.3 近接連星とロッシュ・ポテンシャル　Roche potential

二つの星がお互いのまわりを回りあっている連星の中でも，とくに，二つの星が極めて接近して公転している系を，**近接連星**（close binary）あるいは**近接連星系**（close binary system）という（図 8.7）．

8.3.1 近接連星の重力圏

近接連星では，潮汐力や質量交換・エネルギー交換などの相互作用が重要

図 **8.7**　近接連星のイメージ.

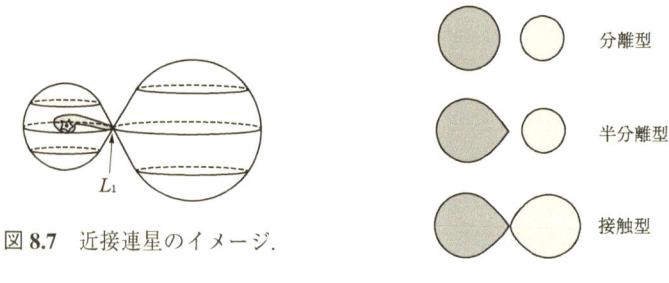

図 **8.8**　近接連星の分類.

となり，二つの星は物理的に影響を及ぼしあう[*5]．そのため，星の構造や進化などが単独星の場合と大きく異なり，さまざまな活動も引き起こされる．

近接連星のまわりの重力圏は，瓢箪型の構造をしていて，**ロッシュ・ローブ**（Roche lobe）と呼ばれている（図 8.7）．星の大きさとロッシュ・ローブの関係によって，近接連星は，三つのタイプにわかれる（図 8.8）．どちらの星もロッシュ・ローブより小さいものは**分離型**（detached system），片方の星がロッシュ・ローブを満たしているものは**半分離型**（semi-detatched），そして両方の星がロッシュ・ローブを満たしていると**接触型**（contact）と呼ばれる．

8.3.2　ロッシュ・ポテンシャル

ここでロッシュ・ポテンシャルというものを導入して，近接連星の構造（平衡形状）を考えてみよう．

質量 M_1 の天体（星 1）と質量 M_2 の天体（星 2）が，共通重心 O のまわりを角速度 Ω で公転しているとしよう（図 8.9）．簡単のために公転軌道は円軌道だとする．ポテンシャルを考える前に，近傍の空間に置いた質量 m（$\ll M_1, M_2$ とする）の質点いわゆるテスト粒子にどんな力が働いているかを

[*5] 相互作用の例として，たとえば，もともと二つの星が楕円軌道上を公転していたとしても，潮汐力によって角運動量が失われ，次第に円軌道になってしまう．あるいは，二つの星は，地球と月のように，つねに同じ面を相手に向けるようになる（自転同期）．さらに，"丸い" はずの星が，"卵形" に歪んでしまう．これらの結果，"卵形" をした二つの星が，尖った部分を相手に向けながら，お互いのまわりを円運動しているような星系ができあがる．

8.3 近接連星とロッシュ・ポテンシャル　Roche potential

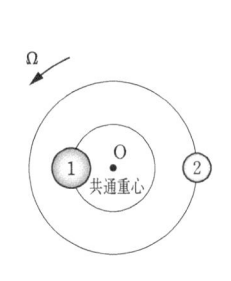

図 8.9 近接連星の軌道.

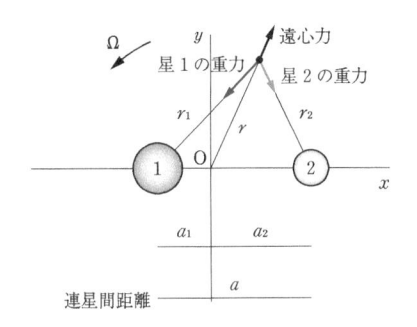

図 8.10 近接連星の公転と共に回転する重心座標系.

考えてみよう.

星1も星2も動いているので，慣性系からみると周囲の重力場は時々刻々と変化している．そこで問題を扱いやすくするために，連星系の公転と一緒に回転する座標系に乗って考えよう（図8.10）．公転と同期した座標系では二つの星の位置は変化しない．ただし回転系に乗ったために，テスト粒子には，二つの星からの重力以外に，慣性力として遠心力が働くことになる (2.4 節).

■**(1) 力のベクトル表示**

図に示したように，星1，星2の中心からテスト粒子への位置ベクトルを r_1，r_2 とし，連星系の重心（公転中心）からテスト粒子への位置ベクトルを r とすると，テスト粒子に働く力 F は，

$$F = -\frac{GM_1 m}{r_1^2}\frac{r_1}{r_1} - \frac{GM_2 m}{r_2^2}\frac{r_2}{r_2} + mr\Omega^2 \frac{r}{r} \tag{8.13}$$

と表すことができる．(8.13) 式の右辺の第1項は，星1から働く重力で，星1からの距離の自乗に反比例し，星1の中心方向を向いている．第2項は星2からの重力である．また第3項は，遠心力で，回転中心 O から外向きである．

連星間距離を a として，一般化されたケプラーの第3法則，

$$\Omega^2 = \frac{G(M_1 + M_2)}{a^3} \tag{8.14}$$

を用いれば，(8.13) 式から公転の角速度 Ω を消去して，以下となる：

$$F = -\frac{GM_1 m}{r_1^2}\frac{\boldsymbol{r}_1}{r_1} - \frac{GM_2 m}{r_2^2}\frac{\boldsymbol{r}_2}{r_2} + \frac{G(M_1+M_2)m}{a^3}\frac{\boldsymbol{r}}{r}r. \quad (8.15)$$

ただし，a_1, a_2 を全系の重心から星 1，星 2 の重心までの距離として ($a = a_1 + a_2$)，原点，星 1，星 2 からの距離，r, r_1, r_2 は，それぞれ，

$$r = \sqrt{x^2 + y^2} \quad (8.16)$$

$$r_1 = \sqrt{(x+a_1)^2 + y^2} \quad (8.17)$$

$$r_2 = \sqrt{(x-a_2)^2 + y^2} \quad (8.18)$$

と表せる．また，**質量比**（mass ratio）を，

$$f = \frac{M_2}{M_1} \quad (8.19)$$

とおくと，重心の定義から，以下となる：

$$a_1 = \frac{aM_2}{M_1 + M_2} = \frac{af}{1+f}, \quad a_2 = \frac{aM_1}{M_1 + M_2} = \frac{a}{1+f}. \quad (8.20)$$

■ **(2) ロッシュ・ポテンシャル**

上の力の場を与えるようなポテンシャル Ψ を求めよう．ポテンシャルの勾配が（単位質量あたりの）力であることから，力とポテンシャルの関係として，

$$\frac{\boldsymbol{F}}{m} = -\nabla\Psi \quad (8.21)$$

と表せる．これから，ポテンシャル Ψ は，以下となる：

$$\Psi = -\frac{GM_1}{r_1} - \frac{GM_2}{r_2} - \frac{\Omega^2}{2}r^2 = -\frac{GM_1}{r_1} - \frac{GM_2}{r_2} - \frac{G(M_1+M_2)}{2a^3}r^2. \quad (8.22)$$

ポテンシャル Ψ の式の右辺の第 1 項と第 2 項はそれぞれ星 1，星 2 の重力ポテンシャルであり，第 3 項は遠心力のポテンシャルを表す．この Ψ は有効ポテンシャルの一種だが，このようなポテンシャルを最初に研究したフランスの天文学者エドワール・ロッシュ（Édouard Albert Roche；1820～1883）にちなんで**ロッシュ・ポテンシャル**（Roche potential）と呼んでいる．

■(3) 力とポテンシャルの無次元化

ポテンシャルの形に沿って物質は分布する．したがって連星の形状を求めるためには，等ポテンシャル面を求めればいいのだが，(8.22) 式は，質量や万有引力定数などを含んでいる．しかし，単位をうまく選ぶことにより，それらが見かけ上現れないようにすることができる（無次元化／規格化）．

長さの単位として連星間距離 a を，ポテンシャルの単位として GM/a を取ろう．そして無次元化した長さとして，

$$\hat{x} = \frac{x}{a}, \ \hat{y} = \frac{y}{a}, \ \hat{r} = \frac{r}{a}, \ \hat{r}_1 = \frac{r_1}{a}, \ \hat{r}_2 = \frac{r_2}{a} \tag{8.23}$$

を導入すると，

$$\hat{r} = \sqrt{\hat{x}^2 + \hat{y}^2} \tag{8.24}$$

$$\hat{r}_1 = \sqrt{(\hat{x} + \frac{f}{1+f})^2 + \hat{y}^2} \tag{8.25}$$

$$\hat{r}_2 = \sqrt{(\hat{x} - \frac{1}{1+f})^2 + \hat{y}^2} \tag{8.26}$$

となる．これらを使うと，最終的に，無次元化したポテンシャル Φ は，

$$\Phi = \frac{\Psi}{GMm/a} = -\frac{1}{\hat{r}_1} - \frac{f}{\hat{r}_2} - \frac{1+f}{2}\hat{r}^2 \tag{8.27}$$

と表せる．このように無次元化すると，連星系での有効ポテンシャル（ロッシュ・ポテンシャル）は，結局，質量比 f だけをパラメータとして決まる．

二つの星の周辺（公転軌道面内）でポテンシャル Φ が一定の線（等ポテンシャル面）を描くと図 8.11 のようになる．等ポテンシャル面は，星 1 あるいは星 2 のごく近傍ではほぼ円状（実際は球状）であり，またずっと遠方でもほぼ球状になる．とくに，二つの星を包む横 8 の字形の等ポテンシャル面を内部臨界ロッシュ・ローブと呼び，もう少し外側の瓢箪型のものを外部臨界ロッシュ・ローブと呼ぶ．さらに，ポテンシャルの極値（すべての力が釣り合っている場所）が五つあり，**ラグランジュ点**（Lagrange point）と名づけられている（図の L_1 から L_5 まで）．

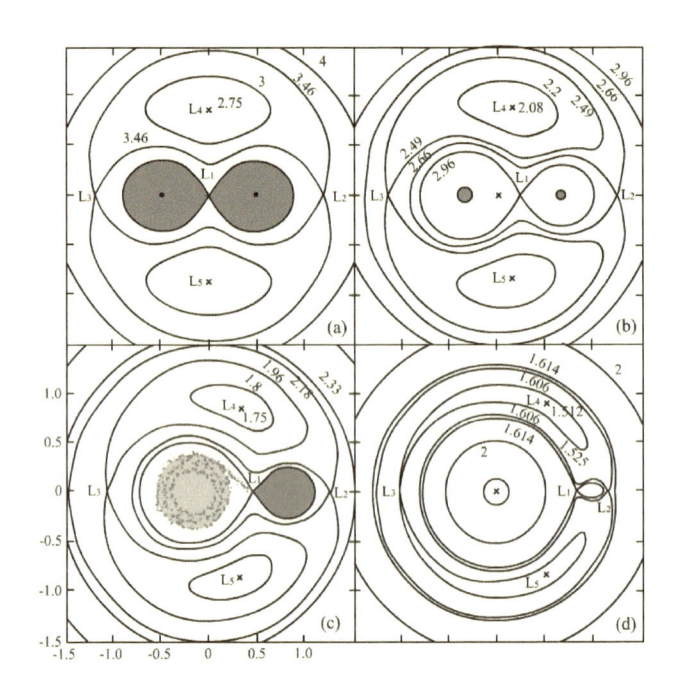

図 **8.11** 連星のロッシュ・ポテンシャル（軌道面内）．(a) 質量比 $f = 1$（ロッシュ・ワールド），(b) $f = 0.5$，(c) $f = 0.23$（うみへび座 EX 星），(d) $f = 0.0123$（地球 - 月系）．図中の数値は $-\Phi$ の値．

さてポテンシャルの勾配が力なので，力は等ポテンシャル面に垂直に働き，等ポテンシャル面に沿った方向には働かない．したがってガスの分布が等ポテンシャル面から歪んだ場合，それを等ポテンシャル面に均すような力が働く．その結果，ガスの分布は再び等ポテンシャル面に沿ったものになる．実際の星ではもっと複雑ではあるが，近接連星系における星の形状は，大体ロッシュ・ポテンシャルに沿ったものになっていると考えられている．

8.4　降着円盤の形成と構造　accretion disk

星の進化の果てにできる終末星は，白色矮星にせよ中性子星にせよ，単独で存在している限り，やがてはその最後のエネルギーも使い果して，冷えて

暗くなり，視界から消え去ってゆく[*6]．しかし，終末星が連星になっている場合，新たに燃料の補給を受けて，灰の中から蘇る不死鳥のごとく，復活するときもある．以下では，連星における終末星の活動について紹介していこう．

8.4.1 降着円盤

降着円盤（accretion disk）は，原始星・白色矮星・中性子星・ブラックホールなど，重力をおよぼす天体のまわりを回転するガス円盤だ．星のような球形ではなく平たい円盤状をしており，ガスは円盤内を回転しながら少しずつ中心に落下する（降着する）ために，"降着円盤"という名前が付いた．

標準的な描像では，降着円盤は幾何学的に薄く（ようするに平たい），軸対称な円盤状で，光に対しては不透明である（図 8.12）．降着円盤のガスは，中心の天体のまわりを，中心の天体の重力と遠心力が釣り合った状態で回転している．回転の仕方は惑星の運動と似ているので，ケプラー回転と呼ばれる．ただし惑星と異なる点は，ガスからできた降着円盤の場合，ガス同士が互いに接しているために，隣接するガス層の間で（粘性）摩擦が強く働くことだ．その結果，ガスは加熱されて高温になり，ついには電磁波を放射しはじめる．ガスの回転速度は中心に近いほど大きいため，加熱の割合も中心ほど大きく，ガス円盤の表面温度も中心に近いほど高い．ガスはその温度に応じた電磁波を放射するので，降着円盤の外部領域では赤外線が，中心に近くなると可視光線がさらには紫外線や X 線が放射される．このような円盤内における激しいエネルギー放射によって，その他のさまざまな活動も引き起

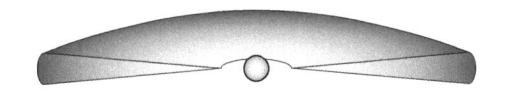

図 8.12　降着円盤のイメージ．中心天体のまわりを渦巻くガス円盤で，中心に近いほど温度が高い．

[*6] もっとも『不思議な国のアリス』に出てくるチェシャ猫のように，目には見えない重力という"ニヤニヤ笑い"だけは残すが．

こされるのである.

コンパクト星と主系列星で構成される近接連星では，どちらの星の質量も太陽程度なら，それぞれの重力圏ロッシュ・ローブの大きさは大体同じだ．しかし主系列星の方は星自体の大きさがほぼロッシュ・ローブ程度であるのに比べ，コンパクト星の半径は小さいので，そのロッシュ・ローブ内は空っぽである．

主系列星が進化によって膨張しロッシュ・ローブを満たすと，主系列星の外層大気が，ラグランジュ点L_1を通ってコンパクト星の重力圏へ溢れ出す（図 8.13）．溢れたガスは重力ポテンシャルの井戸をコンパクト星へ向かって落下していく．このとき，連星の公転運動のために，ガスはコンパクト星に対し相対的に角運動量をもつ．その結果，コンパクト星の周囲にガスのリングができていく．L_1 点を通ってガスがどんどん降り注げば，ガスのリングは段々太っていき，同時にリングの幅は広がり，ついには幅の広い円盤になっていく．降着円盤の誕生である．やがて降着円盤の内縁はコンパクト星の表面まで届き，L_1 点を溢れ出てくるガスの量とコンパクト星の表面に降り積もるガスの量が等しくなった段階で，とりあえず全系は落ち着く．

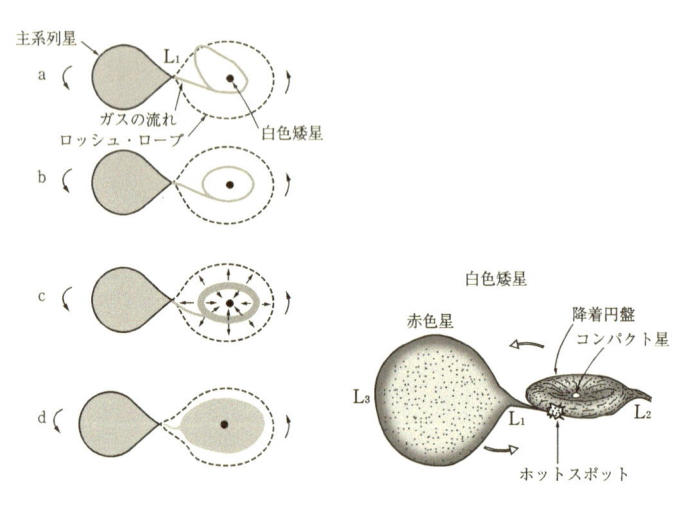

図 8.13 連星系における降着円盤の形成と俯瞰イメージ．

全系が落ち着いたときの俯瞰図を図 8.13 に示そう．ガス流が降着円盤の外周にぶつかる部分では衝撃波が生じ，落下のエネルギーが急激に解放され高温になる．その結果，明るく輝く**ホットスポット**（熱斑，熱点）になる．

8.4.2 降着円盤の構造

星は 1 次元球対称なので，自己重力を入れても構造は比較的求めやすい．宇宙トーラス（8.8 節）は 2 次元軸対称だが，ポテンシャルを導入することで構造を求めることができる．降着円盤も 2 次元軸対称だが，半径方向の降着があり，粘性なども関与するので，構造をきちんと導出するのは専門性が高くなってしまう．ここでは，力学的に導ける範囲で概要を紹介しよう．

いままでに随所で出てきたように，ガスでできた天体の構造を求めるということは，ガスの密度分布や温度分布そして圧力分布などを求めることで，流れがあれば流速分布なども求めることである．降着円盤の場合，鉛直方向の密度構造は静水圧平衡の考え方で導くことができるが，半径方向の物質の分布は粘性過程が本質的に重要になり難しい．一方，半径方向の温度構造は力学的な考え方で導出でき，なおかつ，観測的にも重要である．

標準的な描像では降着円盤のガスはケプラー回転している．したがって，中心天体の質量を M とすると，中心からの距離 r の関数として，回転速度 v_φ あるいは回転角速度 Ω は以下のように表される：

$$v_\varphi = \sqrt{\frac{GM}{r}} \quad \text{あるいは} \quad \Omega = \sqrt{\frac{GM}{r^3}}. \tag{8.28}$$

ガスがこのようなケプラー運動をしているとき，円盤内部で単位時間あたりにどれだけのエネルギーが発生するのか，力学エネルギーの計算から（粘性）加熱率を求めてみよう．

図 8.14 のように，質量 M の天体中心から半径 r の距離を，質量 dm のガス塊が円運動していたとする．このガス塊が，粘性で角運動量を失い，微小時間 dt の間に，微小半径 dr だけ内側の軌道に移動したとしよう．

まず半径 r でガス塊のもっているエネルギー $E(r)$ は，回転運動のエネルギーと重力エネルギーの和だから，つぎのように表すことができる：

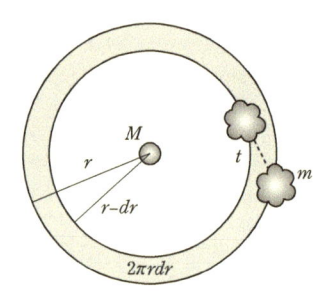

第 8 章　連星系天文学と降着円盤　Binary and Accretion Disk

図 **8.14**　重力エネルギーの解放によってガス塊から熱エネルギーが生じるしくみ．

$$E(r) = \frac{dmv_\varphi^2}{2} - \frac{GMdm}{r} = \frac{GMdm}{2r} - \frac{GMdm}{r}. \tag{8.29}$$

2 番目の等号では (8.28) 式を用いた．右辺の二つの項はまとめることもできるが，エネルギーがどこからきているかの履歴を残すために，わけておく．

この (8.29) 式から半径 $r - dr$ におけるガス塊の力学的エネルギーは，

$$E(r-dr) = \frac{dmv_\varphi^2}{2} - \frac{GMdm}{r-dr} = \frac{GMdm}{2(r-dr)} - \frac{GMdm}{r-dr}$$

$$\sim -\frac{GMdm}{2r} + \frac{GMdmdr}{2r^2} - \frac{GMdm}{r} - \frac{GMdmdr}{r^2} \tag{8.30}$$

となる．ただし 2 行目では，移動半径 dr が半径 r に比べて十分小さい ($dr/r \ll 1$) という近似を用いて，$(dr/r)^2$ のような高次の項を無視した．

結局，半径 r の軌道と半径 dr の軌道での力学的エネルギーの差 dE は，

$$dE = E(r) - E(r-dr) = -\frac{GMdmdr}{2r^2} + \frac{GMdmdr}{r^2} = +\frac{GMdmdr}{2r^2} \tag{8.31}$$

となる．上式の第 1 項は，回転運動のエネルギーの変化を表している．この項がマイナスであるのは，ケプラー回転では中心ほど速く回転しているために，半径 r から半径 $r - dr$ へ移ると，回転運動のエネルギーをよりたくさん必要とすることを意味している．一方，第 2 項は，重力エネルギーの変化である．中心に近いほど重力エネルギーは小さいため（重力エネルギーは負であることに注意），半径 r から半径 $r - dr$ へ移ると，第 2 項の分だけ重力エネルギーが余ることを意味している．そして，第 2 項の値（重力エネルギー

の余り）は第1項の絶対値（遠心力エネルギーの不足分）のちょうど2倍である．すなわち半径rから半径$r-dr$へ移ると，その落差によって解放された重力エネルギーの半分は回転を増すのに費やされるが，残り半分が余ってしまう．それが上式の最後の量である．この余った重力エネルギーは，粘性摩擦を通してガスの内部エネルギー（熱エネルギー）へ変換され，最終的には，放射エネルギーとして降着円盤の表面から放射されることになる．

さて，(8.31)式は，ガス塊全体による正味の発熱量だが，両辺を半径rと半径$r-dr$の間の面積$2\pi r dr$と微小落下時間dtで割れば，単位時間単位面積あたりの発熱量$Q_{\rm vis}$になる：

$$Q_{\rm vis} = \frac{dE}{2\pi r dr dt} = \frac{GM}{4\pi r^3}\frac{dm}{dt} = \frac{GM\dot{M}}{4\pi r^3}. \tag{8.32}$$

ここで$dm/dt (=\dot{M})$は単位時間あたりに落下するガスの量で，**質量降着率**（mass-accretion rate）と呼ばれる．

なお，粘性などガスの相互作用を考慮して正確に導いた粘性加熱率は，

$$Q_{\rm vis} = \frac{3GM\dot{M}}{4\pi r^3}\left(1-\sqrt{\frac{r_{\rm in}}{r}}\right) \tag{8.33}$$

である．ここで，$r_{\rm in}$は降着円盤の内縁半径である．数係数の3と内縁の境界条件からくる補正項$(1-\sqrt{r_{\rm in}/r})$を除いて，(8.32)式とほぼ同じである．すなわち，重力エネルギーの解放の本質は力学的な描像で理解できる．重要な点は，発熱量$Q_{\rm vis}$が，質量Mおよび質量降着率$\dot{M}$に比例し，また距離rの3乗に反比例することだ．そのため，中心に近づくほど，重力エネルギーの解放の割合は大きくなり降着円盤の温度は高くなる．

標準的な描像では降着円盤は光学的に厚いので，中心から距離rで円盤表面が温度$T_{\rm eff}(r)$の黒体輻射を放射しているとしよう．円盤表面（表裏）から単位面積あたりに放射するエネルギー$Q_{\rm rad}$は，ステファン・ボルツマンの法則から，$Q_{\rm rad} = 2\sigma T_{\rm eff}^4$になる．粘性加熱による単位面積あたりの加熱率$Q_{\rm vis}$と，表面からの放射率$Q_{\rm rad}$が釣り合っている条件：

$$Q_{\rm vis} = \frac{3GM\dot{M}}{4\pi r^3}\left(1-\sqrt{\frac{r_{\rm in}}{r}}\right) = 2\sigma T_{\rm eff}^4 = Q_{\rm rad} \tag{8.34}$$

から，表面温度*7 $T_{\rm eff}$ として即座に，

$$T_{\rm eff} = \left[\frac{3GM\dot{M}}{8\pi\sigma r^3}\left(1-\sqrt{\frac{r_{\rm in}}{r}}\right)\right]^{1/4} \tag{8.35}$$

が得られる．ここで，σ ($= 5.6705 \times 10^{-5}$ erg cm^{-2} K^{-4} s^{-1}) はステファン‐ボルツマン定数である．典型的なパラメータに対して，表面温度を赤道面の温度と共に描いたのが図 8.15 である．

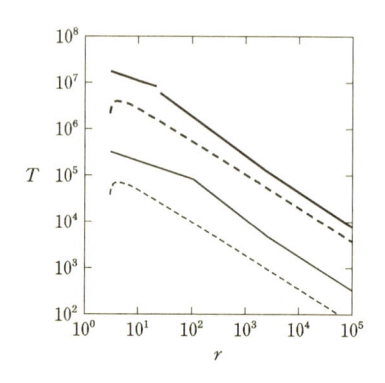

図 **8.15** 標準降着円盤の温度分布．横軸はシュバルツシルト半径を単位とした中心からの距離，縦軸は K を単位とした赤道面の温度（実線）と表面温度（破線）．ブラックホールの質量 M は $10M_\odot$（太線）と $10^5M_\odot$（細線）の場合で，質量降着率は $\dot{m}=1$．

ごく中心近傍以外は補正項が無視できるので，おおざっぱには，

$$T_{\rm eff} = \left(\frac{3GM\dot{M}}{8\pi\sigma r^3}\right)^{1/4} \tag{8.36}$$

としてよい．さらに，定数や典型的なパラメータの値を入れれば，

$$T_{\rm eff} = 3.51 \times 10^7 \left(\frac{\dot{m}}{mx^3}\right)^{1/4} \text{ K} \tag{8.37}$$

のように表される．ここで，$m=M/M_\odot$, $\dot{m}=\dot{M}/\dot{M}_{\rm E}$, $x=r/r_{\rm S}$ である（$\dot{M}_{\rm E}$ はエディントン臨界降着率で，9.4 節参照）．ブラックホールが $10M_\odot$ ($m=10$)

---

*7 表面温度と書いているが，正確には，円盤表面の**有効温度**（effective temprature）である．

のときは中心近傍（$x \sim 1$）で約 10^7 K，$10^8 M_\odot$（$m = 10^8$）のときは約 10^5 K になる（図 8.15）．

8.5 激変星　cataclysmic variable

いよいよ連星系における終末星の活動の問題に入ろう．激変星では，白色矮星とそのまわりの降着円盤が主要な役割を演じている．

8.5.1 激変星とその種類

新星などで代表されるように，激しい活動を起こしている一群の星が以前から知られており，**激変星**（cataclysmic variable）と呼ばれていた．観測が進むにつれ，まず激変星はすべて近接連星であり，"主星"が白色矮星，伴星の多くがスペクトル型で言うと G 型，K 型，M 型の黄から赤っぽい主系列星である[*8]．公転周期は 1 日以下，典型的には 1 時間から 15 時間ほどである．

■(1) 新星

新星（nova）[*9]は，1 日か 2 日で 10 等級から 10 数等級ほども明るくなり（光度比で 1 万倍から 10 万倍），数十日から 100 日くらいかけて徐々に暗くなる現象だ（図 8.16）．この間に放出されるエネルギーは 10^{44}–10^{45} erg にも達する．1670 年のこぎつね座新星 1670（CK Vul）を皮切りに，数多くの新星現象が発見されている．

新星現象は，ずっと以前は新しく星が生まれたのだと考えられていた．しかし現在ではむしろまったく逆で，終末を迎えた星，白色矮星の表面での爆発現象だということがわかっている．伴星からラグランジュ点を通って溢れ出たガスは，結局，降着円盤から白色矮星の表面に降り積もっていく．白色矮星の表面にある程度（10^{-4}–$10^{-3} M_\odot$ ぐらい）溜まると，圧縮され高温になった水素に核融合の火がつく．星の中心部と異なり，白色矮星の表面のようなごく薄い層で起こった核融合反応は，生成エネルギーの逃げ場が限られ

[*8] 白色矮星の方が主系列星より暗いはずだが，白色矮星の周辺には降着円盤があり，それが非常に明るいため，白色矮星＋降着円盤が"主星"となっている．

[*9] 他のタイプとわけるため，**古典的新星**（classical nova）と呼ぶこともある．

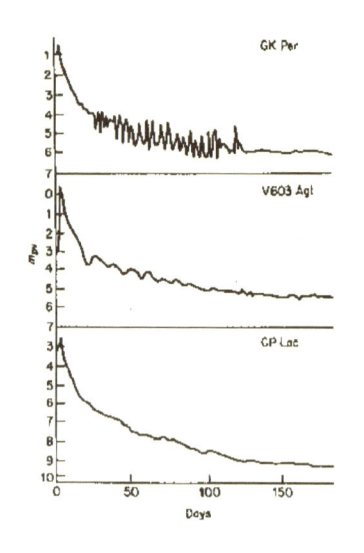

図 8.16　新星の光度曲線（http://www.saaf.se/IMAGES/VARIABLER/nova.jpg）．上からペルセウス座 GK 星，わし座 V603 星，とかげ座 CP 星．

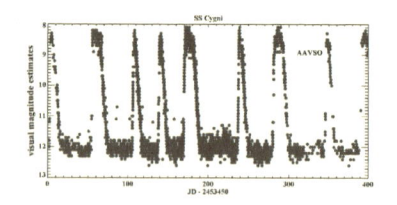

図 8.17　矮新星はくちょう座 SS 星の光度曲線（http://aavso.org/images2/sscyg.jpg）．

るために爆発的な結果となる[*10]．この熱核暴走の結果，白色矮星に積もったガスの表層を吹き飛ばしてしまった現象，それが新星なのだ．

新星爆発で吹き飛ばされる物質の量は，太陽質量の 1 万分の 1 から 10 万分の 1 くらいにもなる．また放出されるエネルギーは，10^{37}–10^{38} J に達する．これは太陽が 1000 年ぐらいかけて放出する全エネルギーに等しい．

■(2) 反復新星と新星状変光星

新星とよく似たものに**反復新星／再帰新星**（recurrent nova）や**新星状変光星**（novalike variable）がある．前者は新星爆発より少し規模は小さいが，同

[*10] 星の中心ではエネルギーは核反応点の周囲にあらゆる方向に球状に放出されるが，白色矮星の表層で起こると，エネルギーは核反応層に垂直な方向に 1 次元的にしか放出できない．

様の爆発現象を数 10 年おきくらいに過去何度か起こしたもので，後者は，新星爆発を起こしたばかりのように見える天体，あるいはいまにも新星爆発を起こしそうな天体である．おそらく主系列星の方から供給されるガスの量が違っているために，見かけの異なるものになったのだろう．

■(3) 矮新星

矮新星（dwarf nova）と呼ばれるタイプの激変星もある．新星爆発ほど激しい爆発ではないが，そのかわり頻繁に爆発——**アウトバースト**（outburst）という——する．図 8.17 に矮新星はくちょう座 SS 星の光度曲線を示す．矮新星の場合，増光の割合は静かなときに比べせいぜい 2–5 等級程度明るくなるだけで，増光の期間も数日から長くても 2 週間くらいしか続かない．また矮新星の爆発の間隔は数カ月ほどである．矮新星には，ふたご座 U 星（U Gem）やきりん座 Z 星（Z Cam），おおぐま座 SU 星（SU UMa）などがある．

矮新星の爆発は，新星などのように白色矮星の表面に降り積もったガスの核爆発ではない．白色矮星のまわりの降着円盤が不安定な状態になり，降着円盤全体が急激に明るくなるために生じると考えられている．

■(4) ポーラーズ

ヘラクレス座 AM 星（AM Her）に代表される激変星の一種で，明るさが周期的に変動するものを**ポーラーズ**（polars）と呼ぶ．

ポーラーズでは白色矮星の磁場がかなり強く，白色矮星周辺に強い磁気圏がある．伴星から降り注いできた電離水素ガスは，磁極から白色矮星に降り積もっていく．そのため，白色矮星の磁極が明るく輝いていて，白色矮星が自転するのに伴って磁極が見え隠れし周期的に明るさが変わるのだ．

■(5) 超軟 X 線源

数 10 eV から 100 eV ぐらいの非常にエネルギーの低い X 線（それを超軟 X 線という）で輝いている天体が**超軟 X 線源**（supersoft X-ray sources）だ．大マゼラン銀河の中の CAL 87 や CAL 83，小マゼラン銀河の中の SMC 13，われわれの銀河系の中の RX J0019.8+2156 や RX J0925.7+4758 などが知られている．超軟 X 線源の多くは，激変星と同じく白色矮星を含む連星だが，

常に超軟X線を放射していて，新星のような爆発現象は起こさない．

超軟X線源では，他の激変星よりも高い割合で白色矮星の表面にガスが降ってきているようだ．その結果，白色矮星の表面でガスの温度が高くなり，ガスは表面で継続的に核反応を起こして，X線を出しているらしい．さらに，ガスが大量に降ってくるので，白色矮星の質量の増加も無視できない．やがて白色矮星のチャンドラセカール質量を超えてしまうこともあるだろう．その結果，超軟X線源は，やがてIa型超新星になる可能性も指摘されている．

8.6 X線連星　X-ray binary

つぎに強いX線を出している"星"――X線星について述べよう．X線星では，中性子星あるいはブラックホールとそのまわりの降着円盤が重要な役割を果たしている．まず中心のコンパクト星が中性子星の場合を中心に紹介する．

8.6.1 X線星とその種類

強いX線を放射している連星を**X線連星**（X-ray binary）と呼ぶ．X線連星は中性子星かブラックホールと通常の恒星からなる近接連星で，コンパクト星周辺の降着円盤がX線を放射している．白色矮星よりも中性子星やブラックホールの方が，重力ポテンシャルの井戸がはるかに深いため，より高エネルギーのX線領域で活動が起こる．

■**(1) X線バースター**

X線連星の一種で，数時間から1日くらいの間隔で繰り返し爆発（バースト）を起こしている天体を**X線バースター**（X-ray burster）と呼んでいる．X線バースターは数秒程度で急激に明るくなり数十秒かけて暗くなる．たとえば，図8.18に示したものは，ぎんが衛星が観測したX線バースター4U1636–536/X1636のX線波長での光度曲線だ．ほんの1秒くらいで急激にX線の強度が増大し，20秒くらいで徐々にもとの明るさに戻っている．爆発時の明るさは，毎秒10^{31} Jから10^{32} Jくらいである（$10^5 L_\odot$ぐらい）．ま

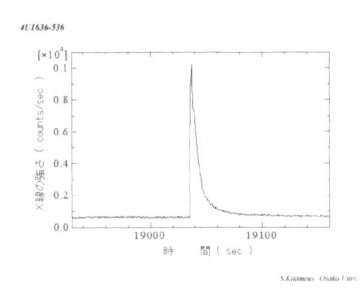

図 8.18 X 線バースター 4U1636−536/X1636 の X 線光度曲線（北本俊二＆粟野他『宇宙スペクトル博物館』）．X1636 は軌道周期 3.8 時間の近接連星である．図の横軸は 3 分程度である．

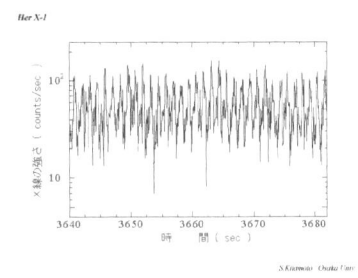

図 8.19 X 線パルサーヘラクレス座 X-1（Her X-1）の X 線光度曲線（北本俊二＆粟野他『宇宙スペクトル博物館』）．ヘラクレス座 X-1 は軌道周期 40.8 時間の近接連星である．横軸は 40 秒である．

たバーストの間隔は数時間から数日におよぶ．

X 線バーストの原因は，磁場の弱い中性子星表面での爆発的核融合である．X 線バースターの連合いの恒星は，激変星の場合と似て，太陽よりも小質量の年老いた赤い星が多い．このことは X 線バースターを含む連星が古い系であることを意味する．さらに激変星の場合と同じように，赤い伴星の外層からラグランジュ点 L_1 を越えて中性子星の重力圏に流入してきたガスは，降着円盤を経由して，最終的に中性子星表面まで達し，中性子星の表面に降り積もっていく．中性子星表面の温度は高いので，水素はとりあえずヘリウムに核融合するが，それ以上は燃えずに溜まっていく．そして燃料（すなわちヘリウム）が十分溜まると（厚さにして 1 m くらい）核融合の暴走を起こし，ヘリウムは一気に燃え上がって X 線バーストとなる．

■(2) X 線パルサー

X 線で非常に規則的なパルスを放射している天体を **X 線パルサー**（X-ray pulsar）と呼んでいる．X 線パルスの周期は数秒から数十秒のものが多い．たとえば，図 8.19 に示したものは，X 線天文衛星ぎんがが観測した X 線パルサーヘラクレス座 X-1（Her X-1）の X 線波長での光度曲線だ．時間の経

過にしたがって X 線の明るさが周期的に変動していることがわかる．パルスの形状は微妙に違っているが，その周期（1.24秒）は非常に規則正しいもので，後述するように中性子星の自転周期だと考えられている．

X 線パルサーを含む近接連星の片割れの方は，太陽の10倍くらいの質量をもった青白く輝く巨星である場合が多い．そのような大質量の星の進化は早いので（星は太く短く生きる），まだ短い寿命を全うしていないということは，連星自体の年齢が若いということを意味する．若い中性子星はその形成時にもとの星全体に広がっていた磁場を取り込むため，1兆ガウスもの非常に強い磁場をもっていると考えられている[*11]．

そのような強磁場をもった中性子星に周囲から降ってきたガスは，磁力線に沿って中性子星の両極へ落下する．落下中に蓄えられた位置エネルギーを磁極で急激に解放し，その結果ガスは非常に高温になって，磁極は明るく輝く．一般に，自転軸と磁軸は傾いており，そのため磁極が見えかくれしてパルスとなるのだろう．すなわちパルス周期は中性子星の自転周期でもある．これが X 線パルサーのパルス放射メカニズムである．

8.7 ブラックホール連星　black hole binary

コンパクト星がブラックホールの場合をブラックホール連星（black hole binary；BHB）と呼ぶ．ブラックホールの場合，その表面にガスが降り積もることができないので，核融合フラッシュは起きない．

8.7.1 ブラックホール連星とその種類

■(1) X 線新星

ブラックホール連星の中には，X 線の領域でときどき急激な増光を示すものがあり X 線新星（X-ray nova）と呼ばれる．X 線領域でのエネルギー放射が，ほんの数日で何十倍も何百倍も強くなり，数ヶ月から1年ぐらいかけて徐々にもとの X 線強度に戻る（図 8.20）．降着円盤がある種の不安定を起

[*11] 黒点の磁場は2000ガウス程度で，工業用の永久磁石でもせいぜい10万ガウス程度．

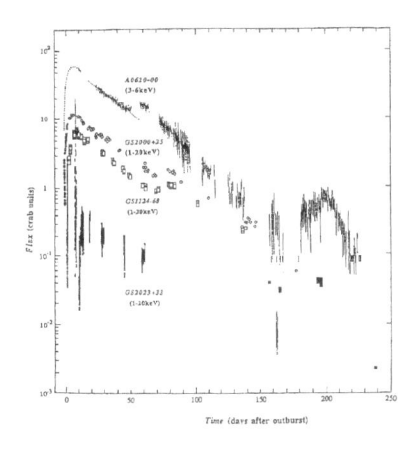

図 **8.20** X 線新星の X 線光度曲線（Kaluzienski et al. 1977, "All-sky monitor observations of the decay of A0620–00 (Nova Monocerotis 1975)", *The Astrophysical Journal* 212, 203 および Tanaka 1992, "Black hole X-ray binaries", *Proceedings of the Ginga Memorial Symposium* [ed. Makino and Nagase] (ISAS Symposium on Astrophysics, 1992), p. 19）.

こして急激に明るくなったために，X 線新星現象が生じるのではないかと思われている．まぎらわしいが，激変星の一種の新星とはまったく異なる現象だ．

■**(2) マイクロクェーサー**

ブラックホール連星は，相対論的ジェットをもっていることがある（図 8.21，表 8.1）．そのようなブラックホール連星は，ジェットの速度が亜光速であること，非常にエネルギーが高い現象であることなどから，クェーサーのミニチュア版だと考えられて，**マイクロクェーサー**（microquasar）と称される．

1978 年に発見された最初のマイクロクェーサー（当時はそういう名前はなかったが）は，特異星 SS 433 と呼ばれる天体だった（12.1 節参照）．その後，たとえば，1992 年，銀河系中心領域の X 線源 1E 1740–2942 から双方

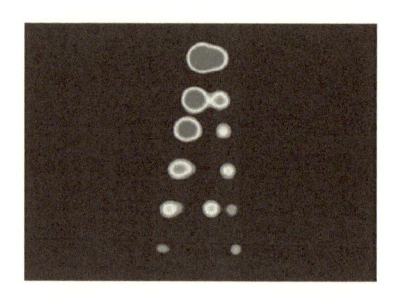

246 第 8 章 連星系天文学と降着円盤　Binary and Accretion Disk

図 8.21 マイクロクェーサー GRS1915+105（NRAO）．異なる時期に得られた電波画像が上から下へ並べてある．中心天体から電波を放射するプラズマが吹き出して，図の左右へ飛び去っていくさまがわかる．

表 8.1 マイクロクェーサー．

天体	ジェットの速度
特異星 SS 433	$0.26c$
1E 1740.7−2942	$0.27c$?
GRS 1915+105	$0.92c$
GRO J1655−40	$0.92c$

向に向けて伸びる電波ジェットが発見された．さらに 1994 年以来，X 線源 GRS 1915+105（距離およそ 4 万光年）や GRO J1655−40 など，類似の亜光速ジェット天体が見つかっている．この 2 天体では，ジェットの速度は光速の 92 ％にもおよぶ．そのころの論文[12]で，ミラベルとロドリゲスがマイクロクェーサーと名づけたものだ．

8.8 宇宙トーラス　astrophysical torus

ここでは回転の効果がきわめて極端なため，形状がドーナツ状になった天体，**宇宙トーラス**（astrophysical torus）の構造を考えてみよう[13]．

---

[12] Mirabel and Rodríguez 1999, "Sources of relativistic jets in the Galaxy", *Annual Review of Astronomy and Astrophysics* 37, 409.

[13] ラリイ・ニーヴンが 1983 年に発表した SF『インテグラル・ツリー』（邦訳は小隅黎訳，早川書房，1986）では，ヴォイ（ルヴォイ星）と呼ばれる中性子星周辺のガストーラス

8.8.1 天体のまわりのガストーラス

木星のまわりを回る衛星イオの軌道周辺にガストーラスは拡がっている．トーラス中のガスはイオの大気から供給されている．イオのガストーラスは，1979 年に探査機ボイジャー 1 号により発見された．

B 型輝線星は，B 型主系列星の周辺にガスのトーラスが観測される[*14]．B 型星の自転が高速なため，赤道付近から大気が放出されて形成されたのだろう．

また近接連星系の場合，コンパクト星周辺にガストーラスが形成される可能性がある．ガスの供給率が小さいと幾何学的に薄い降着円盤になるが，供給率が大きいと，粘性を通した摩擦によるエネルギー発生率が大きくなり，円盤が膨れてトーラスになる．たとえば特異星 SS 433 ではブラックホールのまわりにガストーラスが形成されていると考えられる．エネルギー発生率が大きいために，トーラス内のガスは輻射圧が優勢になっているだろうと思われる．

最後に活動銀河中心核でも，超大質量ブラックホールの周辺にガスのトーラスが形成されている場合があるだろう．この場合，ガスは超大質量ブラックホールの潮汐力によって引き裂かれた星とか星間ガスから供給される．

8.8.2 宇宙トーラスの構造

質量 M の天体の周囲をガスが回っているとしよう（図 8.22）．ガス自身の質量は中心の天体の質量に比べ無視できるとし，磁場や粘性などは考えない．トーラスの形状は，回転軸のまわりに対称的で（軸対称），時間が経ってもその構造が変わらない（定常的）とする．最後に，トーラスの赤道面内で中心から測った距離を r，回転軸方向の方位角を φ，赤道面から測った高さを z とする円筒座標 (r, φ, z) を用いる．

――スモークリング――が物語の舞台になっている．

[*14] B 型輝線星の周辺のガストーラスを説明するために，1964 年，リンバー（D. N. Limber）がはじめてガストーラスのモデルを提唱した．多分，天体のまわりのガストーラスのモデルは，このリンバーの研究が嚆矢であろう．

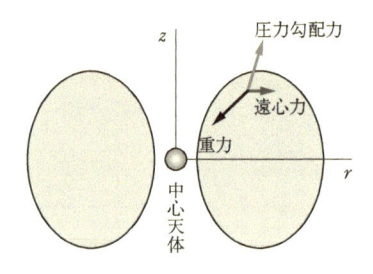

図 8.22 中心の天体のまわりのトーラス中における力の釣り合い.

■**(1) 静水圧平衡**

まずトーラス内部における力の釣り合いだが，図 8.22 に示したように，ガストーラスの各点では，中心の天体の重力，回転軸に垂直外向きの遠心力，そして圧力の高いトーラスの内部から圧力の低いトーラス外部へ向いた圧力勾配力の三つの力が働く．これは何度も出てきた力学的平衡状態である．

力の釣り合いの半径方向の成分と鉛直方向の成分は，それぞれ，

$$\frac{1}{\rho}\frac{\partial P}{\partial r} = -\frac{GMr}{(r^2+z^2)^{3/2}} + \frac{L^2}{r^3}, \tag{8.38}$$

$$\frac{1}{\rho}\frac{\partial P}{\partial z} = -\frac{GMz}{(r^2+z^2)^{3/2}} \tag{8.39}$$

と表せる．回転の角速度を Ω，回転速度を $v = r\Omega$，単位質量あたりの角運動量すなわち比角運動量を $L = r^2\Omega = rv$ とおけば，単位質量あたりの遠心力は，$r\Omega^2 = v^2/r = L^2/r^3$ と表される．遠心力を表すには，Ω，v，L のどれを用いてもいいが，ここでは後での便宜上，比角運動量 L を用いた表現を使う．

比角運動量分布としては，L_0 と b を定数として，

$$L(r) = L_0 r^b \tag{8.40}$$

を仮定しよう[*15]．以下では簡単な場合として，$b = 0$，すなわち比角運動量 L

[*15] トーラスのガスが角速度 Ω 一定の一様回転（剛体回転）をしていれば，ガスの比角運動量 $L = r^2\Omega$ は r の 2 乗に比例する（回転星）．もし太陽系の惑星や土星のリングのように重力と遠心力の釣り合ったケプラー回転をしていれば，L は $\sqrt{r}$ すなわち r の 1/2 乗に比

8.8 宇宙トーラス astrophysical torus

が全空間で一定とするが，一般の場合について解くことは難しくない．

状態方程式に関しては，ポリトロピック関係 (1.48) を仮定する．

■(2) 有効ポテンシャル

状態方程式を用いて，静水圧平衡の式の圧力勾配力の部分が偏微分の中に繰り込めることや，比角運動量 L が一定であることを使うと，静水圧平衡を表す式 (8.38)–(8.39) は，

$$\frac{\gamma}{\gamma-1}\frac{P}{\rho} - \frac{GM}{\sqrt{r^2+z^2}} + \frac{L^2}{2r^2} = \Psi_0 \qquad (8.41)$$

のように積分できる[*16]．ここで右辺の Ψ_0 は積分定数である．

さて積分 (8.41) の意味だが，まず左辺の第 1 項はエンタルピーで，第 2 項は重力ポテンシャル，第 3 項は遠心力のポテンシャルである．とくに第 2 項と第 3 項の和を**有効ポテンシャル**（effective potential）と呼ぶ：

$$\Psi(r,z) = -\frac{GM}{\sqrt{r^2+z^2}} + \frac{L^2}{2r^2}. \qquad (8.42)$$

トーラスの表面では圧力も密度も 0 となるが，状態方程式を考慮すれば，(8.41) 式の第 1 項は 0 になる．したがって (8.42) 式から，有効ポテンシャルの値は表面ではどこでも一定で，(8.41) 式右辺の積分定数 Ψ_0 に等しい．言い換えれば，積分定数 Ψ_0 は，トーラス表面での有効ポテンシャルの値にほかならない．したがって積分定数 Ψ_0 を与えれば，ここで考えているモデルでの，トーラス表面の形状が定まる．さらに同じように，(8.42) 式の有効ポテンシャル Ψ が一定の面では，ガスの密度は等しい．すなわち等ポテンシャル面は等密度面に一致する．したがって，有効ポテンシャル Ψ の形状がわかれば，トーラス内部のガスの構造（密度分布）もわかる．

実際，状態方程式を (8.41) 式に代入して，密度分布を陽に求めると，

$$\rho = \left[\frac{\gamma-1}{K\gamma}(-\Psi+\Psi_0)\right]^{\frac{1}{\gamma-1}} = \left[\frac{\gamma-1}{K\gamma}\left(\frac{GM}{R} - \frac{L^2}{2r^2} + \Psi_0\right)\right]^{\frac{1}{\gamma-1}} \qquad (8.43)$$

例する（降着円盤）．ガスの粒子にまったく相互作用がなければ，一つひとつの粒子の L は保存する．一般的には，比角運動量 L は距離 r のべき関数で表されることが多い．

[*16] 比角運動量 L が一定でなく，(8.40) 式のような r の関数の場合，遠心力ポテンシャルの項は，$L_0 r^{2b-2}/(2-2b) = L^2/r^2/(2-2b)$ のようになる．

となる.実際の密度の値は,$(-\Psi + \Psi_0)$ の値の $1/(\gamma - 1)$ 乗に比例する.

■**(3) 物理量の無次元化**

ここで,例によって無次元化を行おう.ここでは速度の単位を光速 c とし,長さの単位として質量 M の中心天体のシュバルツシルト半径を採る[*17]:

$$r_S = 2GM/c^2. \tag{8.44}$$

参考のために,いくつかの無次元化の方法[*18]を比較しておく(表 8.2).

表 8.2 宇宙トーラスのモデルの無次元化の例.

	(i) 速度 c 基準	(ii) 長さ a 基準	(iii) GM と L 基準
r の単位	$2GM/c^2$	a	L^2/GM
v の単位	c	$\sqrt{GM/a}$	GM/L
L の単位	$2GM/c$	$\sqrt{GMa}$	
Ψ の単位	c^2	GM/a	$(GM/L)^2$

上記のような,光速 c を速度の基準,シュバルツシルト半径 $2GM/c^2$ を長さの基準とする無次元化を行うと,(8.42) 式は以下のようになる:

$$\Psi = -\frac{1}{2R} + \frac{L^2}{2r^2} \tag{8.45}$$

ここで $R = \sqrt{r^2 + z^2}$ で,式の簡略化のために,無次元量を表す記号(たとえば ^)は省略した.

■**(4) 赤道面内での有効ポテンシャル**

まず有効ポテンシャルの赤道面内での振る舞いについて少し見ておこう.

[*17] あくまでも便利な単位として用いているだけで,相対論とは直接関係ない.
[*18] 無次元化は一通りではなく何通りもある.たとえばここでは速度の単位を光速とするが,実は基準となる速度なら,ガストーラスのある点での音速でもいいし,中心の天体表面での脱出速度でも何の速度でも構わない.また長さの単位もシュバルツシルト半径ではなく,中心の天体の半径とか,トーラスの直径のような何か典型的な長さ a を基準にして無次元化することもできる.さらに質量 M と比角運動量 L を基準に無次元化することもできる.この最後のケースでは,GM だけでなく,L も単位の中に繰り込むことができる.

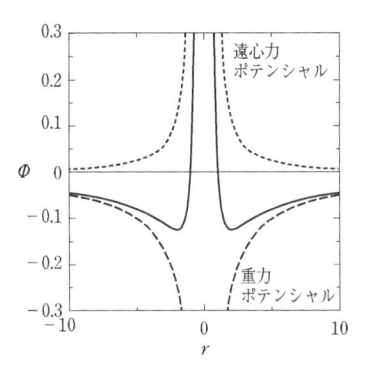

8.8 宇宙トーラス astrophysical torus

図 **8.23** 赤道面内での有効ポテンシャル $\Phi(r)$ の形状.

(8.45) 式で, $z = 0$, したがって $R = r$ と置けば, 赤道面内での有効ポテンシャル Φ が r の関数として表される:

$$\Phi(r) = -\frac{1}{2r} + \frac{L^2}{2r^2}. \tag{8.46}$$

無次元化した比角運動量を $L = 2$ ($L = 2r_S c$) とした場合の赤道面内での有効ポテンシャルを図 8.23 に示す. 横軸は動径 r (単位 r_S), 縦軸はポテンシャル Φ (単位 c^2).

有効ポテンシャルは, 重力ポテンシャル (図の破線) と遠心力ポテンシャル (図の点線) の和である. 遠方では遠心力ポテンシャルが r の 2 乗に反比例して急速に小さくなるために, 重力ポテンシャルの方が卓越して, 有効ポテンシャルは負の値を取る. 一方, r が小さくなると, 逆に遠心力ポテンシャルの方が重力ポテンシャルより大きくなって, 遠心力ポテンシャルが卓越し, 有効ポテンシャルの値は正になる. そして, 赤道面上の有効ポテンシャル Φ は, 中心からある距離で極小値をもつ. 極小値を取る半径 r_{bottom} は, (8.46) 式の r 微分を 0 と置いて得られる. すなわち,

$$\frac{d\Phi}{dr} = \frac{1}{2r^2} - \frac{L^2}{r^3} = 0 \tag{8.47}$$

から, 極小値の半径とそこでのポテンシャル値は以下となる:

$$r_{\text{bottom}} = 2L^2 = 8 \quad (L = 2 \text{ の場合}) \tag{8.48}$$

$$\Psi_{\text{bottom}} = -\frac{1}{8L^2} = -0.0312 \quad (L = 2 \text{ の場合}). \tag{8.49}$$

赤道面内の有効ポテンシャルが0となる位置は, (8.46)式を0と置いて,

$$r_{\text{bound}} = L^2 = 4 \quad (L = 2 \text{ の場合}) \tag{8.50}$$

となる.この半径より外側では有効ポテンシャルが負であり,重力的に束縛されていることを表す.

さて表面の有効ポテンシャルが Ψ_0 であるということは, Ψ_0 の値までガスが溜まっていることを意味する.ガスが溜まるためには Ψ_0 は Ψ_{bottom} より大きくなければならず,トーラスが重力的に束縛されているためには Ψ_0 は負でなければならない.またこの Ψ_0 が正になると,トーラスのガスの一部(表面付近)は重力的に束縛されなくなる.したがってガストーラスが存在するためには,パラメータ Ψ_0 に対しては,

$$\Psi_{\text{bottom}} < \Psi_0 < 0 \tag{8.51}$$

という条件が課せられる.なお仮に Ψ_0 をどれだけ大きくしても(重力的に束縛されない正の値で),ニュートン力学の枠内では,遠心力のために中心付近に決して近寄ることができない壁がある.これを**角運動量の障壁**(angular momentum barrier)という.

■**(5) 等ポテンシャル面**

いよいよ rz 平面,すなわち子午面内でのガストーラスの構造を考えよう.

有効ポテンシャル Ψ は, r と z の関数であるが, z は R の中にしか含まれていないので, (8.42)式を z に関して陽に展開することができる.

そのためには, (8.45)式を以下のように変形すればよい:

$$R^2 = r^2 + z^2 = \frac{1}{(-2\Psi + L^2/r^2)^2},$$

$$z = \sqrt{\frac{1}{(-2\Psi + L^2/r^2)^2} - r^2}. \tag{8.52}$$

パラメータとして r_{sc} を単位として測った比角運動量 L の値を固定し,さ

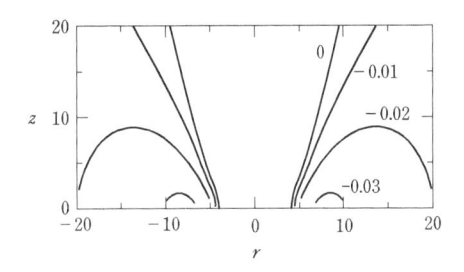

8.8 宇宙トーラス astrophysical torus

図 **8.24** 子午面内での等ポテンシャル面. 比角運動量は $L = 2r_S c$ で，図中の数字は，有効ポテンシャル Ψ/c^2 の値.

らにいろいろな Ψ の値を与えて，(8.52) 式から r の関数として z を計算すれば，具体的に等ポテンシャル面を描くことができる.

図 8.24 に子午面内での等ポテンシャル面を示す（$L = 2r_S c$）. 図の中の数字は，有効ポテンシャル Ψ の値を表す. さらに (8.51) 式を満たすような Ψ_0 の値を与えれば，ガスの溜まっている領域が定まり，ガストーラスが一つ決まる. なお図の上下に走る回転軸付近には，図で述べた角運動量の障壁のためにガスが入り込めない. この領域を**ファンネル**（funnel）と呼ぶ[*19]. このファンネルの存在が中心に穴のあいた"トーラス"になる理由である.

こぼれ話

潮汐力： 近接連星で働く潮汐力は，地球潮汐などとも関連して重要な概念ではあるが，他のテキスト（たとえば福江純，沢武文編『超・宇宙を解く』〔恒星社厚生閣，2014〕）などで詳細に述べたこともあり，本書では割愛した.

[*19] ファンネルはもともと漏斗という意味で，等ポテンシャル面の形が漏斗に似ていることからこの名が付いた. なお，大変にマニアックな話であるが，アニメ『機動戦士ガンダム』で，ハマーンの操るモビルスーツ・キュベレイに実装された武器の名前がファンネル（ビット）だったり，主人公アムロの乗る ν ガンダムの武器が（フィン）ファンネルだったり，密かに嬉しかったものだ.

第9章

天体降着流と天体風
Accretion and Wind

質量をもった天体へ向けて周囲からガス物質などが継続的に落下していく現象が，**天体降着流**（accretion flow）と呼ばれるものだ．降着円盤も降着流の一種である．中心天体がコンパクト星の場合，重力ポテンシャルの落差が非常に大きいので，ガス降着は大きなエネルギー源となる．逆に，中心天体あるいはその周辺からガスが吹き出して流れ出ていく現象が，**天体風**（wind）である．天体風には，太陽風や恒星風そして宇宙ジェットなど多彩な種類がある．中心天体がコンパクト星の場合，天体風や宇宙ジェットの速度も非常に高速になる[*1]．

惑星運動のような重力場中での粒子の運動と比べて，降着流や天体風などガス運動の解析は難易度が高いが，これらは現代の宇宙物理学としては重要な分野なので，初歩的な内容を本章で紹介したい[*2]．

9.1 定常球対称流：連続の式とベルヌーイの式   spherical flow

実際の天体降着流や天体風では，時間的空間的にさまざまな非一様性があるが，モデル化（単純化）として，流れは定常的[*3]で，球対称すなわち半径（動径）方向に1次元だとする（図9.1）．粘性や輻射場や磁場も無視する．

[*1] 宇宙ジェットなどは一般には中心天体の脱出速度程度まで加速される．
[*2] 参考文献：福江純他『宇宙流体力学の基礎』〔シリーズ宇宙物理学の基礎1〕（日本評論社，2014）など．
[*3] 静水圧平衡のようにガスが**静止**（static）している場合に対し，ガスの運動が存在していても全体の振る舞いが時間的に変化しない場合を**定常流**（steady flow）と呼ぶ．定常的な流れには，ある方向への絶え間ない流れだけでなく，ガスの実質的な移動がない回転運動などもある．

9.1 定常球対称流：連続の式とベルヌーイの式　spherical flow

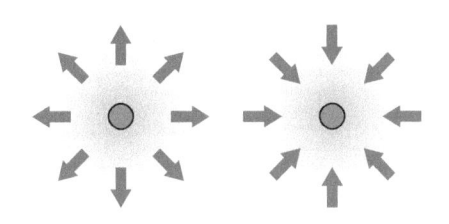

図 9.1　球対称風（左）と球対称降着流（右）のモデル．

9.1.1　連続の式

球対称な定常流では，ガスの密度 ρ や流速 v などの物理量は，中心からの距離を r だけの関数になる（図 9.1）．

球面上の単位面積を通って単位時間あたりに流れる物質量は ρv であり，球面の面積は $4\pi r^2$ なので，半径 r の球面全体を単位時間に通過する物質量は，$4\pi r^2 \rho v$ となるが，定常的な流れでは半径によらずに一定の値となる[*4]ので，

$$4\pi r^2 \rho v = \dot{M}（一定） \tag{9.1}$$

が成り立つ[*5]．この式を**連続の式**（continuity equation）と呼ぶ．また定数 $\dot{M}$（エムドット）を**質量流束**（mass flux）[*6]と呼ぶ．

9.1.2　ベルヌーイの式

定常球対称流では流れに沿って運ばれるエネルギーも保存される[*7]．流体の単位質量あたりの内部エネルギーを U，単位質量あたりに圧力がなす仕事を P/ρ，そして単位質量あたりの位置エネルギー（重力ポテンシャル）を ϕ

[*4] もし流れの中に物質の吸い込みや湧き出しがあれば，定常流でも $\dot{M}$ は一定にならない．
[*5] 積分形で表した連続の式を微分形で表すと，下のようになる：

$$\frac{1}{4\pi r^2}\frac{d}{dr}(4\pi r^2 \rho v) = 0.$$

[*6] 外向きの風などのときは**質量損失率**（mass loss rate）とか**質量流出率**（mass effluxion rate）と呼び，内向きの流れのときは**質量降着率**（mass accretion rate）と呼ぶことも多い．
[*7] もし流れの中に熱源などがあれば，保存されない．

とおけば，流れに沿ったエネルギーの保存は，

$$4\pi r^2 \rho v \left(\frac{1}{2}v^2 + U + \frac{P}{\rho} + \phi\right) = \dot{M}E \quad (\text{一定}) \tag{9.2}$$

と表される．この式を上の (9.1) で辺々割れば，

$$\frac{1}{2}v^2 + U + \frac{P}{\rho} + \phi = E \quad (\text{一定}) \tag{9.3}$$

が得られる．この式を**ベルヌーイの式**（Bernoulli equation）[*8]と呼ぶ．また右辺の E を**ベルヌーイ定数**という．ベルヌーイの式は，単位質量あたりの運動エネルギー（$v^2/2$）と内部エネルギーなど熱力学的なエネルギー（$U + P/\rho$）[*9]とポテンシャル（ϕ）の和が流線に沿って一定であること，すなわちエネルギーの保存が成り立つことを表している．

ベルヌーイの式に出てくる内部エネルギー U は，一般に，密度や圧力や温度など流体の熱力学量で表すことができる．その表式は流体の種類や状態によって異なるが，密度 ρ と圧力 P の間にポリトロピック関係：

$$P = K\rho^\gamma; \quad K \text{ と } \gamma \text{ は定数} \tag{9.4}$$

が成り立つときには，内部エネルギーは，

$$U = \frac{1}{\gamma - 1}\frac{P}{\rho} \tag{9.5}$$

と表される．また，中心の天体（太陽やブラックホール）の質量を M とおけば，中心天体の重力ポテンシャル ϕ は，$-GM/r$ で表される．このとき，上

[*8] スイスの科学者ダニエル・ベルヌーイ（Daniel Bernoulli；1700〜1782）にちなむ．
[*9] 内部エネルギー U と圧力のなす仕事 P/ρ を合わせた，熱力学的なエネルギーの和：$H = U + P/\rho$ を**エンタルピー**（enthalpy）H という．バロトロピック（流体の密度が非一様だが圧力と密度が対応している，つまり $P = P(\rho)$ が成り立つ場合をバロトロピックという）かつ等エントロピーの場合は，下記のようになる：

$$H = U + \frac{P}{\rho} = \int \frac{dP}{\rho}.$$

9.1 定常球対称流：連続の式とベルヌーイの式　spherical flow

のベルヌーイの式 (9.3) は，以下のように表すことができる[*10]：

$$\frac{1}{2}v^2 + \frac{\gamma}{\gamma-1}\frac{P}{\rho} - \frac{GM}{r} = E \text{（一定）}. \tag{9.6}$$

流体の熱伝導率が高く，物質の流れに沿って熱も非常に効率よく流れているような状況では，流れに沿って温度の変化はほとんどなく流れは**等温的**（isothermal）になる．流れが等温的な場合（$\gamma = 1$），$P = K\rho$（K は定数）で，ベルヌーイの式は，以下のようになる：

$$\frac{1}{2}v^2 + \frac{P}{\rho}\ln\rho - \frac{GM}{r} = E \text{（一定）}. \tag{9.7}$$

■変数と方程式の関係

流れの問題，とくにここで考えているような定常流の問題を解く大きな目的は，流れを表す基礎方程式を解いて流れの物理量を求めることである．積分形や微分形また断熱的や等温的など，いろいろな形の式を書いたが（そして，場合に応じて適宜それらを使い分けるが），いまの段階では，上に並べた方程式の中で，数学的に独立な式は，

- 連続の式
- 運動方程式
- ポリトロピック関係式

の3本である[*11]．また，流れの状態を表す物理量は，半径 r を独立変数として，従属変数は，流速 v，圧力 P，密度 ρ の三つである．なお，ここでは微分は二つあるので，微分方程式を解こうとすれば，二つの境界条件が必要に

[*10] 積分形で書き表した保存則としてのベルヌーイの式は，もともとは，微分形で表した運動方程式を積分して得られる．定常球対称流の運動方程式は，以下のようになる：

$$v\frac{dv}{dr} = -\frac{1}{\rho}\frac{dP}{dr} - \frac{GM}{r^2}.$$

右辺第1項は圧力勾配力で，第2項は中心天体の重力だ．また左辺は流れに伴って運動量が運ばれる項で，**慣性項**（inertial term）あるいは**移流項**（advection term）などと呼ぶ．

[*11] 流れを厳密に解く場合にはエネルギーの式なども同時に考慮するが，ここではポリトロピック関係を使って簡単化して考えている．星の内部構造で言えば，第6章のエムデン方程式に相当する取り扱いをしている．

なる．二つの境界条件は，積分形における二つの積分定数すなわち質量流束 $\dot{M}$ やベルヌーイ定数 E に対応する．

9.1.3 音速とマッハ数の導入

以上の基礎方程式を，**音速**（sound speed）を用いて，きれいな形に書き直すとと同時に，変数と方程式の数を減らそう．天体における流れでは，流体の音速に比べて流速が無視できない場合が多く，そのような場合には，音速を用いた方が，はるかに見通しがよくなるし，また変数と式が整理される．なお，流速が音速より小さい場合を**亜音速**（subsonic），大きい場合を**超音速**（supersonic），そして亜音速から超音速に，あるいは超音速から亜音速に移り変わることを，**遷音速**（transonic）と呼ぶ．

音速の導出は省略するが，局所的な音速 c_s は，$c_s \equiv \sqrt{dP/d\rho}$ で定義される．したがって $P = K\rho^\gamma$ という状態方程式で表されるポリトロピックガスの場合，音速は，圧力と密度を用いて，

$$c_s^2 \equiv \frac{dP}{d\rho} = \gamma \frac{P}{\rho} = K\gamma \rho^{\gamma-1}, \tag{9.8}$$

と表せる（等温的な場合は $\gamma = 1$ なので，音速は一定になる）．

音速を用いると，断熱的な場合の連続の式とベルヌーイの式は，それぞれ，

$$4\pi r^2 c_s^{\frac{2}{\gamma-1}} v = (K\gamma)^{\frac{1}{\gamma-1}} \dot{M} \tag{9.9}$$

$$\frac{1}{2}v^2 + \frac{1}{\gamma-1}c_s^2 - \frac{GM}{r} = E \tag{9.10}$$

と書き直すことができる．またこのとき，密度 ρ と圧力 P は，それぞれ，$\rho = [c_s^2/(K\gamma)]^{1/(\gamma-1)}$，$P = K[c_s^2/(K\gamma)]^{\gamma/(\gamma-1)}$ となる．

流れが等温的な場合，連続の式はそのままだが，ベルヌーイの式は，

$$\frac{1}{2}v^2 + c_s^2 \ln\rho - \frac{GM}{r} = E \tag{9.11}$$

と書き直せる．

以上のように，音速を導入すると，微分方程式は2本になり（ポリトロピック関係は表に出ない），変数も二つになる（断熱的な場合は流速 v と音

9.1 定常球対称流：連続の式とベルヌーイの式　spherical flow　**259**

速 c_s，等温的な場合は流速 v と密度 ρ).

流れの速度 v と音速 c_s の比：

$$\mathcal{M} = \frac{v}{c_s} \tag{9.12}$$

をマッハ数（Mach number）と呼ぶ[*12]．定義から，$\mathcal{M} < 1$ は亜音速，$\mathcal{M} > 1$ は超音速である．マッハ数を用いて式をさらに整理してみよう．

マッハ数を用いると，$v = c_s \mathcal{M}$ なので，流れが断熱的な場合，連続の式とベルヌーイの式は，それぞれ，

$$4\pi r^2 c_s^{\frac{\gamma+1}{\gamma-1}} \mathcal{M} = (K\gamma)^{\frac{1}{\gamma-1}} \dot{M} \tag{9.13}$$

$$\left(\frac{1}{2}\mathcal{M}^2 + \frac{1}{\gamma-1}\right)c_s^2 - \frac{GM}{r} = E \tag{9.14}$$

と書き直せる．上の式から，$c_s^2 = (K\gamma)^{2/(\gamma+1)}[\dot{M}/(4\pi r^2 \mathcal{M})]^{2(\gamma-1)/(\gamma+1)}$ なので，ベルヌーイの式から音速を消去すると，最終的に，

$$(K\gamma)^{\frac{2}{\gamma+1}} \left(\frac{\dot{M}}{4\pi r^2 \mathcal{M}}\right)^{\frac{2(\gamma-1)}{\gamma+1}} \left(\frac{1}{2}\mathcal{M}^2 + \frac{1}{\gamma-1}\right) - \frac{GM}{r} = E, \tag{9.15}$$

のように，マッハ数だけの代数方程式に書き直すこともできる[*13]．

流れが等温的な場合，マッハ数で表すと以下のようになる（c_s は一定）[*14]：

$$c_s^2 \left(\frac{1}{2}\mathcal{M}^2 + \ln\frac{1}{4\pi r^2 c_s \mathcal{M}}\right) - \frac{GM}{r} = E. \tag{9.16}$$

[*12] いわゆるマッハ 1 とかマッハ 2 とかいうもの．かつて就航していた超音速旅客機コンコルドはマッハ 2.0 で飛行した．オーストリアの物理学者エルンスト・マッハ（Ernst Mach；1838〜1916）にちなむ．

[*13] かなり面倒なので導出はしないが，微分方程式の方もマッハ数だけで表すことができて，断熱の場合，最終的に以下のようにまとまる：

$$\frac{d\mathcal{M}}{dr} = \frac{\mathcal{M}\left[\frac{\gamma-1}{2}\mathcal{M}^2 + 1\right]\left[\frac{2}{r} - \frac{\gamma+1}{2(\gamma-1)}\frac{1}{E+GM/r}\frac{GM}{r^2}\right]}{\mathcal{M}^2 - 1}.$$

[*14] 等温の場合のマッハ数で表した微分方程式は以下となる：

$$\frac{d\mathcal{M}}{dr} = \frac{\mathcal{M}\left[\frac{2}{r} - \frac{1}{c_s^2}\frac{GM}{r^2}\right]}{\mathcal{M}^2 - 1}.$$

9.2 自由落下流と等速風　freefall flow and constant wind

定常で球対称1次元とはいえ，方程式は非線形で特異点をもつ微分方程式なので，解くのは簡単ではない．定常球対称流の振る舞いを紹介する前に，ここでは非常に単純化した場合を考察してみる．具体的には流速分布を与えて（運動方程式は解かない），連続の式から流れの密度分布を調べてみよう．

9.2.1 自由落下流

降着流の場合，ガスが希薄だったり流速が大きかったりして，慣性項に比べて圧力勾配力の項が無視できるなら，運動方程式は，

$$v\frac{dv}{dr} = -\frac{GM}{r^2} \tag{9.17}$$

と簡単化できるが，これは重力場中での自由落下の方程式そのものである（定常流のために左辺は時間微分とはなっていないが）．この方程式を積分した結果はベルヌーイの式 (9.6) でガス圧の項を落としたものになる：

$$\frac{1}{2}v^2 - \frac{GM}{r} = E\ （一定）. \tag{9.18}$$

無限遠でガスが静止していた（速度が0）という境界条件を課すと，$E = 0$ になるので，結局，**自由落下流**（freefall flow）の流速分布としては，

$$v = -\sqrt{\frac{GM}{r}} \tag{9.19}$$

が得られる（動径方向内向きの流れなのでマイナスの符号を取った）．この式を連続の式 (9.1) に代入すれば，流れの密度分布として，

$$\rho = \frac{\dot{M}}{4\pi r^2 v} \propto r^{-3/2} \tag{9.20}$$

が得られる．

9.2.2 等速風

逆に，中心天体から球対称に風が吹き出す場合，一般的には風の加速は中心近傍で起こり，遠方になれば風の流速はほぼ一定になることが多い．その

ような等速風領域では，連続の式 (9.1) から，流れの密度分布として，

$$\rho = \frac{\dot{M}}{4\pi r^2 v} \propto r^{-2} \tag{9.21}$$

が得られる．密度分布は自由落下流より急峻になる．

9.3　ボンヂ降着と太陽風　Bondi accretion and solar wind

ブラックホールなどの重力天体が星間ガス中に静止していると，重力天体はガスを引き寄せるが，ガスの圧力があるために，質点の自由落下とは異なったものになる．そのような，圧力をもったガスが重力天体に落下する仕方は，1952 年に最初に解析したオーストリア生まれのイギリスの宇宙物理学者ハーマン・ボンヂ（Hermann Bondi；1919〜2005）にちなんで，**ボンヂ降着**（Bondi accretion）として知られている．

同じころ，理論的な解析によってアメリカの宇宙物理学者ユージーン・パーカー（Eugene Parker；1927〜）は，高温の太陽コロナが星間空間に流れ出しているはずだと指摘した（1958 年頃）．そして彼は，具体的に定常的な流れの解を求めて，地球近傍での太陽風の速度が 300–500 km s^{-1} 程度になることを理論的に予言した．そしてその後，確かにそのような太陽風があることが実証されたのである．このような球対称定常風を**パーカー解**（Parker solution）と呼ぶ．

9.3.1　遷音速球対称流と遷音速点

球対称ボンヂ降着や太陽風の振る舞い，すなわち速度場や密度分布などを正確に知るためには，ガスの圧力も考慮して運動方程式などを解かなければならない．具体的な解の様子を図 9.2 と図 9.3 に示す．図の横軸は，中心天体からの距離で，縦軸は速度などである．

まずボンヂ降着の方（図 9.2）だが，落下速度（実線）をみると，無限遠ではガスは静止しているので落下速度は 0 で，ガスが中心天体の重力に引かれて落下するにしたがい落下速度は次第に増加する．しかし，ガスの圧力が働くボンヂ降着の場合，ガスは自分より内側に存在するガスの圧力によって支

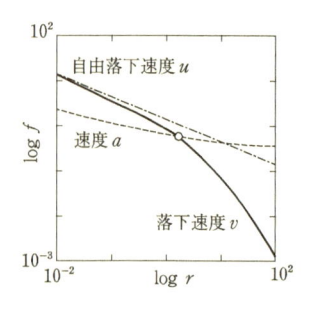

図 9.2 ボンヂ降着の速度分布と音速分布．実線がガスの流速，破線がガスの音速，一点鎖線が（ガスの圧力のない）自由落下の速度を表す．

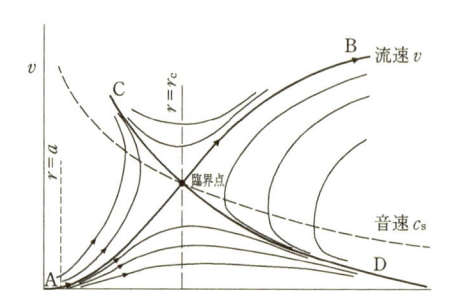

図 9.3 球対称風の速度分布と音速分布．実線がガスの流速，破線がガスの音速を表す．ボンヂ降着の流速も実線で表してある．

えられた状態になっているために，単純に重力だけに引かれて落下する自由落下流（一点鎖線）に比べると，ガスの落下速度は抑えられている．ただし，中心に近づくと，内側のガスも減り重力もより強まるため，ガス圧は効かなくなって，ボンヂ降着の落下速度は自由落下的になる．

一方，ボンヂ降着流の音速（破線）をみてみよう．水素ガスなどの理想気体では，音速の 2 乗がガスの絶対温度に比例するので，音速は温度の変化を表していると思ってよい．無限遠では，星間ガスは温度も密度も一定の状態で音速も一定だが，落下するにつれて，広い範囲から狭い範囲にガスが集まるために，ガスは圧縮される．ガスの冷却がなければ，ガスは中心に向かうにつれて断熱的に圧縮され，その結果，温度（や密度）が上昇し，それにつれて音速も次第に大きくなる．

ガスの流速（落下速度）と音速の振る舞いは以上のとおりだが，全体の様相としては，ボンヂ降着では，無限遠では流速はほぼ 0 で音速は有限なので，流速の方が音速より小さい**亜音速**（subsonic）の状態になっている．一方，中心付近では，流速はほぼ自由落下になり音速を上回るので，流速の方が音速より大きな**超音速**（supersonic）の状態になっている．そのため，無限遠から中心の間のどこかで，流速が音速を超えるという**遷音速**（transonic）現象が起こる．その場所を**遷音速点**（transonic point）と呼んでいる（図 9.2

の白丸).

つぎに球対称風の方(図9.3)はどうかといえば,まず風の流速に着目すると,天体表面で流速はほとんど0だが,次第に加速され,十分遠方ではほぼ一定の速度で吹き出していく.

一方,球対称風の音速は,中心近傍では大きいが,風の流れとともに断熱膨張で温度が下がり同時に音速も小さくなっていく.

また,球対称風の場合は,ボンヂ降着とは逆に,中心付近が亜音速流で,遷音速点を通過した後,遠方で超音速流となる.

ボンヂ降着もパーカー解も,数学的には同じ方程式を解いており,境界条件に合わせて異なった2種類の解が得られることになる.したがって,図9.3に示したように,一つのグラフでボンヂ降着とパーカー解を一緒に表すこともでき,それぞれの流速も音速もすべて,同じ遷音速点を通過する.

9.3.2 ボンヂ降着半径と質量降着率

ボンヂ降着では周辺領域全体からガスが落下するので,どの範囲のガスが落下するとか,質量降着率がどれくらいかとかが明確には示しにくい.しかし,エネルギー的な観点から,降着半径や降着率の目安を出すことはできる.

まず,**ボンヂ降着半径**(Bondi accretion radius)を求めてみよう.

質量 M の天体に,十分遠方で密度 ρ_∞(粒子密度は $n_\infty = \rho_\infty/m$)で温度 T_∞(音速は $c_{s\infty}$)のガスが,定常的に球対称降着しているとする.

まず,ガスの音速 c_s と温度 T の間には,

$$c_s^2 = \gamma\left(\frac{\mathcal{R}_g}{\bar{\mu}}\right)T \tag{9.22}$$

という関係があって,音速の2乗がガスの温度に比例する.ここで,$\mathcal{R}_g$ は気体定数,$\bar{\mu}$ は平均分子量,γ は比熱比である.

さて,ボンヂ降着をしているとき,中心天体から距離 r において,ガスの熱エネルギー(内部エネルギー)は音速を用いるとだいたい $c_{s\infty}^2$ であり,単位質量あたりの重力エネルギーは GM/r ほどである.熱エネルギーの方が大きければガスは落下しにくく,重力エネルギーが優ればガスは落下しやすい.そこで,これらを等しいと置き,ボンヂ降着半径 R_B とすると,

$$R_{\rm B} = \frac{GM}{c_{s\infty}^2} = 1.60 \times 10^{13} \frac{M}{10M_\odot} \left(\frac{T_\infty}{10^4 \,{\rm K}}\right)^{-1} \,{\rm m} \tag{9.23}$$

が得られる．これは遷音速点の半径ぐらいになる．

そして，ボンディ降着の質量降着率は，$4\pi R_{\rm B}^2$ に単位面積あたりのガスの流入率 $\rho_\infty v_\infty \sim \rho_\infty c_{s\infty}$（速度は音速程度で評価する）をかけて得られる：

$$\begin{aligned}\dot{M}_{\rm B} &= 4\pi R_{\rm B}^2 \rho_\infty c_{s\infty} = \frac{4\pi \rho_\infty G^2 M^2}{c_{s\infty}^3} \\ &= 8.02 \times 10^{17} \left(\frac{M}{10M_\odot}\right)^2 \frac{n_\infty}{10^5/{\rm cm}^3} \left(\frac{T_\infty}{10^4\,{\rm K}}\right)^{-3/2} \,{\rm g\,s^{-1}}.\end{aligned} \tag{9.24}$$

さらに，ボンディ降着の質量降着率で天体の質量が増加するタイムスケール，ボンディ成長時間は，天体の質量を質量降着率で割って，以下となる：

$$\begin{aligned}t_{\rm B} &= \frac{M}{\dot{M}_{\rm B}} \\ &= 7.9 \times 10^8 \left(\frac{M}{10M_\odot}\right)^{-1} \left(\frac{n_\infty}{10^5/{\rm cm}^3}\right)^{-1} \left(\frac{T_\infty}{10^4\,{\rm K}}\right)^{3/2} \,\text{年}.\end{aligned} \tag{9.25}$$

9.4　エディントン降着　Eddington accretion

輻射圧で支えられている星には最大光度が存在した（6.2節）[15]．そして輻射圧が重力に拮抗するときの中心の天体の明るさを，**エディントン光度**（Eddington luminosity）と呼んだ．ガス降着でも同じ問題が起こる．すなわち，中心の天体が光輝いていたら，中心の天体から四方八方に放射される光によって，粒子を外向きに押しやるような力が働く．天体がエディントン光度に達すると，放射の力を受ける物質は天体に落下することができなく

---

[15] 6.2節で述べた，"エディントン光度という理論上の上限があって，天体の光度はそれを超えられない" という議論は，あくまでも，静的で一様で完全な球対称を仮定した場合の話である．たとえば球対称の場合でも，大気が静的でなくて，中性子星風などのように外向きに運動していれば，放射される光度はエディントン光度を少し超えることができる．あるいは，大気が一様でなくて，輻射が多い領域——**光子泡**（photon bubble）という——や少ない領域が混在していると，放射の非等方性によって，トータルな光度はエディントン光度を超えることが可能になる．降着円盤は球対称ですらないので，場合によっては，**超エディントン光度**（super-Eddington luminosity）が可能になる．

る．光輝く天体周辺では，エディントン光度は特別な明るさを意味する．別の方法でエディントン光度を導いてみよう．

9.4.1 輻射圧とエディントン光度

質量 M の天体が光度 L で光っているとする（図 9.4）．この天体から r の距離にある，質量が m で有効断面積が S の粒子にかかる力を考えよう．陽子と電子からなる水素プラズマの場合，質量 m は陽子の質量 m_p ($= 1.67 \times 10^{-24}$ g) で，断面積は電子散乱の有効断面積 σ_T ($= 6.65 \times 10^{-25}$ cm^2) になる．

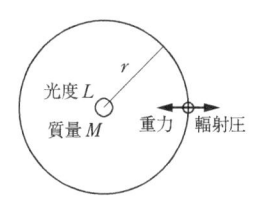

図 **9.4** 天体の重力と輻射圧の釣り合い．

まず，粒子（陽子＋電子）にかかる重力は，

$$F_\mathrm{g} = -\frac{GMm}{r^2} \tag{9.26}$$

である．他方，半径 r のところで単位面積あたりに通過するエネルギー f（輻射流束）は，$f = L/4\pi r^2$ なので，粒子（電子）が受け取れるエネルギーは，断面積をかけて，$\sigma_\mathrm{T} f$ となる．光子は，そのエネルギーを光速 c で割っただけの運動量を運ぶので，光子の流れが粒子に与える運動量（光圧）は，

$$F_\mathrm{r} = \frac{\sigma_\mathrm{T}}{c} f = \frac{\sigma_\mathrm{T}}{c} \frac{L}{4\pi r^2} \tag{9.27}$$

と表せる．したがって，重力と光圧を考えると，粒子には以下の力がかかる．

$$F_\mathrm{g} + F_\mathrm{r} = -\frac{GMm}{r^2} + \frac{\sigma_\mathrm{T}}{c} \frac{L}{4\pi r^2}. \tag{9.28}$$

重力と放射圧が釣り合う光度がエディントン光度だが，球対称の場合は重

力も放射圧も距離の2乗に反比例して変化するので，エディントン光度は距離に依存せずに決まる．すなわち，球対称天体のエディントン光度 L_E は，

$$L_\mathrm{E} \equiv \frac{4\pi cGMm}{\sigma_\mathrm{T}} = \frac{4\pi cGM}{\kappa_\mathrm{es}} \tag{9.29}$$

のようになる（水素プラズマの場合）．

恒星質量ブラックホールと超大質量ブラックホールを例に具体的な数値をあげると，典型的には，それぞれ，以下のようになる（表9.1）．

$$L_\mathrm{E} = 1.25 \times 10^{39} \left(\frac{M}{10 M_\odot}\right) \mathrm{erg\ s}^{-1}, \tag{9.30}$$

$$L_\mathrm{E} = 1.25 \times 10^{46} \left(\frac{M}{10^8 M_\odot}\right) \mathrm{erg\ s}^{-1}. \tag{9.31}$$

エディントン光度は天体の質量に比例するが，天体の質量が同じでも，放射を受ける物質の性質によって，エディントン光度は異なる（表9.1）[*16]．

表 9.1 天体のエディントン光度．

天体	質量 [$M_\odot$]	光度 [$L_\odot$]	$L_\mathrm{E}[L_\odot]$ 水素プラズマ	$L_\mathrm{E}[L_\odot]$ 対プラズマ	$L_\mathrm{E}[L_\odot]$ 星間塵
太陽	1	1	約3万		約30
原始星	1	1万	約3万		約30
青色超巨星	40	10万	約120万		約1000
X線星	10	数万	約30万	約200	
クェーサー	1億	約1億	約1億	約6万	

[*16] 水素プラズマの場合，ふつうの星の光度はエディントン光度より非常に小さい．しかし，X線星やクェーサーなどでは，降着円盤がエディントン光度程度で輝いていることも少なくない．

また電子と陽電子からなる電子-陽電子対プラズマの場合，通常のプラズマに比べて質量が1836分の1ほどしかないため，エディントン光度は，通常のプラズマの約1800分の1に減少する．

さらに，$0.05\,\mu\mathrm{m}$ 程度の典型的な星間塵（ダスト）の場合，エディントン光度は水素プラズマの場合の1000分の1程度しかなく，それだけ放射の影響を受けやすい．プラズマガスよりも質量の大きな塵の方が放射圧の影響を受けやすいのは意外かもしれないが，重力は粒子の質量に比例するのに対して，光子を受ける面積は粒子の断面積に比例するためだ．

9.4.2 エディントン質量降着率

エディントン光度に関連して重要な物理量が，エディントン質量降着率である．相対論では，質量 M がすべてエネルギー E に変換すれば，$E = Mc^2$ のエネルギーが発生する．その関係を単位時間あたりで考えると，単位時間あたりに $\dot{M}$ の質量が降ってきて，その質量がすべてエネルギーに変換されると，単位時間あたりに発生するエネルギーとして $L = \dot{M}c^2$ の光度になる[*17]．したがって，

$$\dot{M}_{\rm E} \equiv \frac{L_{\rm E}}{c^2} = 1.4 \times 10^{17} \frac{M}{M_\odot} \text{ g s}^{-1} \tag{9.32}$$

の質量降着率でエディントン光度に達することになる．これが**エディントン（臨界）質量降着率**（Eddington mass-accretion rate；critical mass-accretion rate）である．

恒星質量ブラックホールと超大質量ブラックホールのエディントン臨界質量降着率は，水素プラズマの場合，それぞれ，以下のようになる：

$$\dot{M}_{\rm E} = 1.4 \times 10^{18} \left(\frac{M}{10 M_\odot}\right) \text{ g s}^{-1}, \tag{9.33}$$

$$\dot{M}_{\rm E} = 1.4 \times 10^{25} \left(\frac{M}{10^8 M_\odot}\right) \text{ g s}^{-1} = 0.22 \left(\frac{M}{10^8 M_\odot}\right) M_\odot 年^{-1}. \tag{9.34}$$

上で述べたように，球対称の天体にガスが降ってくるときに，降り積もれる最大の質量降着率は，だいたいエディントン質量降着率程度である．天体に質量が降り積もると天体の質量は徐々に増えていくわけだが，その成長率の上限の目安が，エディントン質量降着率になるわけだ．

では，エディントン質量降着率でガスが降り続けたとき，天体の質量が増

[*17] 実際には，降ってくる質量のすべてがエネルギーに変換されるわけではない．エネルギーに変換される割合を**効率**（efficiency）という．変換効率を η（エータ）とおくと，質量降着に伴って発生するエネルギー（光度）は，

$$L = \eta \dot{M} c^2$$

で与えられる（ブラックホールで $\eta \sim 0.1$）．この光度がエディントン光度を超えると，球対称である限り，それ以上の質量降着はできなくなる．

加するタイムスケールはどれくらいになるだろうか．それは，もとの天体の質量が倍加する時間——e 倍時間と呼ばれる——として見積もられる．エディントン質量降着率に伴う倍加時間は**エディントン時間**（Eddington time scale）と呼ばれ，具体的には，もとの天体の質量をエディントン質量降着率で割って，

$$t_\mathrm{E} \equiv \frac{M}{\dot{M}_\mathrm{E}} = \frac{\sigma_\mathrm{T} c}{4\pi G m_\mathrm{p}} = 4.5 \times 10^8 \text{ 年} \tag{9.35}$$

のようになる．

興味深いのは，天体の質量に比例するエディントン質量降着率で天体の質量を割るため，結果として，エディントン時間が質量によらなくなることだ．すなわち，エディントン質量降着率でガスが降り続ける限り，初期質量の大小にかかわらず，約 5 億年で質量は倍増するのである．

9.5　宇宙ジェット　astrophysical jets

中心天体から吹き出す宇宙ジェット構造は，いろいろな天体で発見されている．たとえば，おうし座分子雲中の L1551 を代表とする原始星ジェット（5.4 節）．これは，星間に広がる分子雲の中で生まれたばかりの原始星周辺から吹き出す，10 数 km s^{-1} の速度のガス流である．あるいは特異星 SS433 のジェット（8.7 節）．特異星 SS433 は通常の恒星とおそらくはブラックホールからなる近接連星系で，ジェットはブラックホールのまわりに形成された降着円盤から吹き出している．驚くべきことは，SS433 ジェットの速度が光速の 26% にも達していることだ．さらに X 線連星 GRS1915+105 や GROJ1655-40 などでは，なんと光速の 92% もの速度をもったジェットが発見されている．さらに活動銀河の中心核からもジェットが吹き出している（11.4 節）．

現在では，中心の天体から，それをはさんで双方向に噴き出す細く絞られたプラズマガスの流れを総称して，**宇宙ジェット**（astrophysical jets）と呼んでいる．

ここでは宇宙ジェットの起源・加速機構と一つのモデルを紹介しよう．

9.5.1 宇宙ジェットの起源

星の誕生段階やX線連星そして活動銀河中心核など，宇宙のさまざまな活動的現場で発見されている宇宙ジェット現象については，あのような細長い形状をどのようにして形作るかという点と同時に，ジェット流をどのような仕組みで加速するかという点も説明しなければならない．

まず，宇宙ジェットを駆動するエネルギー源についてだが，さまざまな証拠から，宇宙ジェットの中心には**重力天体**（場合によっていろいろ；表9.2）が存在しており，しかも中心天体を取り巻いて**降着円盤**が存在していると信じられている（図9.5）．そして，中心天体が，周辺から供給される物質を燃料として，いわば"重力発電所""重力エネルギー転換炉"として作用しているのである．すなわち，中心の天体に向かって周辺領域から降り注いできた物質は，（おそらく降着円盤内における転換処理を経て）中心天体に落下してくる際に解放された重力エネルギーを，熱エネルギー，放射エネルギー，電磁エネルギーなどに転換している．大部分の物質は，最終的には中心の天体に落下してしまうだろうが，一部は排気ガスすなわちジェットとして吐き出されるのだろう（図9.6；詳しくは参考文献参照）．

その際，ジェットを高速に加速するためには，解放された重力エネルギーの一部をジェットの流れの運動エネルギーに転換しなければならない．その転換の方法としては，**熱的圧力**（thermal pressure），**遠心力**（centrifugal force），**磁気圧**（magnetic pressure），**輻射圧**（radiation pressure）などがある．宇宙ジェットに限らず，外向きの流れを引き起こすためには，何らかの**駆動力**（driving force）が必要である．

表 **9.2** 宇宙ジェットの中心天体．

種類	中心天体	具体例
双極分子流	原始星	L 1551
SS 433 ジェット	コンパクト星	SS 433, Aql X-1
系外電波ジェット	超巨大ブラックホール	3C 273, M 87

図 9.5　宇宙ジェットの模式図.

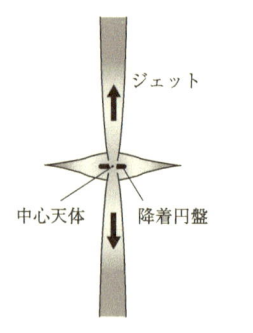

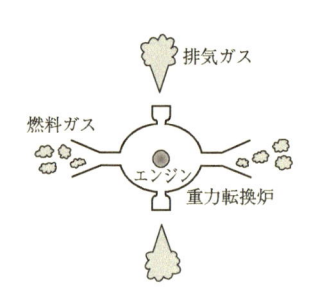

図 9.6　重力エネルギー転換炉.

9.5.2　宇宙トーラスのファンネル領域における加速

中心天体のまわりで，幾何学的に厚いトーラスが形成されうる（第 8 章）．そのようなトーラスの回転軸周辺には，遠心力による障壁のために（回転している）トーラスガスの入り込めない**ファンネル**領域が出現する．ある種のトーラスは非常に高温で光輝いているため，このファンネル領域には，トーラスから放射された強い輻射場が満ちている．したがって，ファンネルに面したトーラス表面から（あまり回転していない）ガスがファンネル内に蒸発してくると，そのようなガスはファンネル内の強い輻射場によって，ファンネルに沿って加速され，そしてファンネルの出口からジェットとして吹き出すだろう．それを**ファンネルジェット**（funnel jet）と呼んでいる（図 9.7）．

中心天体の質量を M，そのシュバルツシルト半径を r_S（$= 2GM/c^2$），トーラスの軸に沿った座標を z としたとき，もっとも単純なトーラスでは，ファンネルの断面積 A は，$A = 4\pi r_S z$ で表される．このファンネルの形状が流れの断面積を決めていると考えれば，球対称な太陽風と同様に，ファンネルジェットを遷音速流として扱うことができる．さらに亜光速まで加速されることを考慮すれば，相対論の効果を入れて，**相対論的遷音速流**（relativistic transonic flow）として扱うことになる．具体的な計算例を図 9.8 に示しておこう．

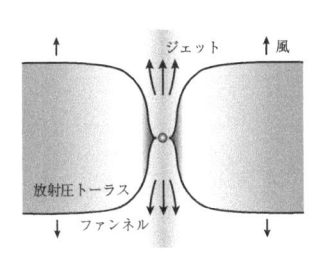

9.5 宇宙ジェット astrophysical jets

図 **9.7** 放射圧加速ファンネルジェット．光り輝くファンネル内壁からの放射によってガスが加速され，超音速流としてファンネルの出口から吹き出す．

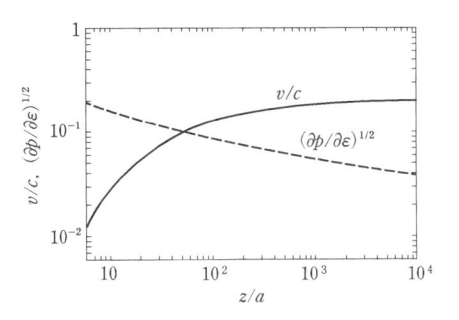

図 **9.8** 放射捕捉ファンネル風の相対論的遷音速解（Fukue 1982, "Jets from a geometrically thick disk", *Publications of the Astronomical Society of Japan* 34, 163）．横軸がファンネルの軸に沿った距離で，縦軸が流速（実線）と音速（破線）．パラメータは，比熱比が $\gamma = 4/3$ で，臨界点の位置が $z = 51.5\ r_S$，流速は $0.1\ c$ である．

こぼれ話

ホイル‑リットルトン降着： ガス中を運動している天体で起こる軸対称な**ホイル‑リットルトン降着**（Hoyle-Lyttleton accretion）というメカニズムもある．ニュートン力学的な描像で扱えるので比較的わかりやすいが，本書では割愛した．

ブラックホールシンドローム： 太陽や地球にマイクロブラックホールが飛び込むと，ホイル‑リットルトン降着して，角運動量を失いながら中心へ落ち着いていく．類似のメカニズムで，巨星の中心に中性子星が鎮座した星を**ソーン‑チトカウ天体**（Thorne-Zytkow object）と呼ぶ．ソーン‑チトカウ天体ではないかと推測される天体も発見されている．

ブラックホールの成長： 降着円盤からのガス流入以外にも，ホイル‑リットルトン降着やボンヂ降着でブラックホールは成長することができる．ガスが光らなければ降着率の上限はないが，実際にはガスが高温になって光り始めるので，ブラックホールの成長率はエディントン降着率で頭打ちになるだろう．

第 10 章

銀河系天文学
Galactic Astronomy

宇宙には無数の銀河が存在しているが，われわれ自身がその内部に住まう銀河をとくに，**銀河系**（the Galaxy）とか**天の川銀河**（Milky Way Galaxy）と呼ぶ．銀河系を取り扱う領域が**銀河系天文学**（Galactic astronomy）だ[*1]．

10.1 銀河系の構造　structure of the Galaxy

都会では見ることができなくなったが，夏の夜空を彩る天の川は，外部から眺めれば図 10.1 のようなものだと想像されている．約 2000 億個の星と星間ガスや星間塵などの星間物質が，半径約 5 万光年で厚みが数千光年の円盤状に集まり，中心のまわりをゆっくりと回転している巨大な集合体だ．

中心部分の星が密集した核恒星系は，少し膨らんでいるので**バルジ**（bulge；膨らみの意）と呼ばれている．平たい円盤部分は，そのまま**ディスク**（disk）と呼ばれる．銀河系を上からみると，明るい星々によって彩られた，きれいな**渦状腕**(かじょうわん)（spiral arm）がわかるはずだ[*2]．また横からみると，円盤部に存在する多量の塵（ダスト）のために，黒い帯**ダークレーン**（dark lane）が浮き上がるだろう．さらに，バルジとディスクを含んで銀河系全体を取り囲む拡がった領域を**ハロー**（halo；暈(かさ)の意）と呼んでいる．ハロー領域には球状星団が散らばっている．星やガスのような目に見える物質以外に，銀河には光や電波などで観測できない物質，いわゆる**暗黒物質**（dark matter）が，光な

[*1] 本文中の英語はおおむね小文字で表記しているが，この場合は，固有名詞 Galaxy の形容詞なので大文字になっている．

[*2] 渦巻きの腕の間にも星々は存在している．渦状腕の領域は他の部分に比べて 5% 程度多いだけなのだが，生まれたばかりの明るく輝く巨星が多いため，非常に目立って見える．

10.2 銀河円盤の鉛直構造　vertical structure of disk galaxy　　　*273*

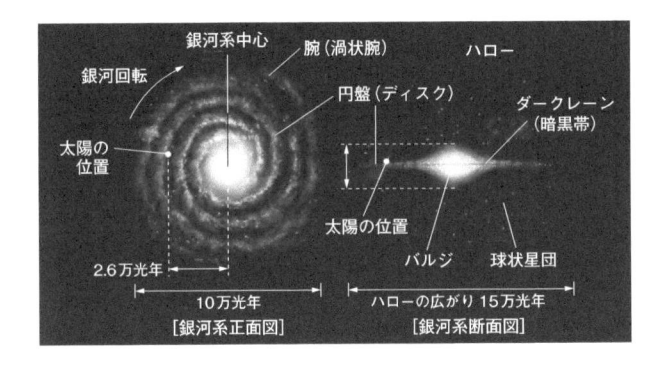

図 **10.1**　天の川銀河／銀河系の想像図.

どで観測できる物質の約 10 倍くらい存在していると考えられている.

太陽は銀河系の中心から約 2 万 6000 光年あたりに位置しており，中心のまわりを約 2 億年かけて一周している[*3]. 地球から星の多い銀河系円盤部を眺めると，ちょうど天球を取り巻く星々の帯——天の川——としてみえるわけだ. 以上のような銀河系のデータを表 10.1 にまとめておこう.

表 **10.1**　銀河系のデータ.

物理量	数値
ディスクの直径	約 10 万光年
ハローの直径	約 15 万光年
ディスクの厚み（中心部）	約 1.5 万光年
ディスクの厚み（太陽近傍）	約 0.2 万光年
太陽位置（中心からの距離）	約 2.6 万光年
太陽近傍の銀河回転速度	約 220 km s^{-1}

10.2　銀河円盤の鉛直構造　vertical structure of disk galaxy

銀河系のように星々が円盤状に分布している場合，そのごく一部を捉えれ

[*3] 太陽系が誕生してから約 46 億年経っているので，中心のまわりを 23 周ぐらいした勘定になる.

ば，星々が平面上に分布しているとみなせる．そのような銀河円盤の鉛直構造をモデル化してみよう．星でもガスでもよいが，質量をもった物質が薄い平面内に分布していて，その平面が無限に拡がっている場合を想定する．

10.2.1 無限平面の重力場

まず最初に，無限に拡がった物質層の鉛直方向の重力場を求めてみよう．簡単のために，円盤の面密度 Σ は場所によらず一定とする[*4]．

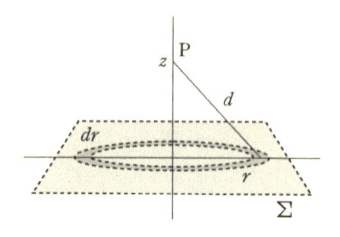

図 10.2 平面状に拡がった物質層から受ける重力場．

円盤面から高度 z の点 P における重力の強さを求めよう（図 10.2）．図のように，点 P を含む円筒座標系 (r, φ, z) を用いる．

さて，図に示したように，円盤面の上で，

$$dS = rdrd\varphi \tag{10.1}$$

という面積をもつ微小領域を考えよう．面密度を Σ とすると，この微小領域の質量は，

$$dm = \Sigma dS = \Sigma rdrd\varphi \tag{10.2}$$

である．ピタゴラスの定理から点 P と微小領域の距離 d が $\sqrt{r^2+z^2}$ なので，この微小領域が点 P に置いた単位質量の物体におよぼす重力の強さ dF は，

$$dF = -\frac{Gdm}{r^2+z^2} = -\frac{G\Sigma rdrd\varphi}{r^2+z^2} \tag{10.3}$$

[*4] 円盤内部の質量密度を ρ（一定），円盤の厚さを $2H$ とすれば，面密度は $\Sigma = 2\rho H$ である．

10.2 銀河円盤の鉛直構造　vertical structure of disk galaxy

となる．向きは点Pと微小領域を結ぶ方向で，下向きである．

点Pの物体は円盤面上のいろいろな微小領域からの重力を受けるわけだが，対称性からr方向やφ方向の力はキャンセルして0になり，z方向の力の成分だけが残る．z方向の成分dF_zは，三角形の相似から，以下となる：

$$dF_z = dF \times \frac{z}{\sqrt{r^2+z^2}} = -\frac{G\Sigma r dr d\varphi z}{(r^2+z^2)^{3/2}}. \tag{10.4}$$

点Pにある単位質量の物体に対して円盤がおよぼす重力F_zは，上の式を円盤面全体にわたって積分して得られる：

$$F_z = \int_0^\infty \int_0^{2\pi} dF_z = -\int_0^\infty \int_0^{2\pi} \frac{G\Sigma z r dr d\varphi}{(r^2+z^2)^{3/2}} = -2\pi G\Sigma \int_0^\infty \frac{zrdr}{(r^2+z^2)^{3/2}}$$
$$= -2\pi G\Sigma \left[\frac{-z}{\sqrt{r^2+z^2}}\right]_0^\infty = -2\pi G\Sigma \tag{10.5}$$

すなわち，面密度Σが一定の円盤が無限に広がっている場合，（単位質量あたりの）重力は，円盤からの高度zによらず一定となる．

また，このような重力場のポテンシャルエネルギーϕは，重力場をz方向に積分して得られる．エネルギーの基準を円盤面に取ると，

$$\phi = 2\pi G\sigma z \tag{10.6}$$

となり，zに比例する．

10.2.2　自己重力円盤の内部構造

つぎに，自己重力を考えたガス円盤の内部構造を考えてみよう．簡単のために，円盤は無限に広がっているとして，鉛直方向の構造のみ考える．

球対称の場合と同じく，基礎方程式は，静水圧平衡の式，ポワソン方程式，状態方程式の3本である．すなわち，ガスの密度をρ，圧力をPとすると，静水圧平衡の式は，

$$\frac{1}{\rho}\frac{dP}{dz} = -\frac{d\psi}{dz} \tag{10.7}$$

である．ただしここで，ψは自己重力のポテンシャルで，ポテンシャルψと密度ρの間には，ポワソンの式：

$$\frac{d^2\psi}{dz^2} = 4\pi G\rho \tag{10.8}$$

が成り立つ．さらにガス圧 P と密度 ρ の間には，状態方程式として，ポリトロープ関係が成り立つとする：

$$P = K\rho^{1+1/N}; \quad K \text{ と } N \text{ は一定．} \tag{10.9}$$

上の 3 本の基礎方程式に対して，変数は，P, ρ, ψ の三つである．星の場合と同じく，3 本の基礎方程式から変数を消去して 1 本の微分方程式にまとめ，つぎに得られた方程式を変数変換して無次元化する．

まず，ψ と P を消去すると，ρ に関する 2 階の微分方程式：

$$\frac{d}{dz}\left[\frac{1}{\rho}\frac{d}{dz}\left(K\rho^{1+1/N}\right)\right] = -4\pi G\rho \tag{10.10}$$

が得られる．つぎに，上の方程式を，

$$z = z_0\zeta = \sqrt{\frac{(N+1)P_\mathrm{c}}{4\pi G\rho_\mathrm{c}^2}}, \tag{10.11}$$

$$\rho = \rho_\mathrm{c} D^N \tag{10.12}$$

という変数変換をして無次元化すると，

$$\frac{d^2 D}{d\zeta^2} = -D^N \tag{10.13}$$

が得られる．これは自己重力ガス円盤に対するエムデン方程式といえる．またこの式 (10.13) を解くための境界条件は，以下となる：

$$\zeta = 0 \quad \text{で} \quad D = 1 \quad \text{および} \quad \frac{dD}{d\zeta} = 0. \tag{10.14}$$

数値計算例は省略するが，ポリトロープ星の構造と似た解になる．

10.3 球状星団　globular cluster

天体の中には，星団や銀河のように，多数の星からなるものもある．たとえば，星はしばしば連星や多重星になっているが，数百から数十万個の星が重力的に結び付いた集団を**星団**（star cluster）と呼ぶ．ここでは，そのような星団について，とくに，球状星団の中での星の運動について考えてみる．

10.3.1 散開星団と球状星団

星団は大きく，散開星団と球状星団にわけられる．

前者の**散開星団**（open cluster）は，数百から数千個の星からなる比較的ゆるい集団で，生まれたばかりの若い星からできている（図 10.3）．銀河面内に分布するために，**銀河星団**（galactic cluster）とも呼ぶ．散開星団の中には，よりゆるく結び付いた**星落**／アソシエーション（association）もあり，若い OB 型星を含むものを OB アソシエーション（OB association）と呼ぶ．

後者の**球状星団**（globular cluster）は，数万から数十万個の星が半径数十光年から数百光年の球状に集まった星の集団で，その形状から球状星団と呼ばれる（図 10.4）．いままでに 150 個ほど見つかっているが，ハロー領域に全部で 500 個ぐらい存在していると推定されている．球状星団を構成する星は年老いた第 1 世代の星で，球状星団は銀河系の誕生と相前後して生まれた．

球状星団の質量 M と大きさ b は，それぞれ，以下ぐらいである：

$$10^5 M_\odot \lesssim M \lesssim 10^6 M_\odot, \tag{10.15}$$
$$50\ \text{光年} \lesssim b \lesssim 500\ \text{光年}. \tag{10.16}$$

図 **10.3** 散開星団 M50（NASA）．

図 **10.4** 球状星団 M80（NASA/STScI）．

10.3.2 球状星団のポテンシャルモデル

単独星の重力ポテンシャルは $-GM/r$ という形をしている．多数の星が集まった星団でも，1個1個の星のポテンシャルは同じ形だ．しかし，その内部や周辺を運動する天体は，それぞれの星のポテンシャルを区別して感じているわけではなく，星団全体の重力ポテンシャルを感じながら運動する．

星団全体のポテンシャルは，個々の星のごく近傍では，それぞれの星の重力場が卓越して凸凹しているだろうが，均してみれば，全体としては，星団を構成する多数の星の分布を反映したなめらかなものになっているだろう．単独星の重力ポテンシャルは中心で無限大に発散するが，多数の星の分布から決まる星団のポテンシャルは，星団の中心で発散する形をしていない．

一番簡単な**プラマー・モデル**（Plummer model）では，球状星団の全質量を M，球状星団の中心からの距離を r として，星団のポテンシャル ϕ を，

$$\phi = -\frac{GM}{\sqrt{r^2 + b^2}} \tag{10.17}$$

と表す（図 10.5）．ここで b は定数で，球状星団の重力場の有効半径を表す．

このポテンシャルを r で微分すると，半径方向の加速度：

$$-\frac{d\phi}{dr} = -\frac{GMr}{(r^2 + b^2)^{3/2}} \tag{10.18}$$

が得られ，このポテンシャル内における運動方程式は，以下となる：

$$\frac{d^2r}{dt^2} = -\frac{d\phi}{dr} = -\frac{GMr}{(r^2 + b^2)^{3/2}}. \tag{10.19}$$

運動エネルギーとポテンシャルを加えて，エネルギー積分が得られる：

$$\frac{1}{2}v^2 - \frac{GM}{\sqrt{r^2 + z^2}} = E（積分定数）. \tag{10.20}$$

一般的に解くのは数値計算が必要なので，以下では，ポテンシャルの中心近傍での運動を少し考えてみる．球状星団の中心近傍では，$r \ll b$ と近似できるので，上の (10.19) 式の右辺は以下のように展開・近似できる：

$$\frac{d^2r}{dt^2} = -\frac{GMr}{(r^2 + b^2)^{3/2}} = -\frac{GMr}{b^3(1 + \frac{r^2}{b^2})^{3/2}} \sim -\frac{GM}{b^3}r \tag{10.21}$$

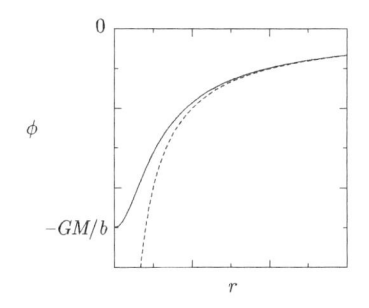

図 10.5 プラマー・モデルにおける球状星団の重力ポテンシャル．点線は質点の場合（$b = 0$）．

この近似した式は，角速度 ω が，

$$\omega = \sqrt{\frac{GM}{b^3}} \tag{10.22}$$

の単振動の微分方程式で，解は，A と B を任意定数として，以下となる：

$$r = A \sin \omega t + B \cos \omega t. \tag{10.23}$$

すなわち，球状星団の中心近傍では，星は角速度 ω（したがって，周期 $P = 2\pi/\omega$）の振動運動をする．

具体的には，比較的小さな球状星団（$M \sim 10^5 M_\odot$, $b \sim 50$ 光年）の場合，中心近傍での星の振動周期は約 1 千万年ほどで，比較的大きな球状星団（$M \sim 10^6 M_\odot$, $b \sim 500$ 光年）の場合は，約 1 億年ぐらいになる．

10.4　銀河系中心いて座 A*　Sagitarius A*

われわれの銀河系の中心——**銀河系中心**（the Galactic Center）——は，いて座の方向，赤経 17 時 46 分，赤緯 −28°56′ の位置にある，**いて座 A***（Sgr A*）と呼ばれる強い電波源である．太陽系から銀河系中心までの距離は約 2 万 6000 光年と見積もられている．銀河系の中心は，銀河系外の銀河に比べればはるかに近い．にもかかわらず，銀河系内に存在して光を遮っている塵のベールのために，銀河系中心は，長い間，人間の手が触れないところだった．

星間塵を通り抜ける，電波や赤外線，X線やガンマ線などの観測によって，銀河系中心部に探りが入れられはじめたのは，比較的最近のことである．

10.4.1 銀河系中心

星や星団の分布や運動の解析から，銀河系中心の位置はおおよそ推定されていた．第2次世界大戦後，電波天文学が開幕してすぐに，いて座方向から強い電波がきていることがわかり銀河系中心が発見された．そして，いて座 (Sgr) でもっとも強い電波源という意味で，Sgr A と名づけられた．

その後，電波望遠鏡の分解能の向上によって，10光年程度の広がりをもった Sgr A は，数光年程度の大きさの Sgr A West（真の銀河系中心）とそのそばの Sgr A East（おそらく銀河系中心近傍の超新星残骸）という，二つの成分に分解された．さらに電波望遠鏡の分解能が向上して，1970年代中頃に，銀河系中心は非常に小さな電波源と同定され，星のように小さいという意味で，Sgr A*（スター）と呼ばれるようになった．銀河系中心のまわりには，電波アークやミニスパイラルなどさまざまな電波構造が見つかっており，非常に活発な活動が生じていることが判明している（図10.6）．

一方，波長 2 μm とか 10 μm の赤外線で観測すると，Sgr A* の近傍には非常に強い赤外線の放射源がいくつも存在している（図10.7）．これら赤外線源の多くは，非常に明るい M 型赤色超巨星である．しかし，銀河系中心 Sgr A* の位置自体には，赤外線で光っているものはないようにみえる．

10.4.2 いて座 Sgr A*

銀河系中心をよりミステリアスにしているのは，そこに超巨大なブラックホールがあることだ．

すでに1970年頃には銀河系中心には巨大ブラックホールが存在するだろうと指摘されていた．そして1980年頃には，電離ガス雲の運動解析などから，銀河系の中心には，$10^6 M_\odot$ から $10^7 M_\odot$ という質量が存在しているらしいことが推測された．従来の方法は，多くの星やガスの運動を解析して統計的にブラックホールの質量を推定するものだが，銀河系中心を公転する個々

10.4 銀河系中心いて座 A* Sagitarius A* **281**

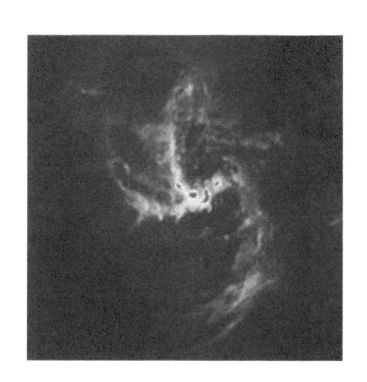

図 **10.6** ミニスパイラル（NRAO）．約 15 光年四方．

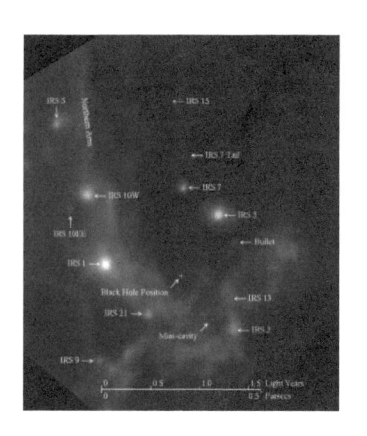

図 **10.7** 赤外線で観測した銀河系中心 Sgr A* 周辺の約 1.5 光年四方領域（NASA/JPL）．中央下の＋印が Sgr A* で，周囲の光る点は周辺の巨星．

の星の軌道運動が観測されれば，力学的にはより明確に質量が推定できる．

たとえば，1995 年から，ケック 10 m 望遠鏡で銀河系中心近傍の星の固有運動を測定しはじめていたゲッツたち（2000 年）[5]は，100 個近くの星の固有運動を発見し，そのうちの三つの星は軌道運動していることを突き止めた（図 10.8 左）．三つの星は，一つの重力源――Sgr A*――のまわりを楕円軌道で公転運動していたのだ．ゲッツたちが推定した銀河系中心の超巨大ブラックホールの質量は，230 万から 330 万太陽質量となった．

一方，1990 年代前半から VLT 望遠鏡で観測していたゲンツェルたち（2002 年）[6]は，S2 と名付けられた星の長期間にわたる測定結果を発表した（図 10.8

---

[5] Ghez et al. 2000, "The accelerations of stars orbiting the Milky Way's central black hole", *Nature* 407, 349.

[6] Schödel et al. 2002, "A star in a 15.2-year orbit around the supermassive black hole at the centre of the Milky Way", *Nature* 419, 694. 本文で挙げたゲンツェルは共著者に名を連ねている．

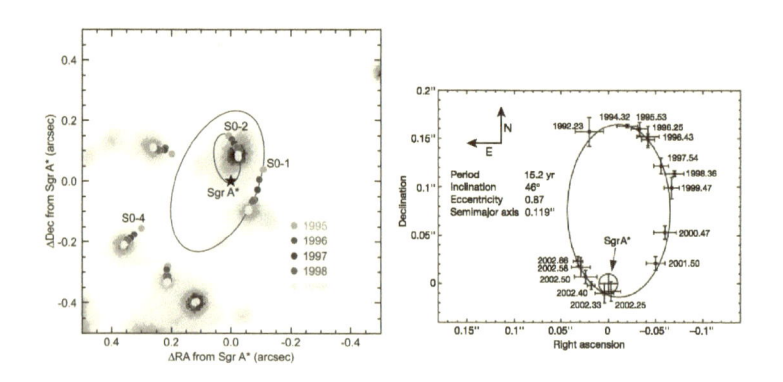

図 10.8 （左）銀河系中心いて座 A* のまわりを軌道運動している星 (http://www.astro.ucla.edu/~ghez/gcnat.html). いくつかの星の位置変化と予測軌道が描いてある. 図 10.7 のざっと 100 分の 1 の領域. （右）銀河系中心いて座 A* のまわりを軌道運動している星 S2 の軌道 (http://burro.astr.cwru.edu/Academics/Astr222/Galaxy/Center/sagastar.html).

右）．S2 星の軌道要素は，公転周期が 15.2 年，軌道離心率が 0.87, 軌道長軸の長さが 0.119 秒角（1000 AU）だった．さらに S2 星の運動から推定された超巨大ブラックホールの質量は，370 万 ± 150 万太陽質量となった．

現時点では，約 400 万太陽質量というのが，われわれの銀河系中心の超大質量ブラックホールの質量推定値である．400 万太陽質量のブラックホールの直径は約 0.15 天文単位なので，その姿を観測できるのも夢ではなくなった．

10.5 電子 - 陽電子対消滅事象　pair annihilation event

非常に高いエネルギーの天体現象では，電子の反粒子である陽電子が生成されることがある．そのような陽電子が電子と対消滅するときには，ガンマ線光子に変換するが，これはしばしばガンマ線領域で線スペクトルとなる．

10.5.1 電子‐陽電子対消滅

電子（e⁻）とその反粒子である陽電子（e⁺）が衝突すると，**対消滅**（pair annihilate）してエネルギーに変わる（図 10.9）．衝突前と衝突後でエネルギーと運動量が保存されるため，対消滅によって必ず 2 個の光子（γ）ができ，光子 1 個のエネルギーは，電子の静止質量エネルギーに相当する 511 keV ぐらいになる（ガンマ線）．したがって多量の電子と陽電子が対消滅すると，511 keV にピークをもつスペクトル線が生じる．この特徴的なスペクトル線を**電子‐陽電子対消滅線**（pair annihilation line）と呼んでいる．

図 10.9 電子‐陽電子の対消滅．（左）上下から飛来した電子と陽電子が，（中）対消滅すると，（右）2 個のガンマ線光子に変換する．

このような対消滅線は，太陽フレアから星間空間，かにパルサー，Cyg X-1，ガンマ線バースト，銀河系の中心，そして活動銀河中心核にいたるまで，宇宙のあちこちで検出されている．

もちろん対消滅が起こるためには，最初に大量の電子と陽電子が存在しなければならない．電子は通常の物質に含まれているが，陽電子は存在しない．したがって対消滅に先だって陽電子を生成する機構が必要になる．

具体的には，たとえば，物質‐反物質の対消滅によって生まれる π^+ 中間子の崩壊や，核反応でできた放射性原子核の崩壊によっても陽電子は生成される．しかしこれらの過程は，一般に効率があまりよくない．

一方，温度が $T = m_e c^2/k$（～ 60 億 K）という閾値程度になった高温のプラズマ中では，高エネルギーの陽子（p）や電子（e⁻），光子（γ）間の衝突によって，容易に電子‐陽電子対（e⁺e⁻ pair）が形成される．具体的な素過程

表 10.2 電子・陽電子対の生成.

粒子粒子衝突	pe	→ pee$^+$e$^-$
	ee	→ eee$^+$e$^-$
粒子光子衝突	pγ	→ pe$^+$e$^-$
	eγ	→ ee$^+$e$^-$
光子光子衝突	$\gamma\gamma$	→ e$^+$e$^-$

※ e は e$^+$ でも e$^-$ でもよい

光子の生成

熱制動放射	pe	→ peγ
	ee	→ eeγ
	e$^+$e$^-$	→ e$^+$e$^-$ γ
コンプトン過程	eγ	→ eγ
二重コンプトン	eγ	→ e$\gamma\gamma$
対消滅	e$^+$e$^-$	→ $\gamma\gamma$
3光子対消滅	e$^+$e$^-$	→ $\gamma\gamma\gamma$
放射性対生成	$\gamma\gamma$	→ e$^+$e$^-$ γ
シンクロトロン放射		

※ e は e$^+$ でも e$^-$ でもよい

は表 10.2 に示す.

10.5.2 銀河系中心の対消滅源

銀河系中心方向を X 線で観測すると, 銀河系中心の Sgr A* の近傍にはいくつか強い X 線源が存在するが, Sgr A* 自体からはあまり X 線は出ていない. アインシュタイン衛星によって発見された, Sgr A* 近傍の X 線源の一つが, 1E 1740.7–2942 である.

■**(1) 銀河系中心の X 線・ガンマ線観測**

銀河系の中心で, 電子と陽電子の対消滅が起こっていることは, すでに 1970 年代から知られていた. 気球に搭載されたガンマ線検出器で銀河系中心方向を観測した結果, 511 keV の特徴的な対消滅線が検出されたのだ. ガンマ線の強度は 10^{-3} s^{-1} cm^{-2} 程度であり, 銀河系中心までの距離から見積ると, 毎秒 100 億トン (10^{43} 個) もの陽電子が消滅していることになる. このガンマ線強度は 1 年以下のタイムスケールで大きく変化しており, そのこ

10.5 電子・陽電子対消滅事象 pair annihilation event

とから対消滅源の大きさは1光年以下と推測されていた．ただし当時は検出器の分解能が悪く，正確な位置がわからなかった．その後の詳しい観測により，銀河系中心の対消滅源が，X線源 1E 1740.7–2942 に一致することがわかったのだ．いまでは巨大対消滅源（the Great Annihilator）と呼ばれている（図 10.10）．

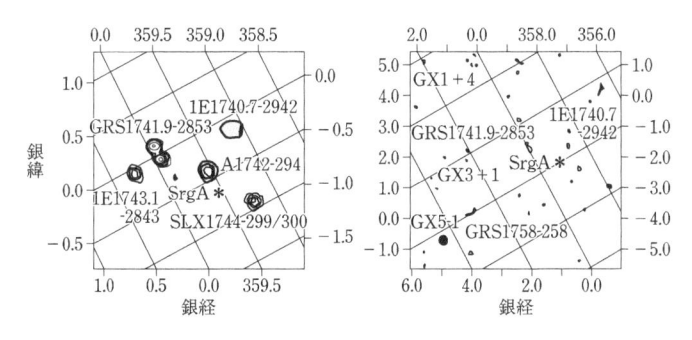

図 10.10 GRANAT 衛星で観測した X 線源 1E 1740.7–2942（Sunyaev et al. 1991, "Two hard X-ray sources in 100 square degrees around the Galactic Center", *Astronomy and Astrophysics* 247, L29）．

■(2) 巨大対消滅源 1E 1740.7–2942

巨大対消滅源 1E 1740.7–2942 は，アインシュタイン衛星による銀河面サーベイで発見された X 線源である．赤経 17 時 41 分，赤緯 −29°42′ に位置し，銀河系の力学的中心 Sgr A* とは約 48 分角ほど離れている．

X 線・ガンマ線望遠鏡で撮影された銀河系中心近傍の X 線像を図 10.10 に示す．図の左のものは，3–15 keV の X 線像である．図の横軸・縦軸は銀経・銀緯で（斜めの線は赤経線と赤緯線），視野は 2°.3 × 2°.3 である．銀河系中心近傍にはいくつも X 線源があるが，問題の 1E 1740.7–2942 は図の右上にある．一方，図の右のものは，35–120 keV の硬 X 線像である．やはり図の横軸・縦軸は銀経・銀緯で，視野は 8°.2 × 8°.2 である．低エネルギー領域の X 線を出している天体は結構たくさんあったが，硬 X 線を出している天体は，1E 1740.7–2942 と GRS 1758–258 の二つしかない．

さらに，X 線源 1E 1740.7–2942 のエネルギースペクトル図を図 10.11 に示

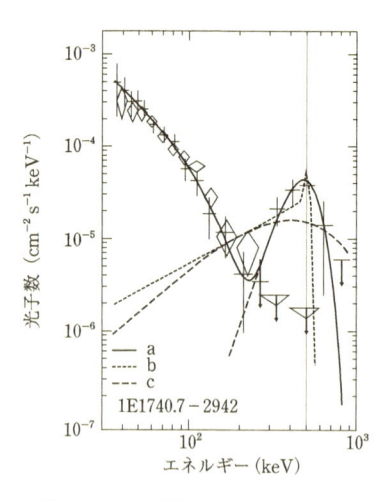

図 10.11 X 線源 1E 1740.7–2942 のスペクトル (Bouchet et al. 1991, "SIGMA discovery of variable e⁺-e⁻ annihilation radiation from the near Galactic center variable compact source 1E 1740.7–2942", *The Astrophysical Journal* 383, L45).

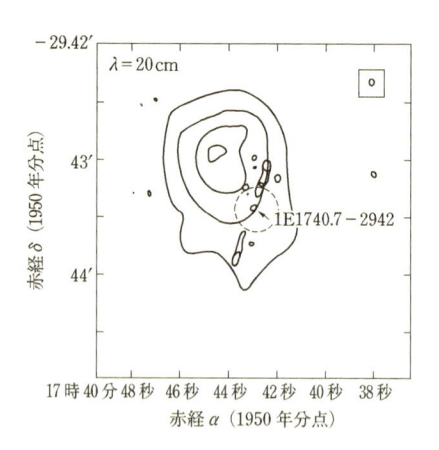

図 10.12 VLA で観測した X 線源 1E 1740.7–2942 (Mirabel et al. 1992, "A double-sided radio jet from the compact Galactic Centre annihilator 1E1740.7–2942", *Nature* 358, 215).

す．図の横軸は keV 単位で測った X 線（ガンマ線）のエネルギーで，縦軸は X 線の強度である．511 keV 近傍に電子‐陽電子対消滅によって生じるピークが明瞭に見て取れる．観測時期によってはピークがないことから，短期間に対プラズマの発生が起こること，そして対消滅線の幅があまり広くないことから，対消滅が比較的低温のガス中で起こったことなどが推定されている．ともあれ，X 線源 1E 1740.7–2942 が対消滅線の発生源だったのである．

電波望遠鏡 VLA で X 線源 1E 1740.7–2942 を観測すると，中心から双方向に向けて伸びる電波ジェットが発見された（図 10.12）．図 10.12 は 6 cm の波長で得られた電波像で，横軸が赤経，縦軸が赤緯である．ジェットの長さはおよそ 1 分角，実長にして 2 pc かそこらである．そして中心の天体とジェットのシステム全体は，3 pc ぐらいの大きさで $5 \times 10^4 M_\odot$ 程度の質量を

10.5 電子‐陽電子対消滅事象 pair annihilation event

持つ分子雲に埋まっているようだ.

いろいろな観測事実をまとめた結果, 以下のような描像が考えられている. まず対消滅源 1E 1740.7–2942 の本体は, 太陽の 10 倍から 100 倍程度のブラックホールらしい (X 線スペクトルが Cyg X-1 など他のブラックホール天体のスペクトルに類似している). このブラックホールには, (おそらく周囲の分子雲から) ガスが降り注いできて, ときどき爆発的に電子‐陽電子が生成される. そして生成された高エネルギーの電子と陽電子は, ジェットの形で分子雲内に打ち込まれる (ただし発見された電波ジェットが電子と陽電子からできているという直接の証拠はない). これらの電子および陽電子はシンクロトロン放射によって電波を放射する (電波放射がシンクロトロンであることは, スペクトル観測から支持されている). 電子と陽電子は, ほとんど光速で 3 年間ぐらい走った後で減速され, 高密度で低温の星間ガス中で対消滅するのである (対消滅線の幅が狭いことから示唆される).

こぼれ話

エピサイクル運動, オールト定数: 銀河系の星々の動力学的性質については, 残念ながら割愛した.

密度波理論: 渦状銀河の渦状腕がどのように形成されるかについては, 異論もあるが, 定説は**密度波理論** (density wave theory) と呼ばれるものだ. 伴銀河などの潮汐作用によって, 星が数 % ほど多い渦状腕が形成され, そのパターンが維持されるという考えである. 高速道路などで車の渋滞領域が維持されるのを想像してもらうと感じがわかるだろう.

銀河衝撃波: 渦状腕 (パターン) が存在すると, 星やガスは渦状腕の後ろ側からパターンに突っ込む. 星は渦状腕の重力場で少しぐずぐずした後, 前側から出て行くが, ガスは渦状腕の重力場で落下して衝撃波——**銀河衝撃波** (galactic shock) ——を形成する. その結果, ガスから星が生まれ, 渦状腕には大質量の若い星が目立つことになる.

第 11 章

Active Galaxy
銀河と銀河活動

多くの星々や星間物質などの巨大な集合体を**銀河**（galaxy）と呼んでいる．銀河は宇宙全体に均一に散らばっているわけではなく，群れをなしたり，銀河の少ない**空洞領域**（void）を作ったり，網の目状のパターンを形成しているようにみえる．個々の銀河も多彩な振る舞いをみせ，おとなしい銀河もあるが，異常に輝いたりプラズマジェットを吹き出すなど激しい活動を示す銀河もある．さらに，星やガスのような目に見える物質以外に，銀河には光で観測できない物質，いわゆる**暗黒物質**（dark matter）が，光で観測できる物質の約 10 倍くらい存在している．ここでは銀河とその活動について概要を紹介したい．

11.1 銀河のハッブル分類　Hubble classification

銀河にはいろいろなタイプがある（図 11.1）．

多数の星が球状あるいは楕円体状に集まったものが，**楕円銀河**（elliptical galaxy）だ[*1]．楕円銀河の質量は太陽の数千億倍のものが多いが，太陽の 1 兆倍もの質量をもつ巨大楕円銀河も存在する．そのような巨大楕円銀河は，銀河団の中心付近に存在することが多く，おそらく 10 数個の銀河が合体融合して形成されたのだろう．ガスは星形成に消費され，楕円銀河はガスが少ない．

[*1] 楕円銀河内の星々は静止しているわけではなく，楕円軌道を描きながら銀河内を動き回っている．ただし，楕円銀河の重力場は質点の重力場とは違うので，楕円軌道は閉じない．

図 **11.1** 楕円銀河 M87 (http://www.astr.ua.edu/) と渦状銀河 M51 (大阪教育大学).後者は小さな伴銀河をしたがえており,子持ち銀河とも呼ばれる.

多数の星々が円盤状に集まったものが,**円盤銀河**(disk galaxy)だ[*2].円盤銀河は,しばしば美しい渦巻き状の形状——**グランドデザイン**——をもつため,**渦状銀河**(spiral galaxy)とも呼ばれる.また中心部分に棒状の構造をもつものもあり,それらは**棒渦状銀河**(barred spiral galaxy)と呼ばれる.典型的な渦状銀河の質量は太陽の 1 千億倍ぐらい,サイズは 10 万光年程度である.多くの円盤銀河では,星の質量の 1 割程度のガスがあり,それらのガス成分から現在でも星が形成されている.とくに渦状腕の部分は活発に星が形成されている領域で,明るい巨星が多いために非常に目立ってみえる.ただし星の質量としては,円盤全体の平均より 5% 程度多いだけである.天の川銀河やアンドロメダ銀河は,円盤銀河／渦状銀河の一種である.

不規則な形状をした**不規則銀河**(irregular galaxy)や,特異な形状を示す**特異銀河**(peculiar galaxy).さらに一般の銀河より小さな**矮小銀河**(dwarf galaxy)もある.

エドウィン・ハッブル(Edwin Powell Hubble;1889〜1953)は,銀河の形状に着目して銀河を分類し,音叉型のダイアグラムに並べて形態分類した.楕円銀河は偏平具合によって E0 から E7 まで細分類し,渦状銀河は渦巻き

[*2] 円盤銀河内の星々は,中心のまわりを回転運動している.

の腕の巻き付き具合で Sa から Sc，棒渦状銀河は SBa から SBc とわけ，さらに音叉のわかれ目には，ガスが少なく渦状腕がみられないレンズ型銀河 S0 を置いた．その図を**ハッブル分類**（Hubble classification）と呼んでいる（図11.2）．

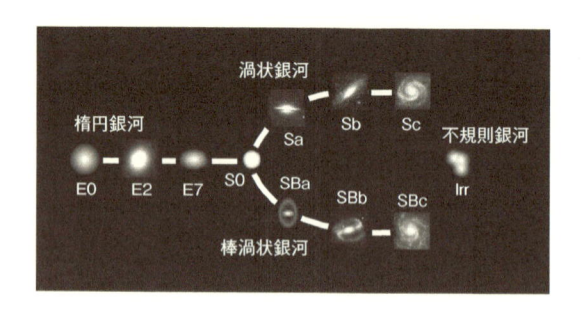

図 **11.2** 銀河のハッブル分類．

ハッブルが分類した当時は，銀河の性質や進化の様子はほどんどわかっておらず，この音叉型のハッブル図の上で，銀河は左側から右方向へ進化すると考えられた時期もあった．現在でも銀河の進化は解明されていないが，銀河の形態の違いは，むしろ銀河が形成された際の初期条件や，その後の環境の影響が決めているだろうと考えられている．さらに楕円銀河の中には，巨大楕円銀河のように渦状銀河などが合体融合して形成される場合もある．

11.2 円盤銀河の回転曲線　rotation curve of disk galaxy

渦状銀河は中心のまわりを回転している．たとえば，太陽系は銀河系中心のまわりを約 220 km s^{-1} の速度で回っており，約 2 億年かけて銀河系を一周する．中心からの距離の関数として回転の速度を表したものを**回転曲線**（rotation curve）と呼んでいる（図 11.3）．回転曲線を調べることによって，銀河の動的な振る舞いや質量の見積もりなどができる．

円盤銀河では，銀河をつくる物質の質量がもたらす重力と，中心のまわりの回転による遠心力が釣り合って，平たい円盤状の形状を保っている．銀河

11.2 円盤銀河の回転曲線　rotation curve of disk galaxy

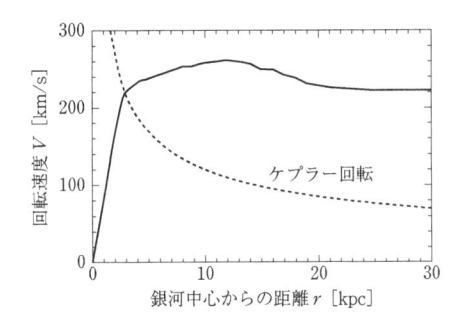

図 11.3　アンドロメダ銀河 M31 の回転曲線.

の中心から距離 r にある質量 m の星が，中心のまわりを回転速度 V で円運動していたとすると，その星に働く遠心力は mV^2/r である．一方，この星の公転軌道内（すなわち半径 r の球内）に含まれる物質の質量を $M(r)$ とすると，この星に働く重力は $GM(r)m/r^2$ ぐらいになる[*3]．

したがって，重力と遠心力の釣り合いから，

$$\frac{GM(r)m}{r^2} = \frac{mV^2}{r} \tag{11.1}$$

となる．あるいはこの式を $M(r)$ について解くと，

$$M(r) = \frac{rV^2}{G} \tag{11.2}$$

が得られる．すなわち，ある半径 r における銀河の回転速度 V がわかれば，その半径内の質量 $M(r)$ を見積もることができる．

実際の観測では，多くの円盤銀河の回転曲線は，中心部では回転速度が半径に比例しているが，その外側では周辺へ向かってかなりの範囲でほぼ一定であることがわかっている．このことは何を意味するのだろうか．

中心部で回転速度が半径に比例している領域は，(11.2) 式から，質量分布が，

[*3] 物質が球対称に分布していれば厳密に $GM(r)m/r^2$ になるが，円盤銀河では物質の分布が球対称ではないので $GM(r)m/r^2$ 程度となる．物質の分布形状によって，数倍の範囲で違いがでるが，以下の議論の本質には影響しない．

$$M(r) \propto r^3 \tag{11.3}$$

となっていることを意味する．質量 m の星の個数密度が $n(r)$ のとき，半径 r 内の星の総量は，だいたい，

$$M(r) = \frac{4\pi r^3}{3} mn(r) \tag{11.4}$$

なので，中心部では星の個数密度がほぼ一定であることを意味する．この中心部は，いわゆるバルジの部分であり，結局，バルジの部分では星など物質の空間密度がだいたい一様になっているのである．

一方，周辺部の回転速度がほぼ一定の領域では，質量分布が，

$$M(r) \propto r \tag{11.5}$$

となっていることがわかる．中心部に比べれば質量の増加の仕方はゆるやかだとはいえ，半径に比例して増えるのだから，銀河の端までいけばかなりの質量になる．たとえば，アンドロメダ銀河の場合，図 11.3 の範囲で約 3 千億太陽質量だが，回転曲線はまだ続いている．

11.3　活動銀河とクェーサー　active galaxy and quasar

クェーサーをはじめとする銀河の活動現象の発見は，20 世紀後半の天文学の最大の成果の一つだろう．活動銀河の中心には，太陽の数億倍もの巨大なブラックホールと光り輝く回転ガス円盤が存在すると考えられている（図 11.4）．活動銀河の研究には，スペクトル線の詳細な解析が重要な役割を果たした．

■(1) 活動銀河

数千億個の星の集合体である銀河は，星の明るさを合わせた程度の明るさで光っているが，強い電波や X 線は出しておらず明るさが急激に変化したりすることもない．このような**通常銀河**（normal galaxy）に対して，中心核がきわめて特異な活動を示している一群の銀河を，**活動銀河**（active galaxy）と総称している（図 11.5）．一般的な特徴は以下のようにまとめられる：

11.3 活動銀河とクェーサー active galaxy and quasar　　　　*293*

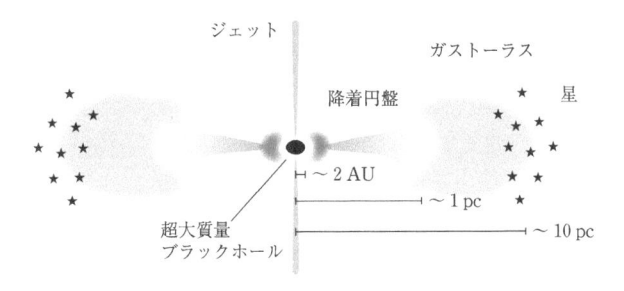

図 **11.4**　活動銀河中心核の想像図.

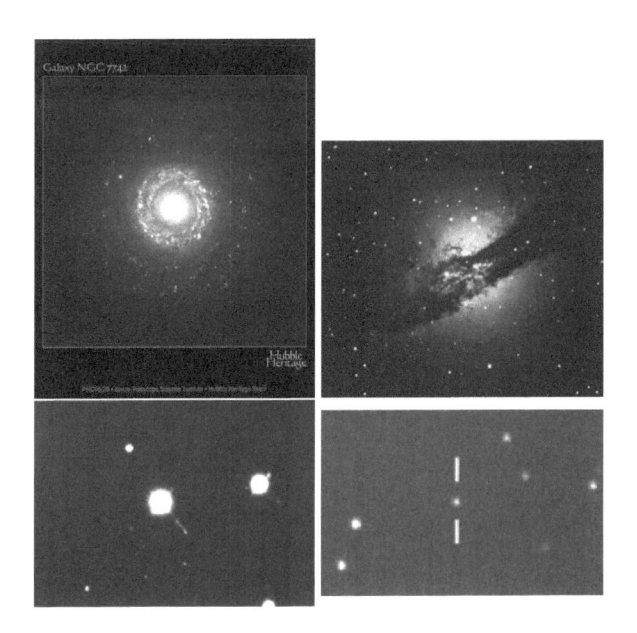

図 **11.5**　（左上）セイファート銀河 NGC7742（NASA）.（右上）電波銀河 NGC5128（NOAO）.（左下）クェーサー 3C 273（NOAO/AURA/NSF）.（右下）ブレーザー OJ 287（http://www.ursa.fi/sirius/kuvat）.

(1) まず，活動銀河は通常銀河に比べてその中心核が 100 倍から 1 万倍も明るい．この明るさは星以外のものから生じている．

(2) また，活動銀河は電波や X 線領域で強い電磁放射を出している．活動銀河の中心には，星とは異なる状態の高エネルギープラズマガスが存在し，その高エネルギーガスから強い電波や X 線が放射されているのだ．

(3) さらに，活動銀河は数十日から数百日のタイムスケールで急激に変光する．活動銀河の短いタイムスケールの変光は，銀河全体ではなく，その中心核のきわめて小さい領域で生じている．

(4) そして，活動銀河はしばしば特異な形状をしている．活動銀河の活動性の中枢は中心核にあるが，活動の影響は銀河全体に及んでいる．

(5) 最後に，活動銀河は超光速現象などときとして相対論的な現象を示す．たとえば，きわめて高温なガスの存在や，磁場中の高エネルギー電子からのシンクロトロン放射，亜光速ジェットの噴出など，相対論的現象が観測されている．

これら活動銀河の観測事実は，重力エネルギーの解放によって説明されている（図 11.4）．すなわち活動銀河の中心には**超大質量ブラックホール**（supermassive black hole）が存在していて，その周辺に降着円盤（8.4 節）が形成されていると信じられている．降着円盤中をガスが回転しながら落下していく間に，ガスの重力エネルギーが熱エネルギーに変わり，最終的には光のエネルギーとして放射されるのである．超大質量ブラックホールの質量は典型的には太陽の数億倍で数天文単位の大きさで，降着円盤のサイズは数光年程度で，中心近傍の温度は 10 万 K 程度だと見積られている．

■**(2) 活動銀河の種類**

一口に活動銀河と言っても，現象論的には，いくつかの種類に分類される（図 11.5）．主な種類を簡単に紹介しよう．

セイファート銀河（Seyfert galaxy）は，1943 年にカール・K・セイファート（Carl K. Seyfert；1911〜1960）がはじめて分類したタイプの銀河だが，コンパ

11.3 活動銀河とクェーサー active galaxy and quasar

クトで明るい中心核をもち，しかも幅の広い輝線スペクトルを示す（後の図11.7）．セイファート銀河は強い輝線スペクトルを示すのだが，輝線スペクトルの幅によって，二つのタイプにわけられる．すなわち，観測される輝線幅がドップラー効果によって生じたとして速度に換算したときに，対応する速度幅が1万 km s^{-1} にもなるものを**1型セイファート銀河**（type 1 Seyfert）とし，500 km s^{-1} 程度のものを**2型セイファート銀河**（type 2 Seyfert）として亜分類する（後述）．銀河本体は渦状銀河であることが多い．

電波銀河（radio galaxy）は，第2次世界大戦後，電波天文学の発展に伴って発見されたが，通常銀河に比べて非常に強い電波を放射している．スペクトル的には，1型セイファートに似た広輝線電波銀河と2型セイファートに似た狭輝線電波銀河にわかれる．銀河本体は楕円銀河であることが多い．

クェーサー（quasar）は，1963年にマーチン・シュミット（Maarten Schmidt；1929～）が最初に同定した天体だが，星のようにみえるのに，しばしば数日とか数十日のタイムスケールで変光する（図11.5）．しかもスペクトルには，幅の広い輝線スペクトルが存在し，それらのスペクトル線が大きく赤方偏移している（図11.6）．クェーサーの実体は，きわめて遠方の活動銀河の明るい中心核で，最近ではクェーサーのまわりの母銀河も観測されており，銀河本体は渦状銀河の場合も楕円銀河の場合もあるようだ．

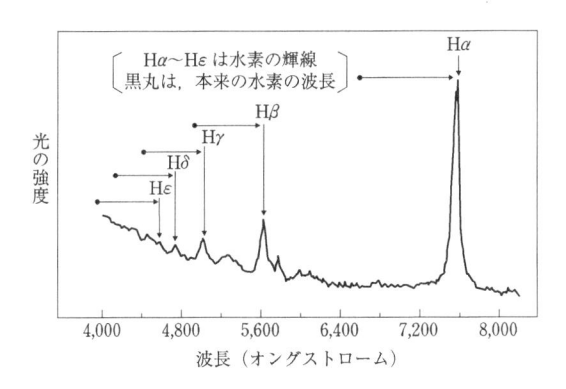

図 **11.6** クェーサー 3C 273 のスペクトル．

なおクェーサーに似てきわめて明るく，変光および偏光しているが，強い輝線を持たない **BL Lac 銀河**（BL Lac object）と呼ばれる天体もある．またクェーサーの中でも変光・偏光の強いものと BL Lac 銀河を合わせて，最近では **激光銀河／ブレーザー**（blazar）と称することも多い．

■(3) 活動銀河のスペクトル

電波から X 線にかけてスペクトル全体を眺めてみると，活動銀河の連続スペクトルは大ざっぱにはべき乗型をしている．このべき乗型スペクトルはシンクロトロン放射や逆コンプトン散乱で形成されていると考えられている．

また連続スペクトルにはしばしば紫外線の領域に膨らみがあるが，この膨らみ部分は黒体輻射的であり，降着円盤からの放射によって説明されている．

さらに，活動銀河のスペクトルにはしばしば強い輝線が存在する（図 11.7）．輝線には，水素のバルマー輝線（$H\beta$, $H\gamma$）やヘリウム輝線（HeI）のような再結合線と，2 階電離酸素（OIII）のような禁制線がある．1 型セイファートのスペクトルでは再結合線の幅が広く（$\sim 10^4$ km s^{-1} の速度に相当する幅をもつ），禁制線の幅は比較的狭い（~ 500 km s^{-1} の速度に相当する幅をもつ）．一方，2 型セイファートのスペクトルでは，再結合線も禁制線も共に 500 km s^{-1} 程度の幅しかない．

これらの輝線の生じる機構だが，まず幅の広い再結合線は，活動銀河の中心から 0.1 光年ぐらいの領域に分布した比較的密度の高い数多くのガス雲から放射されていると考えられている．ガス雲中の原子は中心からの紫外線放射などによって電離され（光電離），電子が再び結合するときに再結合線が生じる．またガス雲は中心の巨大ブラックホールのまわりを激しく運動しており，そのため輝線に広いドップラー幅ができる．この幅の広い再結合線を放出している領域を **広輝線領域／BLR**（broad line region）と呼ぶ．それに対し，幅の狭い再結合線や禁制線は，もっと広い領域（数十〜数百光年）に広がった希薄なガス雲から生じている．中心から離れているためにガスの運動はそれほど激しくなく，輝線のドップラー幅も比較的狭い．この幅の狭い輝線を放出している領域を **狭輝線領域／NLR**（narrow line region）と呼ぶ．

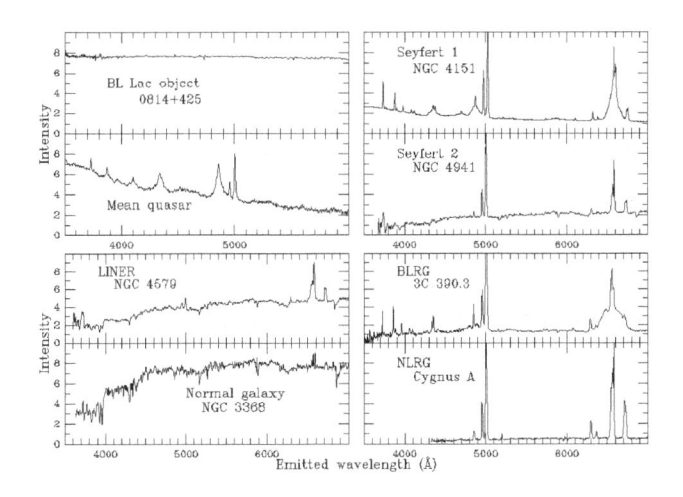

11.3 活動銀河とクェーサー active galaxy and quasar

図 11.7 いろいろな活動銀河の輝線スペクトル (http://www.astr.ua.edu/keel/agn/spectra.html). (右上) 1 型セイファート銀河 NGC4151 と 2 型セイファート銀河 NGC4941. 1 型では許容線の幅が広く禁制線の幅が狭いが, 2 型では両方とも狭い. (右下) 広輝線電波銀河 3C 390 と狭輝線電波銀河はくちょう座 A. 前者では許容線の幅が広く禁制線の幅が狭いが, 後者では両方とも狭い. (左上) とかげ座 BL 型銀河 0814+425 と平均的なクェーサーのスペクトル. とかげ座 BL 型銀河には輝線の特徴が見られない. (左下) ライナー NGC4579 と通常銀河 NGC3368. 通常銀河では吸収線はあっても輝線はほとんどないが, ライナーには禁制線の輝線が見られる.

■(4) 活動銀河の統一モデル

活動銀河には多くの種類や亜種があるが, それらを統一的に理解する試みが進んでいる.

まずセイファート銀河に関して, 1 型セイファートは BLR も NLR ももつが, 2 型セイファートには NLR しかない, というのがかつての考え方だった. ところが偏光観測などから 2 型セイファートにも BLR が存在することがわかってきた. どうやらセイファート銀河では, 中心から 10 光年ぐらい

のところに輝線を吸収するガストーラスが存在しているらしい．そしてトーラスの軸の方からのぞき込んだ格好でBLRもNLRも見えるのが1型で，トーラスの赤道面方向から見た格好で中心付近のBLRがトーラスに隠されたのが2型というのが現在の描像である．このように見る方向によって1型と2型にわかれて見えるというのを，**セイファート銀河の統一モデル**という．

さらに活動銀河では中心から銀河間の空間に細長いプラズマの噴流——ジェット——が吹き出ているが，ジェットからも幅広いスペクトルの電磁波が放射されている．重要な点は，ジェットからの光は相対論的効果のために，ジェットの進行方向に集中している（相対論的ビーミングと呼ばれる；次節）ことだ．そしてクェーサーなどではこのジェットからの光が卓越しており，またブレーザーにいたっては相対論的ジェットを真正面から見ているのではないかと想像されている（0型と呼ぶことがある）．このように活動銀河全体を統合するのが**活動銀河の大統一モデル**である．

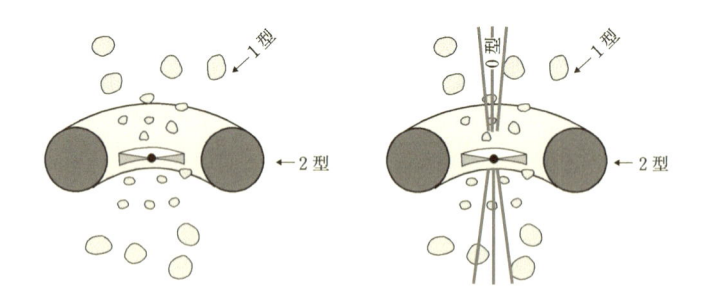

図 11.8　活動銀河の統一モデル．

11.4　活動銀河の宇宙ジェットと超光速運動　superluminal motion

電波・可視光・X線による観測で明らかにされたように，活動銀河の中心核からは，しばしば銀河間の虚空に向かって細長く伸びた物質の噴流——宇宙ジェット——が吹き出している．宇宙ジェットの根元は活動銀河のごくご

く中心部にあり，その速度は場合によっては光速のオーダーにも達していると考えられている．ここでは宇宙ジェットにからむ超光速現象を考えてみよう．

11.4.1 活動銀河の電波ジェット

活動銀河における宇宙ジェットは，活動銀河中心核のほんの数光年の領域から，銀河本体を中心として双方向に，はるか数百万光年もの長さにわたって銀河間空間の虚空を貫いている，きわめて細長い構造の天体である（図9.7）．宇宙ジェットの実体は，高エネルギーの電子や磁場を含んだ，おそらくきわめて高速のプラズマガスの流れだと考えられている．

活動銀河における宇宙ジェットの最初の手がかりは，電波銀河 M87（図11.1）における光の矢として，その姿を現した．渦巻き"星雲"の研究をしていたリック天文台のヒーバー・カーティス（Heber Doust Curtis；1872～1942）は，おとめ座にある M87 の写真を撮り，M87 銀河の中心から銀河間の虚空へ，天空を貫いて細く長く伸びる光の矢を発見したのだ．1918 年のことである．M87 のように可視光で見えるジェットは稀で，半ダースぐらいしか見つかっていない．有名なものには，クェーサー 3C 273 の光ジェットがある（図11.6）．ジェットの大部分は電波で見えているのである．ただし電波も光もそして X 線でも，ジェットの放射機構は同じで，シンクロトロン放射だと考えられている．

図11.9 は，電波銀河 M87 のジェット構造を多波長で観測したものだ．左上は電波干渉計 VLA で観測したものだ．右上はハッブル宇宙望遠鏡で観測したジェットで，球状に広がっている M87 銀河内の恒星光を背景に，可視光のジェット構造が明瞭にみえている．そして下は大型電波望遠鏡アレイ VLBA で観測した M87 銀河中心部のコンパクト電波源でジェットのほんの根元付近の様子である．

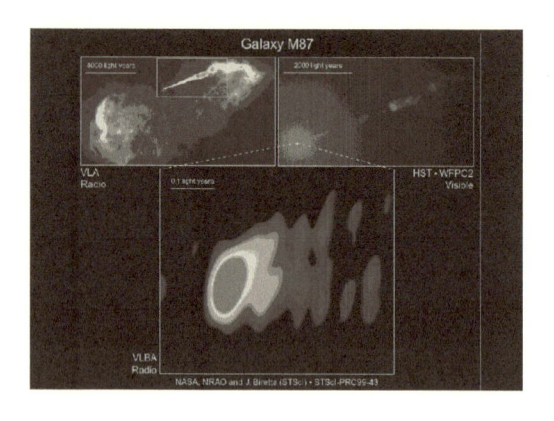

図 11.9 多波長で見た電波銀河 M87 ジェット (NASA/STScI/NRAO).

11.4.2 電波ジェットの超光速運動

VLBI によってコンパクト電波源の高分解能電波観測がはじまった 1970 年から 1971 年にかけて，**超光速現象**（superluminal phenomena）とか**超光速運動**（superluminal motion）と呼ばれる不思議な現象が発見された．活動銀河中心核の電波で明るく輝いている点の位置変化を追跡したときに，明るい点の見かけの速度が光速を大きく超えている現象である．1990 年代に入ると，銀河系内のジェット天体であるマイクロクェーサーが発見され，マイクロクェーサーでも超光速現象が見つかりはじめた．

■(1) クェーサー 3C 273 の超光速運動

図 11.10 は VLBI を用いて作成した，クェーサー 3C 273 中心部の電波等高線地図である（電波の周波数は 10.65GHz）．図の軸の 1 目盛りはわずか 2 ミリ秒角しかない．1 枚の図の中に，五つの異なった時期に作成されたものが順に並べてあるが，電波の構造が時間的に変化しているのが図からはっきりわかる．すなわち，クェーサーの中心（等高線のもっとも密な部分）から図の右上に，明るく光る塊（電波輝点）が飛び出していってるように見える．電波輝点はどの程度の速度で動いているのだろうか？

そこで，クェーサーの中心と電波輝点の角距離を測定し，その時間変化を

11.4 活動銀河の宇宙ジェットと超光速運動 superluminal motion

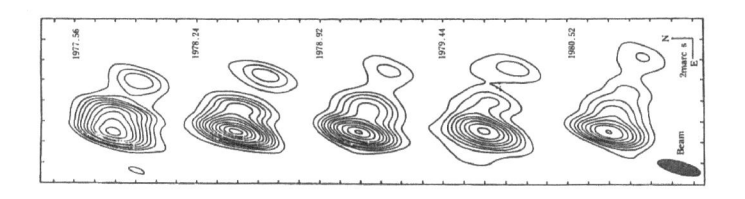

図 **11.10** クェーサー 3C 273 中心核の電波観測（Pearson et al. 1981, "Superluminal expansion of quasar 3C273", *Nature* 290, 365）.

プロットしてみると，明るい点は，見かけの上では，

$$0.76 \pm 0.04 \text{ ミリ秒角 年}^{-1} \tag{11.6}$$

の割合で移動していることがわかった．クェーサー 3C 273 の赤方偏移は，$z = 0.158$ である．ということは，ハッブル定数を $H = 60$ km s^{-1} Mpc^{-1}（現在は 72 あるいは 67 ぐらいに改訂されているが，当時の値を使う）とすれば，クェーサー 3C 273 までの距離は大体,

$$D = cz/H = 790 \text{ Mpc} = 25 \text{ 億光年} \tag{11.7}$$

ほどになる．したがってその距離での見かけ上の 1 ミリ秒角は，実距離に直せば，3.8 pc（12.5 光年）くらいになる．この換算からすると，電波輝点の見かけ上の移動速度 v_{app} は，なんと,

$$v_{app} = 9.6 \pm 0.5 c \tag{11.8}$$

にもなったのである．クェーサー 3C 273 の中心には，光速の 10 倍もの超光速で運動する天体があるのだろうか!?

超光速運動は他にもたくさん発見されており，さらに同じ天体に限っても，超光速運動は 1 度だけではなく何度も起こっている．そして見かけ上の速度も，光速を少し超えた程度から，10 倍，20 倍というものまでさまざまだ.

■(2) 相対論的ビームモデル

超光速現象のモデルとして定説なのは**相対論的ビームモデル**（relativistic beam model）である（図 11.11）．このモデルでは，活動銀河の中心核から，視線にほぼ沿った方向に，光速に近い速度で光る電波雲（ジェット）が飛び出すと考える．観測者がこの電波で光る雲の運動をしばらく追跡していると，視線に平行方向の運動はわからないが，視線に垂直な方向には見かけ上ある距離だけ移動したように見えるだろう．

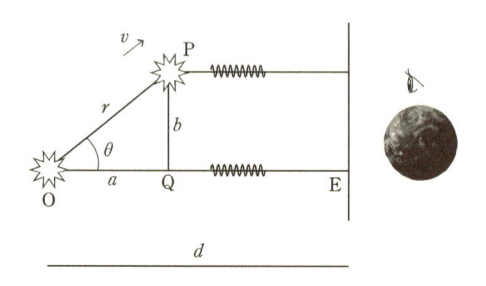

図 11.11　相対論的ビームモデル．

見かけ上の速度を求めるためには，光る雲が移動するのに要した時間を測定する必要があるが，ここが問題だ．その時間は，光る雲が飛び出した瞬間に発射された光が到達した時刻と，図 11.11 の位置にきたときに発射された光が到達した時刻の差で与えられるが，実はその間に光る雲そのものが光速に近い速度で移動している．そのため時間差が非常に小さくなり，結局，見かけ上の移動距離を時間差で割った見かけ上の速度が光速を超えるようなことが起こるのである．これは別に特殊相対論を駆使するまでもなく，光速が有限だということだけで，簡単な幾何学から導かれる．

図 11.11 の点 O をクェーサーの明るい中心核として，そこから明るい点 P が真の速度 v で飛び出したとしよう．中心核から離れた点 E で観測している観測者の方向と点 P の飛び出した方向のなす角を θ とする．点 O と点 E の間の距離を d，OP 間の距離を r，さらに P から OE におろした垂線と OE との交点を Q として，OQ を x ($= r\cos\theta$)，QP を y ($= r\sin\theta$) とする．

11.4 活動銀河の宇宙ジェットと超光速運動　superluminal motion

さて中心核 O から点 P が飛び出した時刻を $t = 0$ とすると，その瞬間に O から発した光が点 E に届く時刻 t_1 は，距離 d を光速 c で割って，

$$t_1 = \frac{d}{c} \tag{11.9}$$

となる．一方，$t = 0$ から計って，輝点 P から発した光が点 E に届く時刻 t_2 は，物体 P が点 O から点 P まで r 動くのに要する時間 (r/v) と，光が点 P と点 E 間を進むのに要する時間 $(d - x)/c$ の和になる．すなわち，

$$t_2 = \frac{r}{v} + \frac{d-x}{c} = \frac{r}{v} + \frac{d - r\cos\theta}{c} \tag{11.10}$$

となる．地球の観測者は，時刻 t_1 と時刻 t_2 の間に，輝点 P が QP の距離 y だけ移動したように見える．したがって，見かけの速度 v_{app} は，最終的に，

$$v_{\text{app}} = \frac{y}{t_1 - t_2} = \frac{r\sin\theta}{r/v - r\cos\theta/c} = \frac{v\sin\theta}{1 - (v/c)\cos\theta} \tag{11.11}$$

と表すことができる．

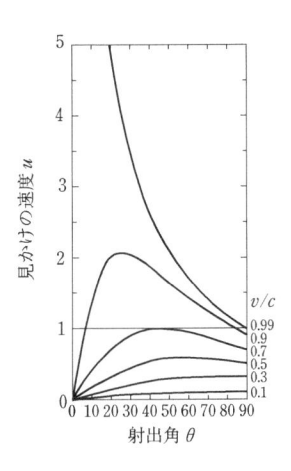

図 **11.12**　ジェットの見かけの速度.

この式を使い，真の速度 v を与えて，飛び出した方向 θ と見かけの速度 v_{app} の関係をグラフにしたのが図 11.12 である．いくつかの曲線は，それぞ

れ光る雲の真の速度を変えた場合のものである．たとえば光速の 90% の速度で飛び出した場合，視線となす角度が 20° から 30° くらいで，見かけ上の速度が光速の 2 倍程度になる．

現在では，活動銀河中心核の超光速運動は，中心核から光速に近い速度で飛び出したプラズマが原因だと考えられている．おそらくわれわれは宇宙ジェットの根元付近を見ているのだろう．本当の超光速現象ではないが，見かけ上だけでも超光速が観測されるためには，光速にかなり近い速度の運動が必要なことは確かである．そしてそのような光速に近い速度を得るためには，中心にはブラックホールのような相対論的天体が必要だというわけだ．

11.4.3 相対論的ビーミング

10 万光年とか 100 万光年という広い範囲で見たとき，宇宙ジェットはたいてい中心核から二つの方向に出ている．ところが，クェーサー 3C 273 など片側しか出ていないようにみえるものもある．ジェットは中心核から両方向に出ているのだが，**相対論的ビーミング**（relativistic beaming）と呼ばれる効果で片方のジェットしか観測されないのだろう．

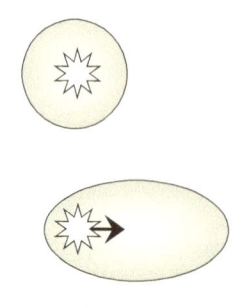

図 11.13 光行差．静止している光源からの光線は等方的でも，光源が運動していると光線は進行方向前方に集中する．

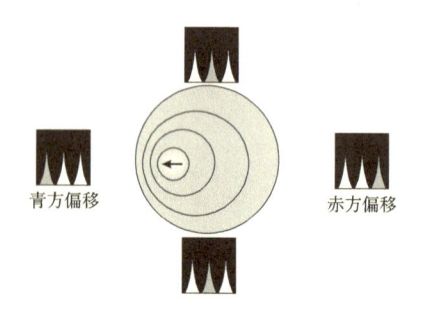

図 11.14 ドップラー効果．さらに光源の進行方向前方への光は青方偏移し，後方への光は赤方偏移する．

相対論的ビーミングに対しては，二つの特殊相対論的効果が絡んでくる．一つは**光行差効果**（aberration）だ（図 11.13）．これは，光源が光速に近い速

度で動いているときに，光線が進行方向前方に集中する効果である．たとえば光源と一緒に動いている観測者から見て，光が等方的に放射されているとしても，静止した観測者から見れば，光は光源と共に移動しているように見え，結果として，光線は前方へ集中するのである．

ジェットとともに動く観測者[*4]からみた，進行方向前方から測った光線の角度を θ_0 とし，ジェットの外にいる静止した観測者[*5]によって測定される角度を θ とすると，光行差は以下の式で表される：

$$\cos\theta = \frac{\cos\theta_0 + v/c}{1 + (v/c)\cos\theta_0}. \tag{11.12}$$

いろいろな速度に対して，θ_0 の関数として θ を描いたものが図 11.15 だ．速度が大きくなるほど，θ_0 に対して θ が小さくなっていくことがわかるだろう．

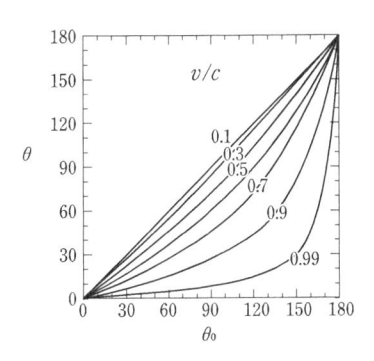

図 11.15 光行差：最初の方向 θ_0 と観測される方向 θ.

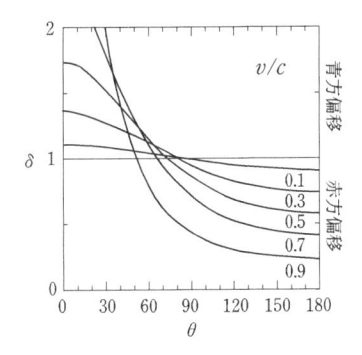

図 11.16 ドップラー効果：観測される角度 θ とドップラー因子 δ.

ただでさえ光の出方が前方に集中しているのに，それに加えて**ドップラー効果**（Doppler effect）が作用する（図 11.14）．光源が観測者に近づくように運動していると，特殊相対論的なドップラー効果によって光の波長が青方偏

[*4] 相対論の言葉では，**共動系**（comoving frame）の観測者と呼ぶ．
[*5] **静止系**（fixed frame）という．実験室系（laboratory frame）あるいは観測者系（observer frame）などともいう．

移する．光のエネルギーは振動数に比例しているので，青方偏移によって光の波長が短くなり振動数が高くなれば，光のエネルギーも増加し明るくなる．これを**ドップラーブースト**（Doppler boost）と呼んでいる．逆に赤方偏移して波長が伸び振動数が減れば，光のエネルギーも低くなり暗くなる．

ジェットとともに動く共動系で測った光のもともとの振動数を ν_0 とし，静止した慣性系の観測者が測定する振動数を ν とすると，ジェットの速度 v および静止系で進行方向前方から測った角度 θ の関数として，ドップラー効果は以下のような式で表される：

$$\delta \equiv \frac{1}{1+z} = \frac{\nu}{\nu_0} = \frac{1}{\gamma\left(1 - \frac{v}{c}\cos\theta\right)}. \tag{11.13}$$

ここで，z はいわゆる赤方偏移で，δ は**ドップラー因子**（Doppler factor）と呼ばれる．また $\gamma \equiv \sqrt{1-(v/c)^2}$ は時間の遅れに起因する項で，**ローレンツ因子**（Lorentz factor）と呼ばれる．

いろいろな速度に対して，θ の関数として δ を描いたものが図 11.16 だ．速度が大きくなるほど，前方方向の光が強く青方偏移することがわかるだろう[*6]．

このドップラーブーストによって観測者に向かって飛び出したジェットは明るくなるが，観測者から遠ざかる方向に飛び出したジェットは暗くなって観測にかからないのだろう．相対論的な性質から，ジェットの静止系で放射された輻射強度に対して，観測される輻射強度はドップラー因子の 3 乗に比例して変化する．したがって，ジェットのもともとの明るさを S_0 とすると，近づくジェットの明るさ S_B は $S_\mathrm{B} = S_0/[\gamma(1 - \frac{v}{c}\cos\theta)]^3$ となり，遠ざかるジェットの明るさ S_R は $S_\mathrm{R} = S_0/[\gamma(1 + \frac{v}{c}\cos\theta)]^3$ となる（遠ざかる方は速度の符号が変わる）．以上の結果，近づくジェットと遠ざかるジェットの明るさ比 Δ は，

$$\Delta = \left(\frac{1 + \frac{v}{c}\cos\theta}{1 - \frac{v}{c}\cos\theta}\right)^3 \tag{11.14}$$

[*6] 真横（$\theta = 90°$）から観測したときは，非相対論だと光の波長は変化しないが，特殊相対論を考慮すると，ローレンツ因子 γ のために，赤方偏移する．

11.5 超大質量ブラックホール　supermassive black hole

と表せる．これを具体的に計算してみた例を図 11.17 に示す．ジェットの真の速度が光速の 90% 程度でも，射出角 θ が 30° より小さければ，明るさ比は 1000 を超えることが可能になる．

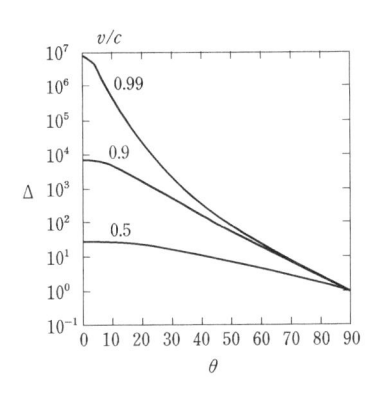

図 **11.17**　相対論的ビーミングにもとづいて計算した，近づくジェットと遠ざかるジェットの明るさ比 Δ．横軸は射出角 θ で，数値はジェットの真の速度．

ブレーザーなどではおそらく亜光速のジェットを正面方向から観測しており，ジェットからの放射（おそらくシンクロトロン放射）が非常に増光されて，輝線などを覆い隠しているのだろう．

11.5　超大質量ブラックホール　supermassive black hole

活動銀河の基本的な描像として現在広く信じられ観測的にも支持されているのは，超大質量ブラックホールとそのまわりの降着円盤という描像である．降着円盤などについてはすでに触れたので，ここでは活動銀河で重力エネルギーが本質的になる理由を説明しておく．

11.5.1　エネルギー源としての重力天体

活動銀河は，電波から X 線にいたる電磁波全領域で明るく，さらにその明るさが変動する．これら二つの大きな特徴から，エネルギー源に対して，基

本的で重大な制約が課せられる.

■**(1) エネルギー源のエネルギー量**

活動銀河から放出される全エネルギー量 E [J] は，活動銀河の光度を L [W], 寿命（活動期間）を τ [s] とすると, 以下ぐらいである:

$$E \sim L\tau. \tag{11.15}$$

このうち光度は，観測される比較的明るい値として，$L = 10^{40}$ W ぐらいとしよう．また寿命は，電波ジェットのサイズ（長いもので約 100 Mpc ～ 300 万光年）を光速で割って，$\tau \sim 3 \times 10^6$ 年 $= 10^{14}$ s という値が得られる．

以上から，活動銀河の放出する全エネルギーは，典型的に，以下ぐらいになる:

$$E \sim 10^{54} \text{ J}. \tag{11.16}$$

■**(2) エネルギー源の広がり**

エネルギー源がある有限の広がりを持っている場合には，エネルギー源の広がりと時間変動のタイムスケールの間には一定の関係が生じてくる．広がり R をもった領域が，一瞬にして消滅したとする（図 11.18）．観測者にとっては，問題の領域が消えた瞬間に領域の手前側から出た光が観測者に届いたときに，この領域は消えはじめ，領域の向こう側から出た光が観測者の届いたときに，この領域が消え終わる．消えはじめから消え終わりまで，領域の広がり R を光が横切るのに要する時間 R/c だけかかる[*7].

一瞬にして消滅するというのは極端な場合で，一般には，広がり R をもった領域が消えるまでにかかる時間（変動のタイムスケール）t には，

$$t \geq R/c \tag{11.17}$$

という条件が課せられることになる．逆に言えば，明るさが t というタイムスケールで変化したときには，輝いていた領域の広がり R は，上の不等式

[*7] 太陽が一瞬にして消滅したとしても，地球から見れば，消え去るまでに約 5 秒かかる．

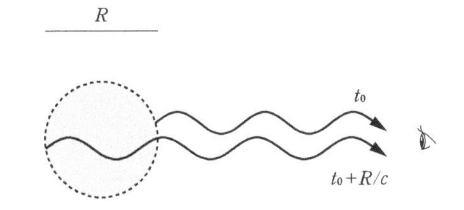

図 **11.18** エネルギー源が一瞬にして消滅したとき.

から,
$$R \le ct \tag{11.18}$$
という条件を満たさなければならない.

活動銀河の明るさは,短い場合,数日で変化する.このことから活動銀河の中心で可視光を放射している領域の広がりは,数日 × 光速 = 数光日（100天文単位程度）の広がりしかないことが推測できるのだ.

■**(3) エネルギー源の候補**

活動銀河の中心に存在するエネルギー源は,典型的には,10^{54} J ものエネルギーを放出でき,かつその広がりが数光日またはそれ以下という条件を満たすものでなければならない.具体的なエネルギー源の候補として,星のエネルギー源である核反応と,重力エネルギーを評価してみる.

まず**核反応エネルギー**（nuclear energy）の場合を考えてみよう.水素の核融合では4個の水素原子 H が最終的に1個のヘリウム He に変換する.水素の原子量は 1.0079,ヘリウムの原子量は 4.0026 なので,4個の水素が1個のヘリウムに変換する過程で,

$$4 \times 1.0079 - 4.0026 = 0.029 \tag{11.19}$$

だけ質量欠損が生じる.あるいは水素原子1個あたり,

$$0.029/4 \sim 0.007 \tag{11.20}$$

の質量欠損が生じる.言い替えれば,水素核融合では,質量の 0.007 の割合

(0.7%) が，アインシュタインの式（$E = mc^2$）にしたがって，エネルギーに変わるのである．これを核融合反応の**効率**（efficiency）と呼ぶ．

エネルギー変換の効率が 0.7% ということは，質量 M の水素ガスが完全にヘリウムに変換したときに生じるエネルギー E が，

$$E = 0.007Mc^2 \tag{11.21}$$

となることを意味する．したがって，発生するエネルギーが活動銀河に必要な 10^{54} J になるには，

$$M \sim 10^9 \, M_\odot \tag{11.22}$$

ほどの質量の水素ガスが核融合で燃えればよい[*8]．

ところが，エネルギー源の広がりは典型的には数光日（10^{13} m）程度なので，そんな狭い領域に太陽の 10 億倍もの質量を詰め込んだときの重力エネルギーを計算してみると，10^{54} J よりも大きくなってしまうのだ．そもそも，ブラックホールになってしまうだろう．

では**重力エネルギー**（gravitational energy）ではどうだろう．質量 M で大きさ R の天体の（自己）重力のエネルギー E は，以下ぐらいだ：

$$E \sim \frac{GM^2}{R}. \tag{11.23}$$

これから，半径 R が 10^{13} m 程度の領域に閉じ込められた物質の重力エネルギー E が 10^{54} J 程度になるためには，簡単な計算から，

$$M \sim 10^8 \, M_\odot \tag{11.24}$$

ほどの質量が存在すればよいことがわかる．すなわち，重力エネルギーの場合には，先ほどの核融合反応の場合に必要な質量の 10 分の 1 で済むのだ．これは重力エネルギーの方が効率がよいことを意味している[*9]．

[*8] 実際，そのような**超大質量星**（superstar）によるモデルも考えられた
[*9] 相対論的に計算された重力エネルギーの変換効率は，自転していないシュバルツシルト・ブラックホールで 0.057，極端に自転している極端カー・ブラックホールで 0.42 になる．シュバルツシルト・ブラックホールでさえ，核反応エネルギーの効率より 1 桁大きい．

繰り返せば，10^{13} m 程度の領域に太陽質量の 1 億倍の物質を押し込めれば，物質の重力エネルギーだけで典型的な活動銀河の放出エネルギーを賄える．このことから活動銀河のエネルギー源としては，物質の重力エネルギーがきわめて重要な役割を果たしていることが推測される．

11.5.2 超大質量ブラックホールの観測的証拠

超大質量ブラックホールの観測的な証拠については，活動銀河中心核での恒星の分布や運動，回転ガス円盤の振る舞いなど，数多くの証拠が集まっている．天の川銀河の中心についても 10.4 節で述べたとおりだ．ここでも一つだけ典型的な証拠を示しておこう．

1990 年代中頃に注目を浴びたのが，M106（NGC4258）と呼ばれる銀河中心における回転ガス円盤の発見だ．渦状銀河 M106 中心部から放射される水メーザー輝線を観測したところ，それらが系統的にドップラー偏移していることが発見された（図 11.19）．M106 銀河の中心に近いほど，水メーザー輝線の偏移は大きく，したがって対応する回転速度も大きいことがわかったのだ．このきれいな回転曲線から，M106 中心の超巨大ブラックホールの質量として，約 4000 万太陽質量が得られた．

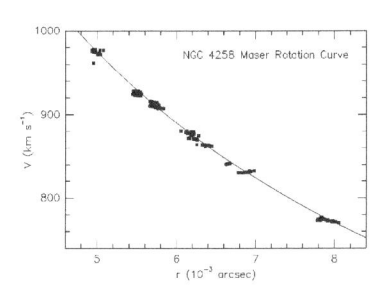

図 **11.19** 水メーザー輝線のドップラー偏移から得られた M106 の回転ガス円盤の回転曲線（Miyoshi et al. 1995, "Evidence for a black hole from high rotation velocities in a sub-parsec region of NGC4258", *Nature* 373, 127）．

いまや銀河の中心に超大質量ブラックホールが存在することを疑う研究者

表 11.1 超巨大ブラックホールの一部.

名前	銀河の種類	距離 [Mpc]	質量 [太陽質量]
恒星系力学			
Sgr A*/the Galaxy	Sbc	0.0085	4×10^6
M 31	Sb	0.7	3×10^7
M 32	dE	0.7	2×10^6
NGC 3115	S0	8.4	1×10^9
ガス円盤の回転			
M 87	cD	15.3	3×10^9
NGC 4261	E	31.6	5×10^8
水メーザーの観測			
NGC 4258/M 106	Sbc	7.5	4×10^7
NGC 1068	Sy	16	2×10^7

は少ないが,以上まで述べてきた例について,表11.1にまとめておく[*10].

11.6　銀河団　cluster of galaxies

　数千億の星やその他の物質からなる銀河は,宇宙の中で一様に分布しているわけではなく,しばしば,重力的に結び付いた局所的な集団を作っている(図11.20).十数個の銀河が集まったものを**銀河群**(group of galaxies),数百から数千個の銀河が集まったものを**銀河団**(cluster of galaxies)と呼ぶ.おとめ座の方向で約5900万光年の距離にある「おとめ座銀河団」は,巨大楕円銀河M87などを含む50個程度の銀河からなる集団だし,かみのけ座の方向で3億光年の彼方には,100個以上の銀河を含む「かみのけ座銀河団」がある.
　銀河団の中の銀河は,写真で見ると静止しているようにみえるが,決してじっとしているわけではなく,思い思いの方向に運動している.ここでは,銀河団と銀河の振る舞いについて考えてみよう.

[*10] おそらくほとんどすべての銀河の中心に巨大なブラックホールが鎮座しているのは間違いない.活動銀河ではガスの供給が十分にあって,現在たまたま活動状態にあるだけなのだろう.

図 11.20　かみのけ座銀河団（NAO）．

11.6.1　銀河団の力学質量と光学質量

　銀河団に含まれる個々の銀河の挙動を調べていた，スイス出身の天文学者フリッツ・ツヴィッキー（Fritz Zwicky；1898〜1974）は，1933年，奇妙な事実に気づいた．彼はまず，各銀河の明るさを測定した．銀河が星からできていると仮定すると，星一個の明るさや質量はだいたいわかるので，銀河全体の明るさが太陽何個分に相当するかがわかる．すなわちその銀河の"総質量"が見積もれる．このように明るさから求めた質量を**光学的質量**（optical mass）と呼ぶ．たとえば，かみのけ座銀河団の光学的質量は太陽の数兆倍だった．

　一方で，彼は，各銀河の運動の様子も調べた．銀河団中の個々の銀河には，他の残りすべての銀河からの重力が働いているはずだ．一個一個の銀河が銀河団から逃げ出したりしないためには，他の銀河全体からの重力を相殺する程度のほどよい速度で，その銀河が運動していることが必要である．したがって，個々の銀河の運動速度を測定してそれらを平均すれば，銀河団全体の質量を見積もることができる．このような万有引力の法則から力学的に求めた質量を**力学的質量**（dynamical mass）と呼ぶ．たとえば，かみのけ座銀河団の各銀河は，だいたい 1000 km s^{-1} ぐらいの速度で飛び回っている．これぐらいの運動速度をつなぎとめるためには，かみのけ座銀河団の質量が

太陽の500兆倍くらい必要だということがわかった．

そしてツヴィッキーをひどく驚かしたことには，求めてみた銀河団の力学的質量は，光学的質量より数十倍から数百倍も大きかったのだ．この観測事実が意味する内容は重大である．もしそれが事実なら，銀河団の中には，光を出さないために目には見えないが（したがって光学的質量としてはカウントされない），重力作用は及ぼす何らかの物質（したがって力学的質量に寄与する）が大量に存在することを意味するからだ．ツヴィッキーの発見当時は，あまりにも常識に反する考えで，真剣に受け取られなかったが，現在では，**暗黒物質／ダークマター**（dark matter）の存在は広く受け入れられている．

11.6.2 ビリアル定理と銀河団のダークマター

銀河団は銀河同士の重力によって結び付けられているが，重力が強すぎて潰れもせず，逆に弱すぎてバラバラになることもなく，安定な**力学的平衡状態**になっていると考えられている．力学的な平衡状態で成り立つ巨視的な条件として，**ビリアル定理**（virial theorem）が知られている（web付録B）．

銀河団を構成する各銀河の運動エネルギーを足し合わせた全運動エネルギーを T，銀河団全体の物質による全重力エネルギーを Ω とすると，ビリアル定理は，以下のように表される：

$$2T + \Omega = 0. \tag{11.25}$$

銀河団の全質量を M，サイズを R，各銀河のランダム運動の速度を V ぐらいとすると，銀河団の銀河の全運動エネルギー T は，

$$T \sim \frac{1}{2}MV^2 \tag{11.26}$$

程度になり，また銀河団全体の重力エネルギー Ω は，

$$\Omega \sim -\frac{GM^2}{R} \tag{11.27}$$

程度である．これらの式を上のビリアル定理の(11.25)式に代入すると，

$$M \sim \frac{RV^2}{G} \quad (11.28)$$

が得られる．すなわち，銀河団のサイズと各銀河のランダム運動の程度がわかれば，銀河団全体の質量が推定できるのだ．

かみのけ座銀河団の赤方偏移は $z = 0.0232$ で，ハッブルの法則から銀河団までの距離は約3億光年になる．見かけの広がりは約1°で，実際の広がりは約500万光年ほどになる．そして，各銀河のランダム運動の大きさは約 900 km s^{-1} ぐらいである．したがって，ビリアル定理から，かみのけ座銀河団の力学的質量は，太陽質量の500兆倍くらいになるということが導かれる．

11.7 重力レンズとダークマター　gravitational lens and dark matter

アインシュタインは1916年に一般相対論を最終的に定式化したが，その中で一般相対論を検証するための三つのテストを提案した．その一つが，天体周辺での光線の曲がりである．そして1919年，エディントンによって組織された観測隊によって，太陽のまわりに見える星の位置が，まさに一般相対論の予言通りにずれていることが確かめられた．2ヶ所の観測によって得られた値は，それぞれ，1.98秒角と1.61秒角というものだった．この日食観測によって，アインシュタインと相対論の名は一躍世界に知らしめられたのである．

天体のまわりで光線の経路が曲げられるということは，重力場を持つ天体がある種のレンズの役目を果たすということを意味する．これを**重力レンズ** (gravitational lens) という．ここでは，重力レンズ現象と，重力レンズを用いたダークマターの観測について，簡単に紹介しよう．

11.7.1 重力レンズ現象の発見

重力レンズ現象が起こるためには，光源となる遠方の天体とレンズの役割を果たす天体と観測者のいる地球が，ほぼ一直線に並ぶ必要がある（図11.21）．そのような可能性はきわめて低いと想像されていたが，1979年，重

力レンズ天体 0957 + 561A, B が劇的に発見された（図 11.22）.

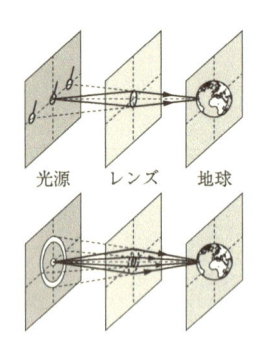

図 11.21 レンズ像のできかた.

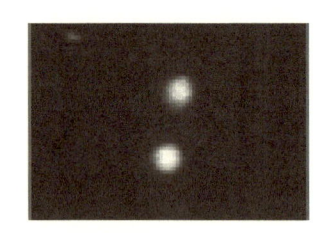

図 11.22 重力レンズ天体 0957+561A, B（大阪教育大学）.

クェーサー 0957 + 561A, B は，おおぐま座の中の天体で，赤経 9 時 57 分，赤緯 +5°61′ に位置する．明るさは 17 等級で，赤方偏移は $z = 1.4$ である．また成分 A と B との間の角距離は 5.7″ である．

1979 年，ウォルシュ（Walsh）らは 0957 + 561A, B をスペクトル観測を行い，A と B が分光学的にまったく同じ姿をしていることを発見した．これらは別のクェーサーではなく，遠方の同じクェーサーからの光が，途中にある銀河の重力場によって曲げられた結果できた，二つの重力レンズ像だったのだ．レンズの役割を果たしている天体は，赤方偏移が $z = 0.39$ にある楕円銀河を含む銀河団だということもわかった．重力レンズ効果によって，もとのクェーサーに比べ，像 A は 7.5 倍，像 B は 5.6 倍明るくなったと見積られている．

11.7.2 光線の曲がりと重力レンズ方程式

光源から発した光は天体の重力場の中で経路を曲げられて観測者に届く（図 11.21, 図 11.23）．弱い重力場の近似では，重力レンズ天体の質量を M，天体と光線の経路の最短距離を p とすると，曲げられる角度 δ（ラジアン）は，

$$\delta = \frac{4GM}{c^2 p} = \frac{2r_S}{p} \tag{11.29}$$

11.7 重力レンズとダークマター　gravitational lens and dark matter

と表される（天体が質点として近似でき，$r_S \ll p$ のときに有効）[*11]．ただし c は光速で，$r_S = 2GM/c^2$ は，天体のシュバルツシルト半径である．

図 11.23 のような配置を考え，天体 O と地球 E の距離を d，天体 O と重力レンズ M の距離を d_{OM}，地球 E と重力レンズ M の距離を d_{EM} とする．

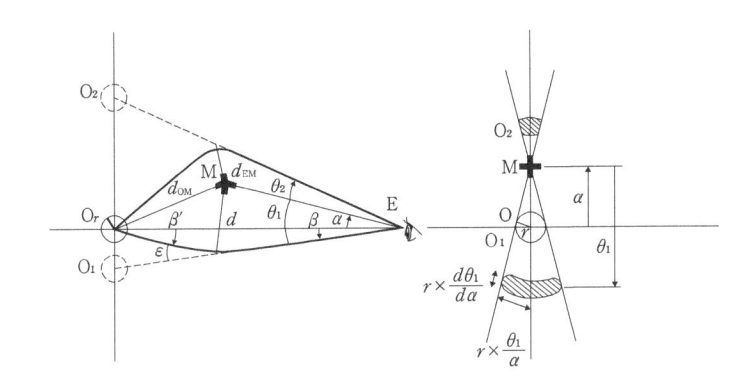

図 11.23　全体の配置．（左）光源とレンズと観測者を横からみたもの．（右）天球上に投影したもの．実際の角度は非常に小さい．

図 11.23 の記号を使えば，近レンズ点距離 p は，

$$p = d_{EM}\theta_1 \tag{11.30}$$

と表すことができる（角度 θ_1 など 1 に比べて十分小さいとする）．

図 11.23 や (11.28)，(11.29) 式から，θ_1, α, β, β', ε という五つの変数の間に，以下の四つの関係式が成り立つ：

$$\theta_1 = \alpha + \beta, \tag{11.31}$$

$$\varepsilon = \beta + \beta', \tag{11.32}$$

$$\beta' = \beta \frac{d_{EM}}{d_{OM}}, \tag{11.33}$$

$$\varepsilon = \frac{2r_S}{\theta_1 d_{EM}}. \tag{11.34}$$

[*11] この式からわかるように，レンズに近い光線ほど大きく曲がる．したがって，凸レンズなどと異なり，光線を 1 点に集めることはできない．すなわち重力レンズには焦点がない．

これらの式で，(11.31) 式と (11.32) 式から β' を消去し，つづいて (11.30) 式を用いて β を消去し，最後に (11.33) 式から ε を消せば，最終的に，重力レンズ M と像 1 の間の角距離 θ_1 が，光源 O とレンズ M の間の角距離 α および OME 間の距離で表される．

それが**レンズ方程式**（lens equation）と呼ばれる θ_1 に関する 2 次方程式だ：

$$\theta_1^2 - \alpha\theta_1 - \theta_0^2 = 0 \tag{11.35}$$

ただしここで，

$$\theta_0^2 \equiv \frac{2r_S d_{OM}}{(d_{OM} + d_{EM})d_{EM}} \tag{11.36}$$

で定義され，θ_0 は**アインシュタインリングの半径**と呼ばれる．

この (11.35) 式の二つの解のうち，一つは像 1 と重力レンズ M の間の角距離 θ_1 で，他の一つは像 2 とレンズの間の角距離 θ_2 である．

光源 O が円盤状でその半径を角距離で r（ラジアン）だとすれば，像の形は曲がった楕円状になる．そのとき，レンズ像の楕円の長半径は $r \times \theta_1/\alpha$ ぐらいで，幅は $r \times d\theta_1/d\alpha$ ぐらいになる．また，観測者とレンズと光源が一直線に並んでリング状の像ができる場合，リング——**アインシュタインリング**（Einstein ring）——の半径は θ_0，幅は光源の半径 r 程度になる．

重力レンズによる像が場合によって光源より明るくなる理由は，光源も像もその面輝度自体は変わらないのだが，像の見かけ上の面積が大きくなるためである（面輝度が同じなら全体の明るさは面積に比例する）．おおまかな計算では，

$$\xi = \sqrt{1 + \left(\frac{2\theta_0}{\alpha}\right)^2} \tag{11.37}$$

として，像 1 と光源の面積（すなわち明るさ）の比 A_1 は，

$$A_1 \sim \frac{1}{4}\left(\xi + 2 + \frac{1}{\xi}\right) \tag{11.38}$$

であり，像 2 と光源の明るさの比 A_2 は，

$$A_2 \sim \frac{1}{4}\left(\xi - 2 + \frac{1}{\xi}\right) \tag{11.39}$$

11.7 重力レンズとダークマター　gravitational lens and dark matter　*319*

となる．したがって二つの像を合わせたものと光源の明るさの比は，

$$A_1 + A_2 \sim \frac{1}{2}\left(\xi + \frac{1}{\xi}\right) \tag{11.40}$$

程度であり，θ_0/α が大きい場合（レンズの質量が大きくて θ_0 が大きいとか，光源とレンズの角距離 α が小さい場合）には，$\xi \sim 2\theta_0/\alpha$ で，

$$A_1 + A_2 \sim \frac{\theta_0}{\alpha} \tag{11.41}$$

となり，光源の明るさに比べてレンズ像の明るさの方がはるかに明るくなる．

11.7.3　弾丸銀河団とダークマターの性質

ダークマターについては，先に述べた円盤銀河の回転曲線や銀河団の振る舞い以外にも，さまざまな証拠が挙がっている．その一つが重力レンズをもちいた観測だ．

図 **11.24**　弾丸銀河団 1E 0657-56（Bullet Cluster; http://www.nasa.gov/mission-pages/chandra/multimedia/photos06-096.html）．

図 11.24 は「弾丸銀河団」と呼ばれる銀河団で，白黒でわかりにくいが，可視光の画像と X 線の画像，そして重力レンズの観測から導かれたダークマターの分布が合成されている．この銀河団は，右方からやってきて現在は左側にある大きな銀河団と，左方からやってきて現在は右側にある小さな銀河

団が，正面衝突してすり抜けた後の状態だと考えられている．多くの白や薄いオレンジ（原図では）のややぼやけた丸い像は，ハッブル宇宙望遠鏡などで撮像された可視光画像で，銀河団に含まれる多数の銀河である．その分布をみると，左側の銀河団の方が大きいことがよくわかるだろう．

また白黒画像では判然としないが，もやもやした画像が左右に四つほど並んでいる．中央付近のピンク（原図）の二つの像（中央右側のものは尖った鏃のようにみえる）は，チャンドラX線衛星が撮像したX線像である．これはもともとは各銀河団に含まれていた高温ガスを表しており，また同時に銀河団に含まれる大部分の通常物質の分布を示していると考えられている（可視光で見える銀河よりガスの方が質量が多い）．銀河団が衝突してすり抜けた際，それぞれの銀河団に含まれる多くの銀河はすり抜けたのだが，銀河団に含まれていたガスはすり抜けることができないため，衝突後の中央付近に取り残されたのだ[*12]．

さらに中央の高温ガスの両側の二つの青い（原図）丸い像があるのだが，それは重力レンズ効果を用いて推定された暗黒物質の分布を表している．この暗黒物質は通常物質よりはるかに大量にあるのだが，その分布はそれぞれの銀河団の分布と重なっているのだ．すなわち，左側の大きな銀河団のまわりを取り巻くように大きな暗黒物質の分布があり，右側の小さな銀河団を取り巻くようにやや小さな暗黒物質の分布があるのだ．

この観測事実は重要である．すなわち暗黒物質も銀河団の銀河と一緒にすり抜けたことを意味しているからだ．暗黒物質の正体は不明だが，すくなくとも通常のガス物質のようなものではなく，お互いに衝突しない（相互作用の小さな）何かであることだとわかった．

ダークマターの候補としては，大きくわけて，MACHO（筋肉マン）とWIMP（弱虫）がある[*13]．MACHOとWIMPの違いをたとえて言えば，"スー

[*12] ちなみに"弾丸"の由来は，中央の二つのX線像のうち，右側のものが右に尖った鏃のようにみえるためらしい．

[*13] machoは，いわゆる"マッチョマン"のことで，"たくましい筋肉男"を意味している．もう一つの捕らえどころのないWIMPに対して，はっきりした物質だということで，引っ掛けた語呂合わせである．順序としてはWIMPという用語が先にできて，MACHOが後から作られた．

11.7 重力レンズとダークマター　gravitational lens and dark matter

プの具"と"スープそのもの"の違いみたいなものだろう．つまり，具のように宇宙空間で塊として存在しているか（MACHO），スープのように宇宙空間中にベターと広がっているか（WIMP）だ．

　ダークマターの候補として一つのタイプは，たとえば，ブラックホールとか，質量が小さすぎて星として光れなかった褐色矮星とか，木星のような惑星とか，塵とか，そんなのが考えられる．とにかく，光ってはいないけど質量はもっている通常の物質（バリオン物質）だ．このような普通の物質からなる（かもしれない）ダークマターに対して，重たくて（MAssive）コンパクトな（Compact）ハロ（Halo）領域にある天体（Objects）の頭文字をつなげて，「MACHO（= MAssive Compact Halo Objects）」という呼び方をした．

　ダークマターの候補のもう一つのタイプとしては，たとえば，ニュートリノとか，アクシオンとか，ニュートラリーノなど，バリオン物質ではない，ある種の素粒子が考えられる．こちらの方は，他の物質とほんのわずかしか（Weakly）影響し合わない（Interacting）質量をもった（Massive）素粒子（Particles）を意味する英語の頭文字をつなげて，WIMP（= Weakly Interacting Massive Particles）と呼ばれた．

　重力レンズ効果をもちいた観測も含め，さまざまな観測から，現時点では，ダークマターの正体は WIMP である可能性が高い．

こぼれ話

銀河形成：　銀河の形成については，まだよくわかっていないことも多く，また最近では数値シミュレーションが中心なので，本書では割愛した．

第 12 章

Cosmology
宇宙論

　星々や銀河に代表される物質，目に見えない暗黒物質，そして空間に内在するダークエネルギー，これらをすべて含んで生々流転し変化するものが**宇宙**（universe）であり，宇宙全体を取り扱うのが**宇宙論**（cosmology）である．本章では，宇宙論に関する基礎的な概念をまとめておこう[*1]．

12.1　ハッブルの法則と宇宙の膨張　Hubble's law and expansion of universe

　銀河にはダークマターも大量に存在しているが，光ってみえているもの自体は，星の光（と星雲など）だ．したがって，銀河のスペクトルは，銀河を構成している典型的な星のスペクトルに似たものになる（図 12.1）．

　ところがスペクトル線の観測ではしばしば起こるように，銀河のスペクトルのバルマー線も実験室の波長とはずれた位置で観測されることが少なくない．それも系統的にずれていて，遠方の銀河ほど大きな赤方偏移を示す．

　遠方銀河のスペクトル線を調べていたエドウィン・ハッブルは，1929 年，

　i) 大部分の銀河は赤方偏移していること，

　ii) 銀河が暗いほど（すなわち銀河が遠いほど）赤方偏移が大きいこと，

に気づいた（図 12.2）．銀河の赤方偏移をドップラー効果だと解釈すれば，遠方の銀河ほどわれわれから高速で遠ざかっているわけで，このことは，われわれの宇宙が膨張していることを意味していた．この観測事実を**ハッブル**

[*1] 宇宙論に関する詳細な話は，福江純『完全独習 現代の宇宙論』（講談社，2013）を参照して欲しい．

12.1 ハッブルの法則と宇宙の膨張　Hubble's law and expansion of universe

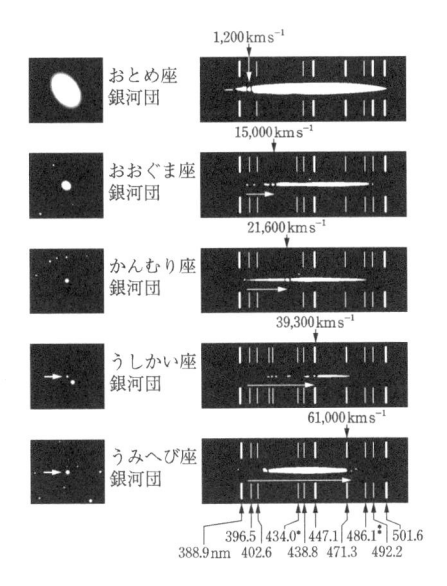

図 12.1　いろいろな銀河のスペクトル.

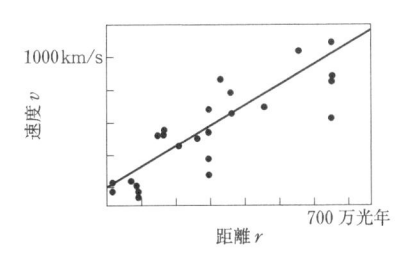

図 12.2　ハッブルの法則.

の法則（Hubble's law）と呼んでいる.

　銀河の赤方偏移を z,（明るさから推定された）銀河までの距離を r, 光速を c とすると, ハッブルの法則は, ある"比例定数"H を導入して,

$$z = (H/c)r \tag{12.1}$$

と表すことができる. また銀河の**後退速度**（recession velocity）v を $v = cz$ で

定義すると，この式は，

$$v = Hr \tag{12.2}$$

のように表せる．これがふつうに使われるハッブルの法則の形だ[*2]．

ここで"比例定数" H は，**ハッブル定数**（Hubble constant）と呼ばれる定数で，宇宙の膨張の程度を表している．すなわち，ハッブル定数は，1 Mpc 彼方での銀河の後退速度 [km s^{-1}] の目安になっている．現在では，ハッブル宇宙望遠鏡による遠方銀河の探査や Ia 型超新星の観測から，ハッブル定数の値は，

$$H = 71 \pm 4 \text{ km s}^{-1}\text{Mpc}^{-1} \tag{12.3}$$

程度だとわかってきた[*3]．さらに，ごく最近のプランク衛星の詳細な観測からは，

$$H = 67.8 \pm 0.9 \text{ km s}^{-1}\text{Mpc}^{-1} \tag{12.4}$$

ぐらいに改訂されつつある[*4]．

12.2　宇宙背景放射　cosmic background radiation

原始火の玉宇宙の名残がいまも宇宙のあらゆる空間に充満し，宇宙のあらゆる方向から地球に降り注いでいる．それを**宇宙背景放射**（cosmic background radiation）と呼んでいる．スペクトルが絶対温度 3 K の黒体スペ

[*2] 赤方偏移が 0.1 ぐらいより大きくなると，相対論的な関係を使わなければならない．相対論的な場合，後退速度 v と赤方偏移 z の間には，$1 + z = \sqrt{(1 + v/c)/(1 - v/c)}$ という関係が成り立つので，これを解いて以下の関係が得られる：

$$\frac{v}{c} = \frac{2z + z^2}{2 + 2z + z^2}.$$

[*3] 宇宙膨張というとものすごい膨張のように思いがちだが，1 Mpc の距離で 71 km s^{-1} というのは実は大きな速度ではない．1 光年の距離に換算すると 2.2 cm s^{-1} ほどにしかならない．

[*4] 入門的には，宇宙膨張を銀河の後退"運動"に置換して捉えることが多いが，実を言えば，銀河は宇宙膨張に乗っているだけであり，局所的な固有運動を除いて，個々の銀河は宇宙に対して"静止"している．だから，ハッブルの法則で考える赤方偏移 z は宇宙論的なものであり，本来は，宇宙の構造を表す式で定義されるものである．

クトルに近いことから，3 K 宇宙放射とか**宇宙黒体輻射**と呼ぶこともある（図 12.3）．

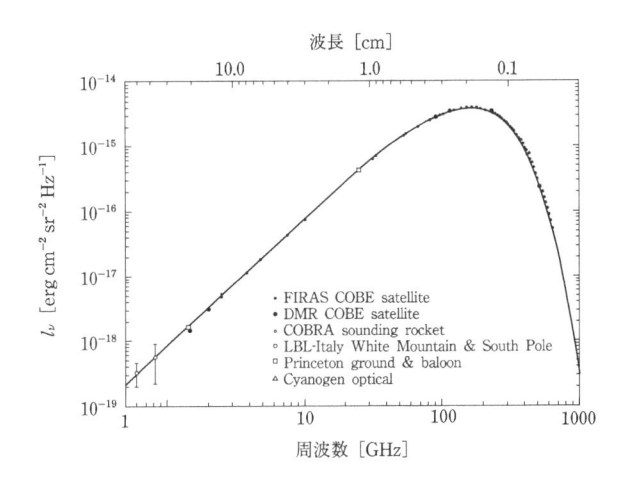

図 **12.3** 宇宙背景放射のスペクトル．

■**(1) 宇宙背景放射のスペクトル**

　この宇宙背景放射はわれわれにさまざまなことを教えてくれる．まず宇宙背景放射が黒体輻射のスペクトルをしているということから，かつて宇宙全体で物質と輻射が熱平衡にあったことがわかる．またこの宇宙背景放射が等方的で一様なことから，この放射が生まれた時の宇宙もやはり一様等方だったと思われる．さらに観測される放射スペクトルの温度が 3 K にまで下がっていることから，その時代から現在までの宇宙膨張の割合もわかる．すなわち，もともとのプラズマの温度は 4000 K ぐらいだったはずで，宇宙膨張に伴って断熱的に温度が下がって現在は 3 K になったとすると，当時よりも現在の宇宙が 1000 倍強ぐらい膨張したことを意味している．

■**(2) 宇宙の進化**

　ビッグバン宇宙論によれば，いまから約 100 億年の昔（最近の研究では 138 億年前），宇宙は熱い火の玉として生まれ，すぐに爆発的膨張を開始し

た．最初の1秒ほどは，非常に高エネルギーの素粒子のスープだったが，宇宙が膨張するにしたがい，ほとんどの素粒子はその反粒子と対消滅して，やがてわれわれにもなじみ深い電子や陽子のみが残った．

誕生後10万年くらいの間は，宇宙の温度は非常に高く，物質はプラズマ状態のままであった．そのため，原子核に捕らわれていない自由電子に邪魔されて，光子は真っ直に進むことができなかった．すなわち宇宙は不透明だった．しかしながら宇宙が膨張するにしたがい，（宇宙の外部というものはないので）宇宙のプラズマガスの温度は断熱冷却によって温度は下がっていく．そして誕生後10万年ぐらいでプラズマガスの温度は4000 K ぐらいまで下がり，その段階で，電子は陽子と結合して水素原子になる（中性化）．その結果，光子の行く手を阻むものはなくなって，宇宙の視界は開けた．これを**宇宙の晴れ上がり**と呼んでいる（図 12.4）．このときの光子のスペクトルがいま宇宙背景放射として見えているものである．一方，放射と袂をわけた物質は，超銀河団，銀河団，銀河，星，生命などへと構造化していくこととなる．

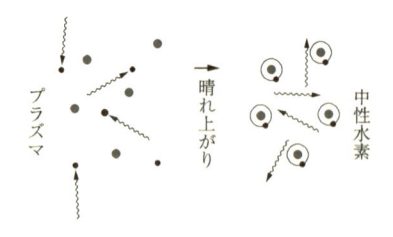

図 **12.4** 宇宙の晴れ上がり．

12.3 ビッグバン宇宙モデル　big bang model

宇宙は138億年前に誕生し，最初は非常に小さく高温で高圧で高密度の**火の玉**（fireball）だったものが，急激に膨張して現在に至ったと考えられている（図 12.5）．これは時空そのものの急膨張であって，（すでに存在していた空間の中での）ふつうの爆発とはまったく異なるものだ．この宇宙最初の時

12.3 ビッグバン宇宙モデル　big bang model

空の"大爆発"を**ビッグバン**（big bang）と呼び，ビッグバンではじまり膨張してきた宇宙を**ビッグバン宇宙**（Big Bang Universe）という[*5]．

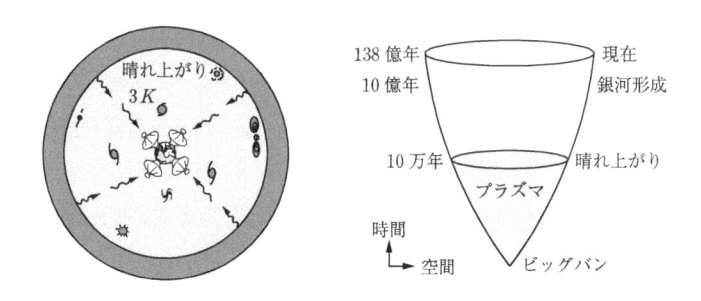

図 12.5　ビッグバン宇宙のイメージ．（左）空間的イメージ．遠くほど過去になる．（右）時空間的イメージ．上下が時間軸．

12.3.1　膨張宇宙モデル

アインシュタインの一般相対論によって，物質（およびエネルギー）と時空構造を関連付けることが可能になった．その式は**アインシュタイン方程式**と呼ばれている．アインシュタイン方程式を宇宙全体に適用し，適当な仮定（一様とか等方など）のもとで解くと，種々の**相対論的宇宙モデル**が得られる．

たとえば，アインシュタイン自身は 1917 年に**静止宇宙モデル**を提案している．ただし，その際アインシュタインは，宇宙に存在する物質の重力に対抗するために，斥力として作用する**宇宙項／ラムダ項／宇宙定数**（lambda term；cosmological constant）を付け足した[*6]．

その後，1922 年に，数学者アレクサンダー・フリードマン（Alexander Friedmann；1888～1925）が，アインシュタイン方程式（宇宙項なし）を解いて，膨張している解を発見した．また 1927 年には，ベルギーの宇宙論学

[*5] ハッブルの法則と 3 K 宇宙背景放射，そして宇宙初期の元素合成の結果であるヘリウムの存在量が，現在のビッグバン宇宙論を強力に支持する強い観測的証拠だ．
[*6] 後年，アインシュタインをして，"生涯最大の過ちだった"と言わしめたものである．

者ジョルジュ・ルメートル（Georges Lemaître；1894〜1966）が，アインシュタイン方程式（宇宙項あり）を解いて，やはり膨張している解を発見した．これらの膨張解によって表される宇宙が**膨張宇宙モデル**（expanding universe model）である．

まず宇宙項を考えない場合，膨張宇宙モデルは，閉じた宇宙，平坦な宇宙，そして開いた宇宙の3通りにわかれる（図12.6）．宇宙の物質密度が十分大きいと，物質の重力を振り切って膨張を続けることができなくなり，宇宙の膨張はやがて収縮に転じる．このときは宇宙空間の曲率は正で宇宙全体の空間構造は閉じているので，**閉じた宇宙**（closed universe）と呼ばれる．また宇宙の物質密度がある特定の臨界値——臨界密度になっていると，物質の重力と宇宙膨張の勢いがちょうど釣り合った状態になっていて，宇宙膨張は一定の割合で永遠に続く．このときは宇宙空間の曲率はゼロで宇宙全体の空間構造は平坦なために，**平坦な宇宙**（flat universe）と呼ばれる．さらに宇宙の物質密度が臨界密度より小さいと，物質の重力作用で膨張を止められないので，宇宙膨張は加速しながら永遠に続く．このときは宇宙空間の曲率は負で宇宙全体の空間構造は開いているために，**開いた宇宙**（open universe）と呼ばれる．

一方，宇宙項が存在すると，宇宙が膨張するにつれて宇宙項の影響が効いてくるので，宇宙膨張は次第に加速される（図12.7）．

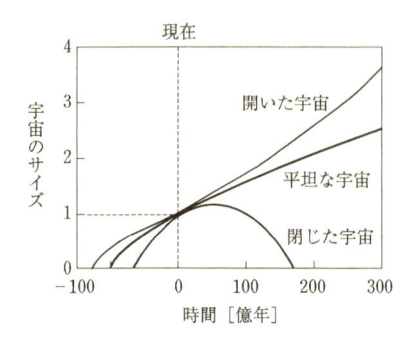

図 **12.6** 宇宙項なし（$\Lambda = 0$）の膨張宇宙モデル．

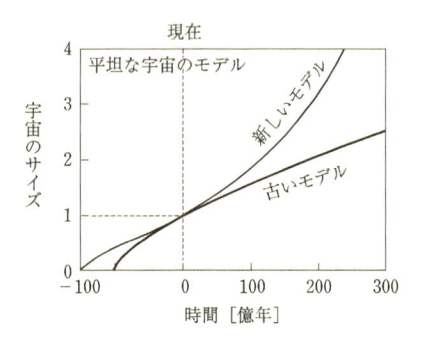

図 **12.7** 宇宙項あり（$\Lambda \neq 0$）の膨張宇宙モデル．

12.3.2 宇宙方程式

ビッグバンモデルを正しく記述するには，一般相対論が必要だが，ニュートン力学的な扱いでも大まかな性質を知ることはできる．

宇宙全体の質量を M とし，宇宙全体の典型的なサイズ——**スケールファクター**（scale factor）という——を a とする．宇宙に含まれる物質の量は変わらないので質量 M は一定だが，宇宙が膨張するにつれスケールファクター a は大きくなる．

ニュートン力学的な扱いでは，このスケールファクターに対して，ニュートンの運動方程式と同じような"運動方程式"が成り立つ：

$$\frac{d^2 a}{dt^2} = -\frac{GM}{a^2} + \frac{\Lambda c^2}{3} a. \tag{12.5}$$

この (12.5) 式の右辺第 1 項は，宇宙全体の物質が引き合う万有引力を表している．宇宙が小さいときは宇宙全体が引き合う万有引力も強く，宇宙が膨張して拡がると万有引力は弱くなる．また右辺の第 2 項は，宇宙斥力の項である．ここで c は光速だが，Λ が**宇宙項／宇宙定数**である．宇宙が膨張して拡がっても，宇宙斥力の大きさは減ることはなく，逆に，空間のスケールファクターに比例して強くなる．この宇宙斥力は，空間自体に潜むある種のエネルギーで，最近では**ダークエネルギー**（dark energy）とも呼ばれているが，その正体はまだわかっていない．

上の (12.5) 式を積分すると，宇宙全体に関するエネルギー積分：

$$\frac{1}{2}\left(\frac{da}{dt}\right)^2 - \frac{GM}{a} - \frac{\Lambda c^2}{6} a^2 = E = -\frac{1}{2} k c^2 \tag{12.6}$$

が得られる．

この (12.6) 式の左辺は，第 1 項が宇宙全体の運動のエネルギー，第 2 項が宇宙の物質の重力エネルギー，そして第 3 項が宇宙斥力に伴うポテンシャルエネルギーだと解釈できる．それらの和が一定ということは，宇宙が膨張したりしても，宇宙全体のエネルギー E が保存されることを意味している．

ニュートン力学での運動と同じように，宇宙全体のエネルギーが負（束縛

運動）か，0か，正（非束縛運動）によって，宇宙全体の運動の様子はわかれる．実際，$E = -kc^2/2$ と置くと[*7]，定数 k の値によって，

$$k = 1 \quad E \text{ は負} \quad \text{閉じた宇宙}$$
$$k = 0 \quad E \text{ は}0 \quad \text{平らな宇宙}$$
$$k = -1 \quad E \text{ は正} \quad \text{開いた宇宙}$$

にわかれる（図 12.6，図 12.7）．

宇宙項のない古典的な解と，宇宙項のある現代的な解について，宇宙方程式を代表的な場合について解いてみよう．

■(1) 宇宙項のない場合

(12.6) 式は，

$$\frac{1}{2}\dot{a}^2 - \frac{GM}{a} = -\frac{1}{2}kc^2 \tag{12.7}$$

となり，重力場中でのエネルギー保存によく似た式になる．平坦な場合（$k = 0$）には，$\dot{a} = da/dt = \sqrt{2GM/a}$ と変形できるので，変数分離法で解けて，

$$a(t) = (9GM/2)^{1/3} t^{2/3} \tag{12.8}$$

という解をもつ．これが平坦な宇宙での**ビッグバン減速膨張解**の主要部分だ．

■(2) 宇宙項のある場合

物質と比べて宇宙項（ダークエネルギー）が卓越した状況を考えると，(12.6) 式は，

$$\frac{1}{2}\dot{a}^2 - \frac{\Lambda c^2}{6}a^2 = -\frac{1}{2}kc^2 \tag{12.9}$$

となる．これも平坦な場合（$k = 0$）には簡単に解けて，

$$a(t) \propto e^{\sqrt{\Lambda c^2/3}\, t} \tag{12.10}$$

[*7] ラムダ項が 0 で，開いた宇宙では，宇宙が無限に拡がったときにスケールファクターの速度が光速になる．逆に，そのような境界条件から，$E = -kc^2/2$ が決められている．

という指数的に膨張する解をもつ．これが宇宙初期の**インフレーション**（inflation）解であり，また数十億年前からはじまっている宇宙の**加速膨張**（accelerating expansion）を表す解の主要部分でもある．

12.4　ダークエネルギーと宇宙の内容物　dark energy

宇宙空間には，あらゆる物質および既知のエネルギー以外にも，宇宙の構造に多大な影響を与えているある種のエネルギーが存在すると考えられている．それが**ダークエネルギー**（dark energy）だ[*8]．

12.4.1　宇宙の加速膨張

1998年に，アメリカのソール・パールミュッターたち（Saul Perlmutter；1959～）や，オーストラリアのブライアン・シュミット（Brian P. Schmidt；1967～）たちが，超新星宇宙論プロジェクトと高赤方偏移超新星探査の結果を報告した．

パールミュッターたちは，遠方の銀河で発生した超新星を観測して，そのデータをもとに，宇宙が閉じているのか開いているのか，言い換えれば，宇宙膨張が減速しているのか加速しているのかを調べようとしたのである．

遠方の銀河の後退運動自体は，遠方の銀河からやってくる星の光の赤方偏移を測定することによって，どれぐらいの高速で遠ざかっているか，すなわち膨張しているかがわかる．しかし，その銀河までの距離がわからないことには，膨張率すなわち加速度はわからない．従来は，銀河までの距離を求めるのが非常に難しく，銀河の距離には不定性が高かった．

パールミュッターたちは，遠方の銀河で起こる超新星爆発に目を付けた．超新星は莫大なエネルギーを放出して光輝くので，銀河本体と同じくらいに明るくなる．だから，星一個一個はかすかで見えないような遠方の銀河でも，超新星が起こればその光を観測することができる．もっとも，超新星のもともとの明るさがわからないと，見かけの明るさとの比較はできない．幸

[*8] この"ダークエネルギー"という言葉は，シカゴ大学の宇宙論学者マイケル・ターナー（Michael S. Turner；1949～）が命名した用語である．

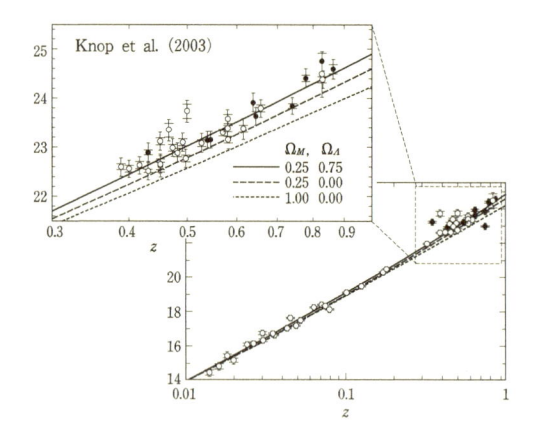

図 **12.8** 拡張されたハッブルの法則（Knop et al. 2003, "New constraints on Ω_m, Ω_Λ, and w from an independent set of 11 high-redshift supernovae observed with the *Hubble Space Telescope*", *The Astrophysical Journal* 598, 102; http://supernova.lbl.gov/）．

いなことに，タイプ Ia 型超新星は，爆発時の最大光度が比較的よく揃っていて，真の明るさがだいたいわかっている．したがって，遠方の銀河でタイプ Ia 型超新星が起これば，その見かけの明るさを測定して真の明るさと比べることにより，遠方の銀河までの距離が判明するのだ．また，ふつうの銀河では Ia 型超新星は 300 年に 1 回ぐらいしか起こらない稀な現象だが，数千個もの銀河を観測すれば，何十個もの超新星を見つけることができる．

このような方法で，パールミュッターたちは，遠方の銀河までの距離と後退速度を詳しく調べていった．ハッブルがやったことと同じことを，はるかに遠方宇宙まで調べていったのである（図 12.8）．そして宇宙モデルの理論曲線と比べることにより，彼らは，宇宙膨張が加速しているとの結論を得たのだ．これは，物質・エネルギーの重力作用による宇宙の"減速膨張"に対して，宇宙の**加速膨張**（accelerated expansion）と呼ばれる．

12.4.2 ダークエネルギー

宇宙の加速膨張は観測的な事実である．そのような加速膨張を引き起こす

12.4 ダークエネルギーと宇宙の内容物 dark energy

ためには，物質による宇宙を収縮させようという重力に抗し，宇宙を膨張させようとする斥力が必要である（これは強い推定である）．それが"ダークエネルギー"だ．超新星宇宙論プロジェクトで判明したもっとも重要な点は，宇宙全体の内容物のうち，実に73%がダークエネルギーだということである（残りの24%がダークマターで，通常の物質は4%にすぎない）．

ダークエネルギーの正体はまだ不明である．一つの候補としては，真空エネルギーが考えられている．量子論では，"真空"は何もないカラッポの状態ではなく，必ず量子的にゆらいでいる．物理学的な真空では，電子と陽電子，陽子と反陽子など，粒子と反粒子が生成消滅を繰り返しているのだ．このような一瞬だけ存在して観測もできない粒子のことを**仮想粒子**（virtual particle）と呼んでいる．仮想粒子は観測はできないが，零点エネルギーをもつために，均してみれば，物理学的な真空は**真空エネルギー**（vacuum energy）をもつ[*9]．

他の候補としては，クィンテッセンス（第5元素；quintessence）と呼ばれるある種の弱い力の場もある．また他の次元からエネルギーが漏れているのかもしれない．すなわち，宇宙は高次元空間（余剰次元）に浮かぶ膜だという説があり，**ブレーンワールド**（brane world）と呼ばれている[*10]．この理論ではわれわれの宇宙である4次元時空の外部から重力やダークエネルギーなどの影響が入ってくる可能性がある．

[*9] 仮想粒子対の生成・消滅の量は空間の体積に直接比例するので，真空エネルギーの大きさも空間の体積に比例する．真空のエネルギーが存在するということは，数学的には，"宇宙斥力"として働く宇宙定数（宇宙項，ラムダ項）が存在することとまったく同じなのだ．もちろん物理的には意味合いが異なる．アインシュタインが仮定した空間の斥力として働く性質をもった宇宙項は，空間自体に備わった特性なので，アインシュタイン方程式の左辺に置かれた．一方，真空エネルギーは，通常の物質やエネルギーとは異なるものだが，ある種のエネルギーには違いないので，アインシュタイン方程式では右辺に置かれるべき量である．ただし，数学的には，宇宙項に相当する項を，方程式の左辺から右辺に移項しただけなのだ．

[*10] Randall and Sundrum 1999, "A large mass hierarchy from a small extra dimension", *Physical Review Letters* 83, 3370 は，この説の嚆矢となった論文である．

第 13 章

Astrobiology
宇宙と生命

　宇宙物理学で生命や生物の話をすると不思議に思う人も少なくないようだ．しかし，天文学・宇宙物理学の目的はこの大宇宙のすべてを解き明かすことで，当然，その中には生命も含まれる．多くの系外惑星が発見され，地球外生命が観測される可能性が高まった現在，**宇宙生物学**（astrobiology/bioastronomy）という学問領域も活発になっている[*1]．宇宙物理学の究極の目標は，宇宙の起源の解明であり，開闢より生命の発生まで連綿と続く宇宙の歴史を明らかにすることだ．宇宙と生命は切っても切り離せない間柄なのだ．

13.1　系外惑星　exoplanet

　大昔から人々は，太陽以外の星のまわりにも惑星が存在するのではないかと想像してきた．そしてついに，20世紀末，太陽系外の惑星が続々と見つかりはじめた．これらを**系外惑星**（exoplanet）と総称している（図 13.1）．

13.1.1　系外惑星の発見

　系外惑星探査は，観測技術が発展した 1980 年代初頭から本格的になった

[*1] 宇宙生物学（astrobiology/bioastronomy）という言葉・学問領域自体は，かなり古くから存在している．20 世紀なかばから地球外知的生命の探索（SETI）に関心が高まり，国際天文学連合 IAU にも，1982 年には**生物天文学**（bioastronomy）の委員会が設立された．系外惑星の発見によって現実的な問題として扱われるようになり，より広範な学問領域として 1997 年ぐらいに NASA が**宇宙生物学**（astrobiology）を提案し，この 10 年ぐらいで非常に活発な領域になった．

13.1 系外惑星　exoplanet　　*335*

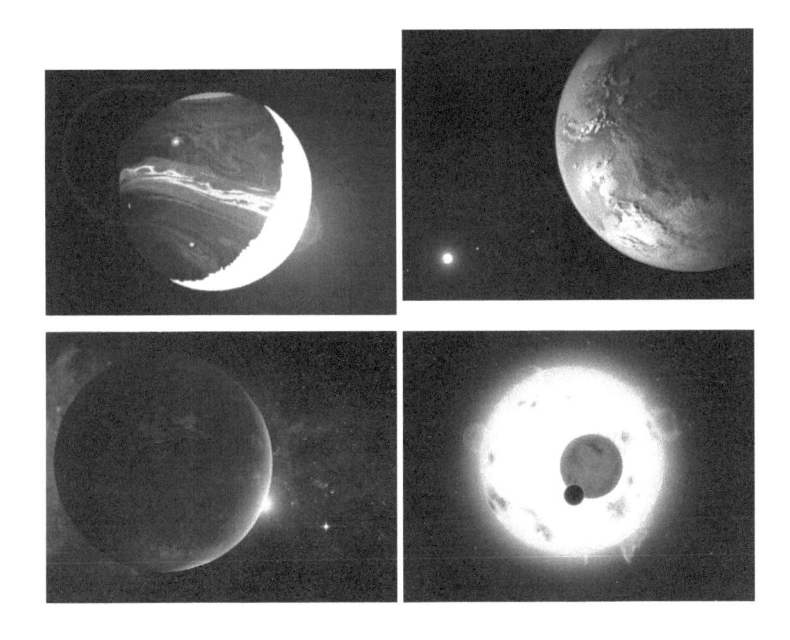

図 13.1 いろいろな系外惑星の想像図（NASA）．（左上）ホットジュピター．（右上）主星のハビタブルゾーンに位置するケプラー 186f．（左下）地球の 1.4 倍の大きさのスーパーアース，ケプラー 62f．（右下）連星ケプラー 16AB を公転するケプラー 16(AB)b．なお，連星の伴星は B を付けるが，系外惑星は小文字の b から付けはじめる．

が，最初の発見の栄誉に輝いたのは，ジュネーブ天文台のミッシェル・マイヨール（Michel Mayor；1942～）とディディエ・ケローズ（Didier Queloz；1966～）たちだ．彼らは 1995 年，ペガスス座 51 番星のまわりを巨大惑星が公転していることを突き止めた．惑星発見のニュースで当時の天文業界のネットワークは騒然となったものである．

ペガスス座 51 番星は 42 光年の距離にある 5.5 等の G5 型主系列星だ．母星の光のドップラー効果の変動から，母星が約 4.2 日の周期でふらつく運動をしていることがわかった．そして木星の半分くらいの質量の惑星が 51 番星から 700 万 km くらいの距離を 4.2 日の周期で公転していることが判明し

た．700万kmという距離は，太陽半径の10倍あるいは地球太陽間の距離の20分の1にすぎない．つまりペガスス座51番星で見つかった惑星は，母星のすぐそばを公転しているのだ．したがって母星に照らされて高温状態になっていると想像され，このようなタイプの系外惑星を**灼熱木星／ホットジュピター**（hot Jupiter）と呼ぶ（図13.1）．

1999年には，アンドロメダ座ウプシロン星のまわりに三つの惑星が回っていることがわかった．惑星が複数ある場合を，**多重惑星系／マルチプラネッツ**（multi-planets）と呼ぶ．また系外惑星の中にはアンドロメダ座ウプシロン星のもののように，大きな離心率をもった惑星も少なくない．これらは**長円惑星（偏心惑星）／エキセントリック・プラネット**（eccentric planet）と呼ばれる[*2]．さらに最近では地球の数倍程度の大きさをもつ惑星も見つかりはじめ，**スーパーアース**（superearth）と呼ばれている（図13.1）[*3]．

13.1.2 系外惑星の探査法

暗く微かな系外惑星の探査方法としては，非常に高精度で主星の位置を測定しふらつき運動を検出する天体位置探査法，主星のふらつき運動に伴うスペクトル線のドップラー効果を検出する視線速度探査法，主星の前を惑星が横切る食による主星の明るさの変化を検出する天体測光探査法，主星が重力レンズ現象を起こしたときの増光光度曲線の不規則性から検出する重力レンズ探査法，そして，超巨大望遠鏡，光干渉計，宇宙望遠鏡などを使って惑星像を直接撮影する直接撮像法などがある．どれも非常に高度な技術の産物だ．

恒星のまわりに惑星が存在すると，惑星の公転運動に伴って，星の位置がほんのわずかながら周期的に変動する．**天体位置探査法**（astrometric search）は，そのような母星のわずかな位置変動を調べ，惑星の存在を突き止める方法である（図13.2）．原理的には可能な方法だが，天体位置探査法による系外惑星の発見はまだ行われていない．

[*2] 萩尾望都『11人いる！』〔小学館文庫〕（小学館，1994〔初出は1975年〕）に出てくる惑星ヴィドナーは，二重恒星系を64年周期の長円軌道で回る惑星だった．

[*3] 『スターウォーズ』に出てくる惑星タトゥイーンのように，双太陽を抱く惑星も見つかっている（図13.1）．

13.1 系外惑星　exoplanet　　*337*

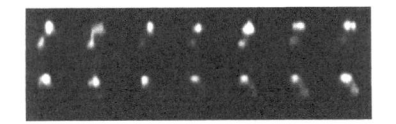

図 13.2　天体位置探査法（http://www.nap.edu/books/0309043832/html/images/img00152.jpg）.

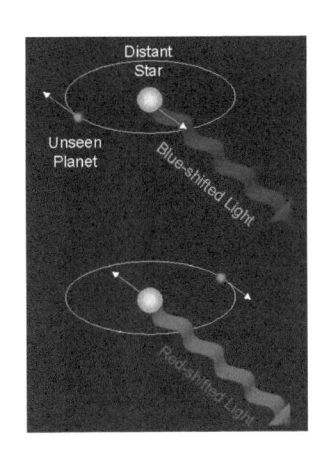

図 13.3　視線速度探査法（http://www.aao.gov.au/local/www/cgt/planet/dopplerexample.jpg）.

恒星のまわりに惑星が存在すると，惑星の公転運動に伴って，母星も共通重心のまわりにほんのわずかに周期運動し，その結果，ドップラー効果によって，母星から放射される光も周期的に変動する．**視線速度探査法／ドップラー法**（radial velocity search）は，母星から放射される光を分光してスペクトル中の吸収線を観測し，ドップラー効果によってスペクトル線が周期的に変動する様子を調べて，惑星の存在を突き止める方法である（図13.3）．いままで見つかっている系外惑星は，多くが，この視線速度探査法で見つかったものだ．

たまたま母星のまわりを回る惑星の公転面方向から観測している場合，系外惑星が母星の前を横切るときに，母星の明るさがほんの少しだけ減少する．**天体測光探査法／トランジット法**（photometric/transit search）では，そのときの明るさの変化を観測して，系外惑星を突き止める（図13.4）．トランジット法が使えるのは，軌道を真横から見ているという限られた場合だけだが，トランジット法で観測すると，明るさの変化の様子から，系外惑星の大きさなどの情報も得られる点が優れている．

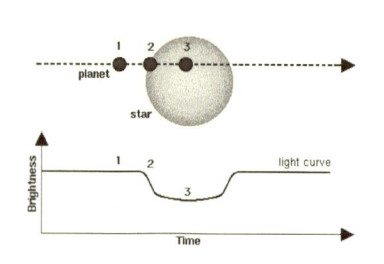

図 13.4 天体測光探査法・トランジット法 (http://www.esa.int/images/brightness_l.jpg).

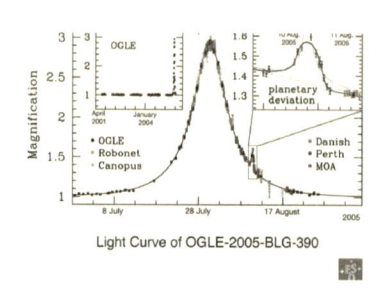

図 13.5 重力レンズ探査法 (http://www.eso.org/outreach/press-rel/pr-2006/images/phot-03b-06-preview.jpg).

　遠方の星の手前を，（惑星をもった）別の星が横切ると，手前の星の重力によって遠方の星の光が収束される**重力レンズ現象**（gravitational lens phenomena）が起こる．一般には，その重力レンズ現象によって，遠方の星の明るさが増光する．さらに，もし手前の星が惑星をもっていると，惑星の重力場の影響も働いて，惑星がない場合とは増光の様子が違ったものになる．**重力レンズ探査法**（microlensing search）は，そのような惑星をもった恒星の重力レンズ効果をもちいて，惑星の存在を突き止める方法である（図 13.5）．

　以上の方法は，すべて，間接的な方法だが，もちろんもっとも確実なのは，惑星を直接観測する**直接撮像法**（direct imaging）だ．母星の明るさに比べて系外惑星の明るさは非常に暗いので，直接撮像は非常に困難が予想されるが，観測装置の性能が上がっていけば，いずれは直接撮像も可能になるだろう．

　現在でも系外惑星の発見は続いており，2002 年 12 月の段階で，通常の主系列星のまわりの惑星数は，87 星系，101 個だったが，2003 年 7 月では，102 星系，117 個になった．そしてケプラー宇宙望遠鏡が稼働しはじめてからは飛躍的に増加し，2014 年 3 月には 1000 個を超え，夏の時点では 2000 個に近づこうとしている（図 13.6）．生命の兆しが見つかるのも，そう遠くないだろう．

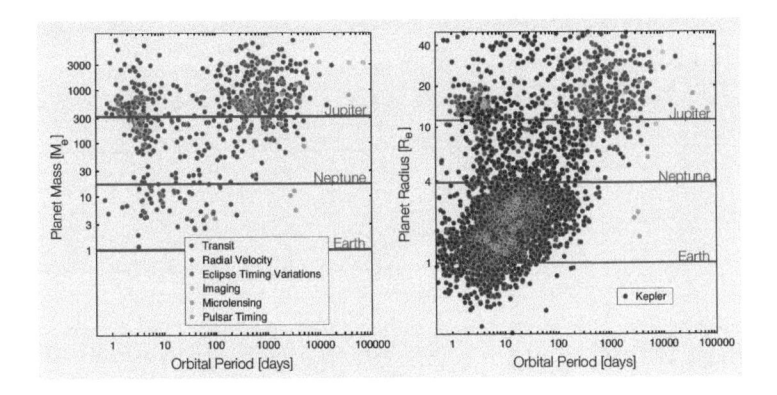

図 13.6 （左）系外惑星の軌道周期（日）と質量（地球質量単位），（右）系外惑星の軌道周期（日）と半径（地球半径単位）(Batalha 2014, "Exploring exoplanet populations with NASA's Kepler Mission", *Proceedings of the National Academy of Sciences* (USA) 111, 35, 12647). 左側はケプラー衛星以前の発見データで，原図はいろいろな発見手法で色わけしてある．右側のものはケプラー衛星以降も含めたデータで，半径の小さな（質量も小さい）ものが大量に増えている．

13.2 ハビタブルゾーン habitable zone

母星の影響で重要なのは，惑星の温度環境である．たとえば，表面温度が低い M 型主系列星のまわりでは，惑星があっても寒すぎて居住に適さなくなるだろう．一方，高温の A 型主系列星のまわりは，有害な紫外線などが多くてやはり惑星は居住できないだろう．母星の周辺で惑星が居住可能な領域を **居住可能領域／ハビタブルゾーン**（habitable zone）と呼んでいる[*4]．

[*4] 植物が緑色の葉をもつのも，動物が受光器として眼をもつのも，すべて，母なる太陽が約 6000 K の表面温度をもつ G 型主系列星で，約 600 nm の黄色い波長の光を大量に放射しているためだ．地球の植物が緑色なのは，葉緑体に含まれているクロロフィルが黄色光をよく吸収した結果，あまり吸収されずに反射された光によって緑色に見えている（可視光だけでいうと，黄色の補色は青なので，青い色の色素の方が効率的かもしれないが，赤外光などの吸収まで考えると緑色の方が効率的なのだろう）．人間の眼の視細胞が黄色の波長の光に対してもっとも感度がよいのも同じ理由だ．赤い光を多く放射している表面温度が 3000 K 程度の M 型主系列星のまわりの惑星では植物の色は青っぽいかもしれ

■(1) 惑星の放射平衡温度

　惑星の温度は，大ざっぱに言って，惑星全体に入射する太陽のエネルギーと惑星表面から放射される輻射エネルギーの釣り合いで決まる．惑星表面に入射するエネルギーが，惑星表面から赤外線などでまんべんなく放射されると仮定して，惑星の**アルベド／反射能**（albedo）なども考慮し，エネルギー収支の観点から算出する惑星表面の温度が**放射平衡温度**である．

　惑星全体に入射するエネルギーは，惑星軌道での全輻射流束 f に惑星（半径を R とする）の断面積 πR^2 を掛け，惑星の表面反射能を A として，$(1-A)f \times \pi R^2$ となる．一方，惑星からの放射が表面温度 T の黒体輻射だとすると，表面全体から放射されるエネルギーは，$4\pi R^2 \sigma T^4$ である．これらを等しいと置いて，地球表面の温度は，$T = [(1-A)f/4\sigma]^{1/4}$ となる．

　さらに母星の光度を L_*，半径を R_*，表面温度を T_*，惑星の軌道半径を r とすると，惑星軌道での全輻射流束 f は，$f = L_*/(4\pi r^2) = R_*^2 \sigma T_*^4 / r^2$ と表される．この関係を用いると，表面温度は以下のようになる：

$$T = \left[(1-A)\frac{L_*}{16\pi\sigma r^2}\right]^{1/4} = T_*(1-A)^{1/4}\sqrt{\frac{R_*}{2r}}. \tag{13.1}$$

　太陽系の惑星の放射平衡温度を表 13.1 に示す（アルベドが 0 の場合とアルベド考慮の場合）．

　もし，アルベドを考えずに地球の放射平衡温度を計算すると 278 K（5°C）くらいになるが，実際には，惑星のアルベドは 0 ではなく，入射エネルギーの一部は直接宇宙空間に反射されるので，放射平衡温度は小さめになる．たとえば，地球の場合は，アルベドは 0.3 なので，それを考慮すると，放射平衡温度は，255 K（-18°C）ぐらいになる．しかし，惑星が大気をもつ場合は，大気の温室効果が温度を上昇させる．地球の場合は，大気の温室効果で温度が上がり，結局，平均気温は 288 K（15°C）くらいになっている．したがって，放射平衡温度が惑星の気温そのままになるわけではないが，惑星の

ないし，青白い 10000 K ぐらいの A 型主系列星のまわりの惑星では，植物の色は赤っぽいかもしれない．いずれにせよ，もし惑星上に生命が発生すれば，母星の影響を強く受けながらも，環境に合わせて進化するだろう．

表 13.1　惑星の放射平衡温度

惑星	軌道長半径 [AU]	放射平衡温度 ($A = 0$)	アルベド	放射平衡温度 ($A \neq 0$)
水星	0.3871	447	0.06	440
金星	0.7233	323	0.78	224
地球	1.0000	278	0.30	255
火星	1.5237	225	0.16	216
木星	5.2026	122	0.73	88
土星	9.5549	90	0.77	62
天王星	19.2184	63	0.82	41
海王星	30.1104	51	0.65	39

温度環境を表す目安にはなる．

■(2) 系外惑星のハビタブルゾーン

　以上述べたように，実際の惑星の温度は，惑星のアルベドや大気の有無にも左右されるが，以下では，簡単のために，アルベドも温室効果も考えないことにしよう．すなわち単純なエネルギー収支だけから惑星の放射平衡温度を見積もる．そのとき，放射平衡温度が絶対温度で 273 K 以下（零下）になれば，そのような惑星上では水は凍り付くだろう．逆に，放射平衡温度が 373 K 以上（沸点）になれば，そのような惑星上では水は沸騰してしまう．おおざっぱにいって，放射平衡温度が 273 K（0°C）から 373 K（100°C）の間でのみ，惑星上で液体の水が存在できることになる．

　生命活動の維持にとって，液体の水の存在は不可欠であるという考え方からすると，惑星上で液体の水が存在できる範囲でのみ生命も存在でき，そのような惑星でのみ生命も居住できると考えられるわけだ．そこで，母星のまわりの惑星軌道のうち，惑星の放射平衡温度が 273 K（0°C）から 373 K（100°C）の間になる領域を，ハビタブルゾーン（居住可能領域）と呼ぶのである[*5]．

　[*5] 以上は非常に単純な見積もりである．それでも，熱容量が小さな（したがって熱しやすく冷めやすい）岩石でできた岩石惑星の場合は，大気や海洋の効果を無視できるので，そ

太陽系のハビタブルゾーンは，0.6 天文単位から 1.12 天文単位の間である．また図 13.7 と図 13.8 に，系外惑星のハビタブルゾーンを示す．横軸に母星からの距離を取った図 13.7 のタイプをよくみるが，図 13.8 も面白い．

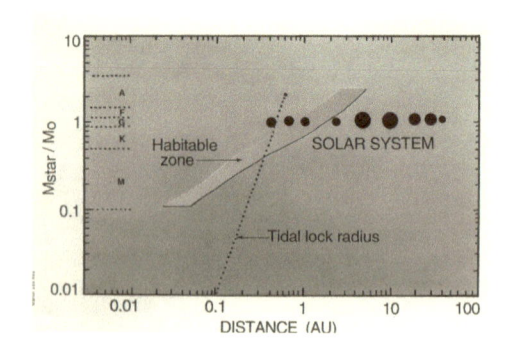

図 13.7 系外惑星のハビタブルゾーン (http://astrobites.org/2011/04/23/)．横軸は母星からの距離で，縦軸は母星の質量（およびスペクトル型）．

13.3 銀河ハビタブルゾーン　galactic habitable zone

銀河系におけるハビタブルゾーン，すなわち**銀河ハビタブルゾーン**（Galactic Habitable Zone；GHZ）というアイデアもある[*6]．銀河ハビタブルゾーンは，銀河系の中で居住可能惑星をもつ恒星系が存在できる時間的・空間的領域のことだ．進化の時間というパラメータも入ってくるのだ．GHZ

れほど悪くはないだろう．しかし，地球のように海洋で覆われた水惑星の場合は，海洋が熱を溜めて応答が遅れるので（その結果，地球の場合は，もっとも暑い時期が夏至より 2 ヶ月ぐらい遅くなる），その分，複雑になるだろう．さらに，大気があり雲が生じる環境にあると，高温環境では雲が発生してアルベドが変わるので，さらに複雑になる（低温環境でも氷結してアルベドが変わる）．大気の温室効果も重要になる．惑星の離心率が大きな場合は，母星に近い時期と遠い時期で状況が大きく異なる．ハビタブルゾーンについては，さまざまな検討が進められている．

[*6] Lineweaver et al. 2004, "The galactic habitable zone and the age distribution of complex life in the Milky Way", *Science* 303, 59.

13.3 銀河ハビタブルゾーン　galactic habitable zone

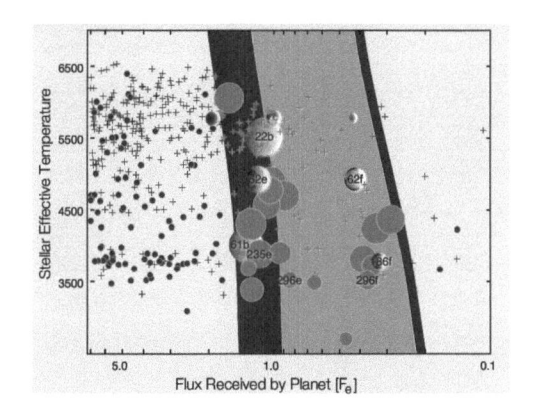

図 13.8 母星の表面温度と系外惑星が受ける輻射量（Batalha 2014）．十字は $2R_\oplus$ より大きな系外惑星で，丸は $2R_\oplus$ より小さな系外惑星．帯状の領域がハビタブルゾーンで，ハビタブルゾーンに位置する地球規模の惑星は，塗りつぶした円で表してある．またハビタブルゾーンに位置すると確認された惑星は，ケプラー 22b，ケプラー 62e，ケプラー 62f，ケプラー 61b，ケプラー 186f である．

のアイデア自体はゴンザレス他（2001 年）[7]やそれ以前に遡るが，ここではラインウィーバーら（2004 年）にしたがって，その紹介をしてみよう．

銀河系内のある場所である時期に存在する恒星系が，生命の生存に適した居住可能惑星をもつかどうかは，もちろん，その星が惑星系をもち，かつその惑星のいくつかがその星のハビタブルゾーンにあることは当然として，その恒星系を取り囲む銀河環境にも左右されるだろう．具体的には，

(i) 重元素量の多寡
(ii) 超新星の頻度
(iii) 生物進化が起こるための時間

などだ．

まず (i) 重元素量の多寡だが，地球型惑星を形成するためには，原始惑星系

---

[7] Gonzalez et al. 2001, "The Galactic Habitable Zone: galactic chemical evolution", *Icarus* 152, 185.

星雲に重元素が含まれていることが必要だ．重元素が少ないと岩石惑星が形成できない．逆に，重元素が多すぎても，巨大ガス惑星が大きくなりすぎて地球型惑星の形成を妨げるらしい．場所（銀河系中心からの距離）や時期（銀河系進化の年代）によっても異なるが，適切な重元素の領域がある．

つぎの (ii) 超新星の頻度だが，超新星爆発は周囲の宇宙空間に破壊的な作用をもたらす．近傍で超新星爆発が起これば，惑星上の生命は絶滅してしまうだろう．したがって，発生した生命が現在まで生き残っているためには，40億年くらいの間は近傍で超新星爆発が起こっていないことが望ましい．

さらに (iii) の進化時間というのは，地球を例に取ると，複雑な生命が進化するためには，40億年（±10億年）ぐらいの時間がかかるという条件だ．

銀河系内で誕生する星の割合に，以上の三つの条件を勘案していくと，居住可能恒星系の存在する時間・空間領域が導かれるのだ（図 13.9）．

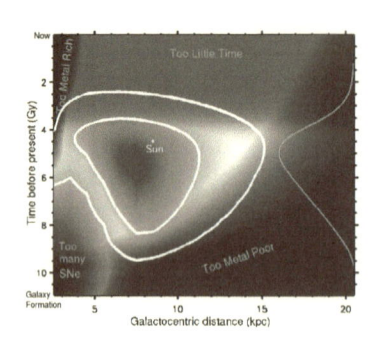

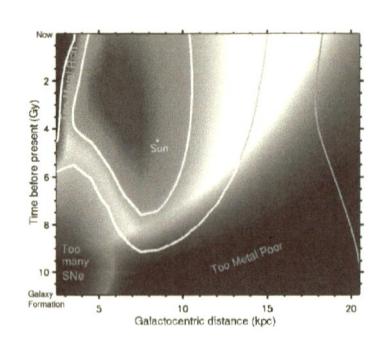

図 13.9 銀河系時空における銀河系ハビタブルゾーン GHZ（Lineweaver et al. 2004）．横軸は kpc（3260 光年）単位で表した銀河系中心からの距離で，縦軸は 10 億年単位で表した現在（上）から過去（下）に測った時間．この時空図で，白い実線の範囲内が，現在でも複雑な生命を宿す惑星をもつ恒星系が存在すると考えられる領域．内側の白い実線は確率 68% 以上，外側は 95% 以上．左は生命の発生に 40 億年かかる場合，右はその条件を外した場合．

図 13.9 の横軸は kpc（3260 光年）単位で表した銀河系中心からの距離で，縦軸は上（現在）から下（銀河系の形成）に向けて 10 億年単位で表した現在

右下（Too Metal Poor）と左上（Too Metal Rich）の領域が，(i) の重元素の多寡によって除外される領域だ．右下（Too Metal Poor）は重元素が少なすぎて地球型惑星が形成されない領域で，銀河系が誕生した頃は空間的にもかなり広い範囲にわたっていたが，銀河系が進化して全域が重元素によって汚染されるに従い，だんだんと外縁部に押しやられていく．一方，左上（Too Metal Rich）は重元素が多すぎて地球型惑星の形成が阻害される領域で，銀河系中心部からはじまり，銀河系の進化と共に少しずつ拡がっている．

つぎに左下（Too many SNe）の領域は，(ii) の超新星の頻度が多すぎて生命が絶滅してしまう領域だ．星の密度の高い銀河系中心部で昔の時期にこのような領域が現れる．

そして左図の中央上部（Too Little Time）が，(iii) の進化時間にかかわる領域で，生命が発生したとしても現在までの時間が短すぎて，現時点では複雑な生命まで進化できていない領域だ．

結局，この時空図では，中央やや左よりの時空領域が，銀河系時空におけるハビタブルゾーン GHZ となる．太陽（Sun）はもちろんこの領域に入っている．なお白い実線は，内側の白い実線は，今日でも複雑な生命を宿す惑星系をもつ恒星が存在する確率が 68% 以上の領域で，外側の白い実線までいれれば 95% 以上となる．

こぼれ話

系外惑星の青空： 系外惑星の空は何色なのだろう．
レッドエッジ： 惑星が緑の植物に覆われていると，スペクトルの赤色側（680 nm から 750 nm 付近）で反射率がシャープに増加する．

[*8] 原図はカラーで白黒にするとコントラストが同じくらいで見わけにくいが，埋め込んである文字をもとに判断して欲しい．

付録 Appendix

付録A 付表

ここでは，基本用語（SI 接頭語やギリシャ文字），単位系，物理定数，天文定数，および天体のデータについて，最低限の範囲をまとめておく．

付録 B は以下のサイトを参照して欲しい：http://quasar.cc.osaka-kyoiku.ac.jp/~fukue/lecture/astronomy/appendix_B.pdf

表 A.1 SI 接頭語．

接頭辞	記号	値	語源
ヨッタ yotta	Y	10^{24}	otto（イタリア語の 8 に y を付けた）
ゼッタ zetta	Z	10^{21}	sette（イタリア語の 7 の s を z に変えた）
エクサ exa	E	10^{18}	$\varepsilon\xi$ = hex（ギリシャ語の 6 から h を抜いた）
ペタ peta	P	10^{15}	$\pi\acute{\varepsilon}\nu\tau\varepsilon$ = pente（ギリシャ語の 5 から n を抜いた）
テラ tera	T	10^{12}	$\tau\acute{\varepsilon}\rho\alpha\varsigma$ = teras（ギリシャ語の怪物）
ギガ giga	G	10^{9}	$\gamma\acute{\iota}\gamma\alpha\varsigma$ = gigas（ギリシャ語の巨人）
メガ mega	M	10^{6}	$\mu\acute{\varepsilon}\gamma\alpha\varsigma$ = megas（ギリシャ語の大きい）
キロ kilo	k	10^{3}	$\chi\hat{\iota}\lambda\iota o\iota$ = khilioi（ギリシャ語の 1000）
ヘクト hecto	h	10^{2}	$\varepsilon\kappa\alpha\tau\acute{o}\nu$ = hekaton（ギリシャ語の 100）
デカ deca/deka	D/da	10	$\delta\acute{\varepsilon}\kappa\alpha$ = deka（ギリシャ語の 10）
デシ deci	d	10^{-1}	decem（ラテン語の 10）
センチ centi	c	10^{-2}	centum（ラテン語の 100）
ミリ milli	m	10^{-3}	mille（ラテン語の 1000）
マイクロ micro	μ	10^{-6}	$\mu\iota\kappa\rho\acute{o}\varsigma$ = mikros（ギリシャ語の小さい）
ナノ nano	n	10^{-9}	$\nu\hat{\alpha}\nu o\varsigma$ = nanos（ギリシャ語の小人）
ピコ pico	p	10^{-12}	pico（スペイン語の少し）
フェムト femto	f	10^{-15}	femten（デンマーク語，ノルウェー語の 15）
アット atto	a	10^{-18}	atten（デンマーク語，ノルウェー語の 18）
ゼプト zepto	z	10^{-21}	septem（ラテン語の 7 の s を z に変えた）
ヨクト yocto	y	10^{-24}	$o\kappa\tau\acute{\omega}$ = okto（ギリシャ語の 8 に y を付けた）

大きな数や小さな数で語源を 1 文字ぐらい変化させているのは，混同しにくくするため．

表 A.2 ギリシャ語のアルファベット.

大文字	小文字	読み方	用例
A	α	アルファ	赤経 α, Hα 線
B	β	ベータ	β 崩壊
Γ	γ	ガンマ	γ 線, 比熱比 γ, ローレンツ因子 γ
Δ	δ	デルタ	赤緯 δ, 微小量 Δ
E	ϵ	イプシロン	偏平率 ϵ
	ε		放射係数 ε
Z	ζ	ゼータ, ツェータ	Z ガンダム
H	η	エータ, イータ	効率 η
Θ	θ	テータ, シータ	角度 θ, 回転速度 Θ_0
	ϑ		
I	ι	イオタ	
K	κ	カッパ	吸収係数 κ
Λ	λ	ラムダ	波長 λ, 宇宙項 Λ
M	μ	ミュー	μ 粒子, 粘性係数 μ, M ロケット
N	ν	ニュー	振動数 ν, ν ガンダム
Ξ	ξ	クシー, グザイ	無次元化変数 ξ
O	o	オミクロン	くじら座 o 星
Π	π	パイ	円周率 π
	ϖ		円筒座標 (ϖ, φ, z)
P	ρ	ロー	密度 ρ
	ϱ		円筒座標 (ϱ, φ, z)
Σ	σ	シグマ	ステファン・ボルツマン定数 σ, 表面密度 Σ
	ς		
T	τ	タウ	固有時間 τ, 光学的厚み τ
Υ	υ	ウプシロン	春分点の記号ではない
Φ	ϕ	ファイ	ポテンシャル ϕ
	φ		方位角 φ
X	χ	カイ	ペルセウス座 h–χ 星団
Ψ	ψ	プシー, プサイ	ポテンシャル ψ
Ω	ω	オメガ	角振動数 ω, 角速度 Ω

表 A.3　単位換算表.

物理量	単位	記号	SI 単位	cgs 単位／その他
時間	秒	s	1 s	
	年		3.1557×10^7 s	
長さ	メートル	m	1 m	10^2 cm
	天文単位	AU	1.4960×10^{11} m	地球軌道長半径
	光年	ly	9.4605×10^{15} m	9.4605×10^{17} cm
	パーセク	pc	3.0857×10^{16} m	視差 1 秒角の距離
質量	キログラム	kg	1 kg	10^3 g
	原子質量単位	u	1.6605×10^{-27} kg	1.6605×10^{-24} g
平面角	ラジアン	rad		$= 57°17'44''$
	度	°	$\pi/180$ rad	$= 1.7453 \times 10^{-2}$ rad
	分角	′	$\pi/10800$ rad	$= 2.9089 \times 10^{-4}$ rad
	秒角	″	$\pi/648000$ rad	$= 4.8481 \times 10^{-6}$ rad
	ミリ秒角	mas	0.001 秒角	$= 4.8481 \times 10^{-9}$ rad
立体角	ステラジアン	sr		
振動数	ヘルツ	Hz	$1\,s^{-1}$	$1\,s^{-1}$
力	ニュートン	N	$1\,kg\,m\,s^{-2}$	10^5 dyn
	ダイン	dyn	10^{-5} N	$1\,g\,cm\,s^{-2}$
圧力	パスカル	Pa	$1\,N\,m^{-2}$	$10\,dyn\,cm^{-2}$
エネルギー	ジュール	J	$1\,N\,m$	10^7 erg
(仕事)	エルグ	erg	10^{-7} erg	1 erg
	電子ボルト	eV	1.6022×10^{-19} J	1.6022×10^{-12} erg
仕事率	ワット	W	$1\,J\,s^{-1}$	$10^7\,erg\,s^{-1}$
電流	アンペア	A		
磁束密度	テスラ	T	$1\,J\,m^{-2}\,A^{-1}$	10^4 gauss
	ガウス	gauss	10^{-4} T	$1\,erg\,cm^{-2}\,A^{-1}$
温度	ケルビン	K		$273.15 + °C$
物質量	モル	mol		
放射強度	ジャンスキー	Jy	$10^{-26}\,W\,m^{-2}\,Hz^{-1}$	$10^{-23}\,erg\,cm^{-2}\,Hz^{-1}$

表 A.4　エネルギー換算表.

1 eV のエネルギー	1.6022×10^{-19} J	1.6022×10^{-12} erg	$= E$
対応する波長	1.2398×10^{-6} m	1.2398×10^{-4} cm	$= hc/E$
対応する振動数	2.4180×10^{14} Hz		$= E/h$
対応する温度	11605 K		$= E/k$
陽子の静止質量エネルギー	931.49 MeV	1.4924×10^{-3} erg	$= m_p c^2$
電子の静止質量エネルギー	511.00 keV	8.1871×10^{-7} erg	$= m_e c^2$

表 A.5 基礎物理定数.

名　称	記号	SI 単位	cgs 単位
真空中の光速度	c	2.9979×10^8 m s^{-1}	2.9979×10^{10} cm s^{-1}
万有引力定数	G	6.6743×10^{-11} N m^2 kg^{-2}	6.6743×10^{-8} dyn cm^2 g^{-2}
プランク定数	h	6.6261×10^{-34} J s	6.6261×10^{-27} erg s
ボルツマン定数	k_B	1.3807×10^{-23} J K^{-1}	1.3807×10^{-16} erg K^{-1}
原子質量単位	u	1.6605×10^{-27} kg	1.6605×10^{-24} g
陽子の質量	m_p	1.6726×10^{-27} kg	1.6726×10^{-24} g
中性子の質量	m_n	1.6749×10^{-27} kg	1.6749×10^{-24} g
電子の質量	m_e	9.1094×10^{-31} kg	9.1094×10^{-28} g
陽子電子質量比	m_p/m_e	1836	
素電荷	e	1.6022×10^{-19} C (A s)	4.8032×10^{-10} esu
ボーア半径	a_0	5.2918×10^{-11} m	5.2918×10^{-9} cm
古典電子半径	r_e	2.8179×10^{-15} m	2.8179×10^{-13} cm
リュードベリ定数	Ry	1.0974×10^7 m^{-1}	1.0974×10^5 cm^{-1}
陽子のコンプトン波長	λ_{cp}	1.3214×10^{-15} m	1.3214×10^{-13} cm
電子のコンプトン波長	λ_c	2.4263×10^{-12} m	2.4263×10^{-10} cm
アボガドロ定数	N_A	6.0221×10^{23} mol^{-1}	6.0221×10^{23} mol^{-1}
1 モルの気体定数	$\mathcal{R}$	8.3145 J mol^{-1} K^{-1}	8.3145×10^7 erg mol^{-1} K^{-1}
ステファン-ボルツマン定数	σ	5.6704×10^{-8} W m^{-2} K^{-4}	5.6704×10^{-5} erg s^{-1} cm^{-2} K^{-4}
輻射定数	a	7.5646×10^{-16} J m^{-3} K^{-4}	7.5646×10^{-15} erg cm^{-3} K^{-4}
トムソン散乱の断面積	σ_T	6.6520×10^{-29} m^2	6.6520×10^{-25} cm^2

表 A.6 基礎天文定数.

種類	名称	記号	数値
時間	太陽年	yr	365.2422 d = 3.1557×10^7 s
	恒星年	yr	365.2564 d = 3.1558×10^7 s
長さ	メートル	m	= 6.69×10^{-12} AU
			= 1.06×10^{-16} ly
			= 3.24×10^{-17} pc
	天文単位	AU	≡ 14959787070000 cm （定義値）
			= 1.496×10^{13} cm
			= 1.58×10^{-5} ly
			= 4.85×10^{-6} pc
	光年	ly	≡ 9460730472580800000 cm （定義値）
			= 9.461×10^{17} cm
			= 6.32×10^4 AU
			= 0.307 pc
	パーセク	pc	= 3.0857×10^{18} cm
			= 2.06×10^5 AU
			= 3.26 ly
地球	赤道半径	$R_\oplus$	= 6.3781×10^8 cm
	質量	$M_\oplus$	= 5.974×10^{27} g
	平均密度	$\rho_\oplus$	= 5.52 g cm^{-3}
	重力加速度	$g_\oplus$	= 980.67 cm s^{-2}
	脱出速度	$v_\oplus$	= 11.18 km s^{-1}
太陽	赤道半径	$R_\odot$	= 6.690×10^{10} cm
	質量	$M_\odot$	= 1.988×10^{33} g
	平均密度	$\rho_\odot$	= 1.41 g cm^{-3}
	重力加速度	$g_\odot$	= 2.72×10^4 cm s^{-2}
	脱出速度	$v_\odot$	= 618 km s^{-1}
	光度	$L_\odot$	= 3.85×10^{33} erg s^{-1}
	有効温度	T_{eff}	= 5780 K
	実視等級	m_v	= -26.74
	実視絶対等級	M_v	= $+4.85$
	輻射絶対等級	M_{bol}	= $+4.77$
	色指数	$B-V$	= $+0.65$
	太陽定数		= 1.37 kW m^{-2}
			= 1.96 cal cm^{-2} min^{-1}
宇宙	銀河中心までの距離	R_0	= 8.5 kpc
	銀河回転速度	Θ_0	= 220 km s^{-1}
	ハッブル定数	H_0	= 67 km s^{-1} Mpc^{-1}
	密度パラメータ	Ω	= 1
	宇宙年齢	T_0	= 138 億年

表 A.7 惑星表(『理科年表』より).

名前	軌道長半径 [天文単位]	離心率	軌道傾斜 [°]	公転周期 [年]	公転速度 [km/s]
水星	0.3871	0.2056	7.004	0.2409	47.36
金星	0.7233	0.0068	3.395	0.6152	35.02
地球	1.0000	0.0167	0.002	1.0000	29.78
火星	1.5237	0.0934	1.849	1.8809	24.08
木星	5.2026	0.0485	1.303	11.862	13.06
土星	9.5549	0.0555	2.489	29.458	9.65
天王星	19.2184	0.0463	0.773	84.022	6.81
海王星	30.1104	0.0090	1.770	164.774	5.44
冥王星	39.348	0.247	17.2	248.8	
ハレー彗星		0.967	162.3	75.3	

表 A.8 太陽・月・惑星表(数値は『理科年表』より).

名前	赤道半径 [km]	質量 [g]	密度 [g/cm^3]	脱出速度 [km/s]	自転周期 [日]	天文記号
太陽	696000	1.989×10^{33}	1.41	617.5	25.38	☉
月	1738	7.348×10^{25}	3.34	2.38	27.3217	☾
水星	2440	3.302×10^{26}	5.43	4.25	58.65	☿
金星	6052	4.869×10^{27}	5.24	10.36	243.02	♀
地球	6378	6.047×10^{27}	5.52	11.18	0.9973	⊕, ♁
火星	3397	6.419×10^{26}	3.93	5.02	1.0260	♂
木星	71492	1.899×10^{30}	1.33	59.53	0.414	♃
土星	60268	5.686×10^{29}	0.69	35.48	0.444	♄
天王星	25559	8.685×10^{28}	1.27	21.29	0.718	♅
海王星	24764	1.025×10^{29}	1.64	23.49	0.671	♆
冥王星	1137	1.5×10^{25}	2.21	1.26	6.387	♇

表 A.9　天体表（『理科年表』などより）.

天体名	固有名	等級	距離 [光年]	視線速度/周期/視直径/スペクトル型など
恒星				
α CMa	シリウス	−1.5	8.6	−8 km/s / A1V
α Car	カノープス	−0.7	310	+21 km/s / F0II
α Cen		−0.3	4.4	−25 km/s / G2V
α Boo	アークトゥルス	−0.0	37	−5 km/s / K1III
α Ori	ベテルギウス	0.4	500	+21 km/s / M1Ia
変光星				
δ Cep		3.5–4.4		5.37 日 / F5Ib–G1Ib
W Vir		9.5–11		17.2 日 / F0Ib–G0Ib
RR Lyr		7.1–8.1		0.567 日 / A5.0–F7.0
o Cet	ミラ	2.0–10	500	332 日 / M5–M9
SN 1987A	超新星 SN1987A	2.9 (max)	160000	II 型
連星				
α Gem	カストル	1.9+2.9	52	511 年 / A1V+A2V
β Per	アルゴル	∼ 2.1	93	2.87 日 / B8V+G
SS 433		∼ 14	16000	13.1 日 / A5–A7
Cyg X-1		9	6500	5.6 日 / O9.7Iab
星雲				
M 42	オリオン大星雲		1500	35′
NGC 2237	バラ星雲		4600	60′
M 57	こと座環状星雲		2600	1′
M 1	かに星雲		7200	5′
散開星団				
M 45	プレアデス		408	120′
M 44	プレセペ		515	90′
球状星団				
M 13		6.4	23500	F6
47 Tuc		4.8	15200	G3
銀河				
LMC	大マゼラン銀河	0.6	160000	650′ × 550′ / SB
SMC	小マゼラン銀河	2.8	200000	280′ × 160′ / SB
M 31	アンドロメダ銀河	4.4	2300000	180′ × 63′ / SAb
M 51	子持ち銀河	9.0	21000000	11′ × 8′ / SAbc
活動銀河				
M 87/Vir A		9.6	59000000	7′ × 7′ / E0
Cyg A		15.1	$z = 0.056$	cD
3C 273		12.9	$z = 0.158$	クェーサー
銀河団				
Virgo Cl	おとめ座銀河団	9.4	0.59×10^8	$z = 0.0039$
Coma Cl	かみのけ座銀河団	13.5	2.9×10^8	$z = 0.0232$
Cl 0024			$z = 0.392$	重力レンズ銀河団

付録 C 参考文献

■全体の参考図書
福江純,澤武文編『超・宇宙を解く』恒星社厚生閣（2014 年）

■第 2 章
Cole, G. H. A. and Woolfson, M. W. 2002, *Planetary Science*, Institute of Physics Publishing, Bristol

渡部潤一,井田茂,佐々木晶編『太陽と惑星』日本評論社（2008 年）

■第 3 章
Rutten, R. J. 2003, *Lecture Notes: Radiative Transfer in Stellar Atmospheres*, http://www.staff.science.uu.nl/~rutte101/rrweb/rjr-edu/coursenotes/rutten_rtsa_notes_2003.pdf

Stix, M. 2004, *The Sun: And Introduction*, Springer Science and Business Media, Heidelberg

■第 5 章
林忠四郎他『星の進化』共立出版（1978 年）

■第 6 章
野本憲一他『恒星』日本評論社（2009 年）

■第 7 章
小山勝二他『ブラックホールと高エネルギー現象』日本評論社（2007 年）

■第 8 章
福江純『輝くブラックホール降着円盤』プレアデス出版（2007 年）

■第 9 章
福江純『宇宙ジェット』学習研究社（1993 年）
柴田一成他『活動する宇宙』裳華房（1999 年）
福江純他『宇宙流体力学の基礎』日本評論社（2014 年）

■第 12 章
福江純『完全独習 現代の宇宙論』講談社（2013 年）

おわりに

　天文や宇宙に関心をもつ人は非常に多く，毎年，たくさんの解説書が出版されている．4，5年前にスタートした「天文宇宙検定」も，小学生から年配の方々まで数千人の受検者があるらしい．ただ，多くの解説書では，宇宙がどうなっているのかという"結果"はきれいな画像とともに示してあるものの，なぜそれがわかったかという"過程"や"しくみ"までは書いてないことが多い．たとえば，はくちょう座 X-1 は 10 太陽質量のブラックホールだとは書いてあっても，そう判断した根拠はあまり書かれていない．漠然とした定性的な説明ではなく，数値を出して定量的に示すためには，数学や物理の法則を使わないといけないからだ．そうなると専門的になってしまいがちで，一般向けの解説書的には難しくなる．

　そのため，解説書を読んで，より深く理解したいと思っても，専門的なテキストではハードルも高く，なかなかつぎのステップへ進みにくい状況になっていると思う．そういう状況を何とか打ち破れるような本が書けないかなと，以前より漠然と思っていた．同様なスタンスで，宇宙論に関して数式を織り交ぜて詳細に解説した前著『完全独習 現代の宇宙論』が比較的好評だったため，同じスタンスで本書をまとめることとなった．

　もっとも実際に書きはじめてみると予想外に難事業で，数十年かけて学んだことを総動員して，ようやくまとめることができた．また別な意味でも，本書はなかなか手こずった．書きたいことや書くべきことが多すぎるのである．最初に見積もったときには，予定紙数の 2 倍を超える分量になり，2 分冊にできないかと相談したぐらいである．最初にも書いたように，初歩的な内容を削ったり，銀河や宇宙論など『完全独習 現代の宇宙論』で詳しく書いたところを大幅に割愛するなどして，ようよう予定紙数ぎりぎりに納めることができた．ただし，主として補足的な物理過程をまとめた付録 B については web 仕様とさせてもらった．

　前著に引き続き，講談社サイエンティフィクの慶山篤さんには，企画段階から出版にいたるまで大変にお世話になった．ここで深く感謝する次第である．またもちろん，本書を手に取っていただいた読者の方々にも厚く御礼申し上げたい．かなり読み応えがあったかと思うが，思い思いの読み方で本書を楽しんでいただけたなら幸いである．

2014 年冬 吉田山山麓にて
福江　純

355

索引

数字

0 歳主系列星　149
1 型セイファート銀河　295
21 cm 水素微細構造線　30
2 型セイファート銀河　295
2 重星　220
2 相モデル　150
3 K 宇宙放射　325
5 分振動　103

欧字

BL Lac 銀河　296
BLR　296
B 型輝線星　110
B 等級　126
CNO 循環反応／CNO サイクル　179
E コロナ　100
F コロナ　99
H$_{II}$ 領域　131
HR 図　110
K コロナ　99
NLR　296
OB アソシエーション　277
pp チェイン　177
SI 単位系　1
TOV 方程式　210
T タウリ型星　144
U 等級　127
V 等級　127
X 線　25
X 線新星　244
X 線バースター　242
X 線パルサー　243
X 線連星　242
YSO　142

あ行

アインシュタイン方程式　327
アインシュタインリング　318
アウトバースト　241
亜音速　258, 262
青方偏移　36
アソシエーション　277
圧力勾配力　23
天の川銀河　272
アルベド　70, 340
暗黒星雲　131
暗黒物質／ダークマター　272, 288, 314
暗線　26, 32
位置エネルギー　17
一様　120
一般化されたケプラーの第 3 法則　223
いて座 A*　279
移流項　257
色指数　126
色‐等級図　126
彩層　87
彩層白斑　87
インフレーション　331
ウィーンの変位則　31
宇宙　322
宇宙検閲官仮説　215
宇宙項／宇宙定数　327, 329
宇宙黒体輻射　325
宇宙ジェット　268
宇宙生物学　334
宇宙線　128
宇宙トーラス　246
宇宙の晴れ上がり　326
宇宙背景放射　324
宇宙流体　20
宇宙論　322
埋め込みダイアグラム　213
雲間ガス　130
運動エネルギー　72
運動方程式　16
エキセントリック・プラネット　336
液体　20

エディントン・モデル　166
エディントン時間　268
エディントン質量降着率　267
エディントン光度　168, 264
エディントン星　167
エネルギー準位　33
エネルギー積分　57
エムデン方程式　158
エルグ　6
エルゴ領域　217
遠隔連星　221
遠銀点　53
遠黒点　53
遠日点　53
遠心力　59, 269
遠星点　53
エンタルピー　256
遠地点　53
円盤銀河　289
掩蔽　221
おうし座 T 型星　144
おば Q 定理　215
オルバースのパラドックス　66
オングストローム　2
温室効果　68
音速　258
温度　30

か行

カー・ブラックホール　217
カー解　214
カー・ニューマン解　214
回帰年　16
概算　155
回転曲線　290
回転遷移　133
回転変光星　127
角運動量の障壁　252
角運動量保存の法則　56
角度　7
殻燃焼　189
核爆発型超新星　198
核反応エネルギー　309
可視光　25
渦状銀河　289

渦状腕　272
寡占的成長　81
仮想粒子　333
加速膨張　331, 332
褐色矮星　151, 194
活動銀河　292
活動銀河の大統一モデル　298
慣性項　257
慣性力　59
ガンマ線　25
ガンマ線バースト　199
希釈因子　68
輝線　26, 32
輝線星雲　131
気体　20
気体定数　24
基底状態　33
輝度　120
軌道傾斜角　220
軌道面　220
輝度温度　91
逆コンプトン散乱　29
吸収係数　163, 168
吸収線　26, 32
球状星団　277
狭輝線領域　296
共通重心　220
共動系　305
京都モデル　78
局所熱力学的平衡　116
極超新星　197, 198
居住可能領域　339
距離指数　108
キログラム　4
銀河　288
銀河群　312
銀河系　272
銀河系中心　279
銀河系天文学　272
銀河衝撃波　287
銀河星団　227
銀河団　312
銀河ハビタブルゾーン　342
近銀点　53

近黒点　53
近日点　53
近星点　53
近接連星　221, 227
金属　128
近地点　53
空洞領域　288
クーロンの障壁　177
クェーサー　295
駆動力　269
クラマースの近似　172
グラム　4
グランドデザイン　289
傾圧関係　24
系外惑星　334
激光銀河　296
激変星　239
ケプラー運動　55
ケプラーの法則　51
毛無し定理　215
減光係数　122
原子時　5
原子スペクトル　29, 32
原始星　144, 147, 151
原始太陽　79
原始太陽系星雲　79
原子番号　32
原始惑星　81
原始惑星系円盤　144
源泉関数　123
紅炎　88
高温ガス　131
光学的厚み　93
光学的質量　313
光学的に厚い　28, 94
光学的に薄い　29, 94
光学的深さ　93
光冠　90
広輝線領域　296
光球　85
光行差効果　304
光子　25
光子泡　264
恒星　151
恒星時　14

恒星物理学　104
光線　120
光速横断時間　217
後退速度　323
降着円盤　220, 233, 269
公転周期　221
光電離　131
光度　6, 104
高度　12
光度階級　111
光年　3
効率　267, 310
国際単位系　1
黒体温度　31
黒体輻射／黒体放射　29, 30
黒体輻射強度　31
黒点　87
固体　20
古典的Tタウリ型星　144
古典的新星　239
弧度法　8
コロナ質量放出　89
コンパクト星　188, 201

さ行

再帰新星　240
サイクロトロン吸収線　30
最小質量モデル　79
サハの式　117
差分方程式　160
散開星団　277
散乱不透明度　122
ジーンズ質量　138
ジーンズ半径　138
ジーンズ不安定　137
紫外線　25
磁気圧　269
磁気リコネクション　103
次元解析　155
自己重力　18, 152
自己重力ガス球　154
事象の地平面　216
静水圧平衡　23
視線速度　223
視線速度振幅　223

視線速度探査法 337	準惑星 43	セイファート銀河 294
視直径 8	状態方程式 23	セイファート銀河の統一モデル 298
実視連星 221	衝突電離 131	
質量関数 225	小惑星帯 46	生物天文学 334
質量吸収係数 121, 168	食 221	星落 277
質量降着率 237, 255	食変光星 127	世界時 15
質量光度関係 182	食連星 221	赤緯 13
質量数 32	真空エネルギー 333	赤外線 25
質量損失率 255	針状体 88	赤経 13
質量比 221, 230	新星 239	赤色巨星 112, 151, 188
質量放射率 121	新星状変光星 240	赤道座標 13
質量流出率 257	振動遷移 133	赤方偏移 36
質量流束 257	水素外層 191	接触型 228
ジャイアントインパクト説 84	水素燃焼殻 190	雪線 80
弱輝線Tタウリ型星 145	スーパーアース 336	絶対温度 7
灼熱木星 336	スケールハイト 63	絶対等級 106
周縁減光係数 97	スケールファクター 329	遷移 29, 33
周縁減光効果 94	ステファン・ボルツマンの法則 32, 113	遷音速 260, 262
重元素 128	ステラジアン 9	遷音速点 262
自由-自由遷移 33, 172	ストレームグレン球 150	閃光星 127
自由-自由放射 29	スピキュール 88	全黒体輻射強度 32
自由電子 33	スペクトル 25	線スペクトル 26
重力 17	スペクトル型 108	センチメートル 2
重力エネルギー 73, 310	スペクトル系列 34	全輻射強度 121
重力加速度 17	スペクトル図 27	専門用語 39
重力半径 216	スペクトル分類 108	相対論的宇宙モデル 327
重力不安定 137	星雲 129	相対論的遷音速流 270
重力崩壊 213	星間雲 129, 130	相対論的ビーミング 304
重力崩壊型超新星 197, 198	星間ガス 128	相対論的ビームモデル 302
重力ポテンシャル 73	星間吸収／星間減光 124, 150	ソーン・チトカウ天体 271
重力レンズ 315, 338	星間磁場 128	束縛-自由遷移 33, 171
重力レンズ探査法 338	星間塵 128	束縛-束縛遷移 33, 171
ジュール 6	星間物質 128	**た行**
縮退圧 201	星間分子 135	ダークエネルギー 329, 331
縮退エネルギー 74	星間分子線 133	ダークレーン 272
主系列 111	静止 254	太陽コロナ 90
主系列星 111, 145, 151	静止宇宙モデル 327	太陽時 14
主星 221	静止系 305	太陽質量 4
種族III 218	静水圧平衡 153	太陽定数 105
シュバルツシルト・ブラックホール 215	成層圏 62	太陽光度 7
シュバルツシルト解 214	星団 276	太陽物理学 85
シュバルツシルト半径 216	静電エネルギー 73	対流 162
順圧関係 24	静電ポテンシャル 73	対流圏 62
春分点 13		ダイン 6

索引

楕円銀河　288
多重惑星系　336
ダスト層　81
脱出速度　212
断熱的　64
地平座標　12
チャンドラセカール質量　205
中間圏　62
中性原子　33
中性原子状態　130
中性子星　151, 207
超エディントン光度　264
長円惑星　336
超音速　258, 262
超回転気流　45
超光速運動　300
超光速現象　300
超新星　151, 198
超新星残骸　199
超大質量ブラックホール　214, 294
超大質量星　310
超軟X線源　241
長半径　52
直接撮像法　338
対消滅　283
対消滅線　30
通常銀河　292
定常　120
定常流　254
天球　11
天球座標　12
電磁気的エネルギー　73
電子散乱　99, 172
電磁波　25
電子ボルト　6
電子‐陽電子対消滅線　283
天体　11, 24, 104
天体位置探査法　336
天体降着流　254
天体測光探査法　337
天体風　254
天体力学　43
天の赤道　13
電波　25

電波銀河　297
天文単位　2
電離　131
電離エネルギー　35, 117
電離気体　20
電離原子　33
電離状態　33, 131
電離水素ガス　131
電離平衡　117
等温（的）　63, 257
等級　9
動径　55
同時　152
等速直線運動　16
等方的　120
特異銀河　289
特異点　217
特殊語句　39
閉じた宇宙　328
度数法　7
ドップラー因子　306
ドップラー効果　35, 305
ドップラーブースト　306
ドップラー法　337
冨松・佐藤解　215
トムソン散乱　99, 172
トランジット法　337

な行

内部構造　151
ナノメートル　2
ナブラ　18
日本標準時　15
ニュートン　6
熱核融合反応　177
熱圏　62
熱制動放射　29
熱的圧力　269
熱的スペクトル　28
熱伝導　162
熱伝導率　162
熱平衡状態　30
年　5
年周視差　3

は行

パーカー解　261
パーセク　4
ハーバード分類　109
灰色　120
バイエル符号　41
ハイパーノヴァ　197, 198
白色矮星　112, 151, 201
はくちょう座X-1　225
白斑　87
パッシェン系列　34
ハッブル定数　324
ハッブルの法則　322
ハッブル分類　290
ハビタブルゾーン　339
林トラック　149
林の禁止領域　149
林フェイズ　149
パルサー　208
バルマー系列　34
反射能　70, 340
伴星　221
半直弦　53
反転遷移　133
半透明　94
反復新星　240
半分離型　228
万有引力　17
比角運動量　56
ビッグバン　327
ビッグバン宇宙　327
ビッグバン減速膨張解　330
非熱的スペクトル　29
比熱比　24
火の玉　326
秒　5
標準時　15
開いた宇宙　328
ビリアル定理　73, 314
ヒル半径　82
微惑星　81
ファンネル　253
ファンネルジェット　270
不規則銀河　289

輻射圧　269
輻射強度　69, 120
輻射定数　163
輻射輸送　119
輻射流束　70, 104
不透明　94
不透明度　93, 121, 168
ブラージュ　87
プラズマ　20
ブラックホール　151, 212, 213
ブラックホール連星　244
プラマー・モデル　278
プランク時間　11
プランク長さ　11
プランク分布　30
フレア　89
ブレーザー　296
ブレーンワールド　333
プレリオン　200
プロミネンス　88
分　5
分光連星　221
分子雲　130
分子雲コア　142
分子状態　130
分子スペクトル　29
分子スペクトル線　133
分離型　228
分裂　139
平均強度　122
平均自由行程　93
平均分子量　24
平坦な宇宙　328
ヘリウムコア　190
ヘルツシュプルング・ラッセル図　110
ベルヌーイ定数　256
ベルヌーイの式　256
変光星　126
偏心惑星　336
ホイル-リットルトン降着　271
方位角　13
棒渦状銀河　289
放射　162
放射平衡温度　340

放射率　6
膨張宇宙モデル　328
ポーラーズ　241
ポグソンの式　107
星の形成／星形成　128, 142
星の構造　151
星の終末　188
星の進化　188
保存力　17
ホットジュピター　336
ホットスポット　235
ポテンシャル　17
ポリトロピック関係　24, 154
ボルツマンの式　116
ポワソン方程式　19
ボンディ降着　261, 263
ボンディ降着半径　263

ま行

マイクロクェーサー　245
マイクロ秒角　8
マクスウェル・ボルツマン分布　30
マグネター　209
マッハ数　259
マルチプラネット　336
見かけの等級　105
密度波理論　287
脈動変光星　127, 151
ミリ秒角　8
ミルン-エディントン・モデル　96
無矛盾　152
メートル　1
面積速度　53
面密度　80

や行

有効温度　91, 238
有効ポテンシャル　249
ユリウス年　16
陽子陽子連鎖反応／pp連鎖反応　177

ら行

ライスナー-ノルドシュトルム

解　214
ライマン系列　34
ラグランジュ点　231
ラジアン　8
ラプラシアン　19
ラムダ項　329
力学的エネルギー保存の法則　57
力学的質量　313
力学的平衡状態　314
力学平衡　152
離心率　53
理想気体の状態方程式　23
律速段階　179
立体角　9
粒状斑　87
流体　20
流体近似　62
流体要素　21
流体力学　19
リュードベリ定数　34
リュードベリの公式　33
臨界質量降着率　267
励起エネルギー　116
励起状態　33
レイリー散乱　84
レンズ方程式　318
連星／連星系　220
連星間距離　220
連続スペクトル　26
連続の式　154, 257
ローレンツ因子　306
ロスランド平均不透明度　176
ロッシュ・ポテンシャル　230

わ行

矮小銀河　289
矮新星　241
矮惑星／矮小惑星　44
ワイル解　215
若い恒星状天体　142
惑星科学　43
ワット　6

著者紹介

福江 純(ふくえ じゅん)

1956年山口県宇部市生まれ．1978年京都大学理学部卒業．1983年同大学大学院（宇宙物理学専攻）修了．京都大学理学博士．大阪教育大学助手，助教授，教授を経て，2021年に定年退職し，大阪教育大学名誉教授．専門は理論宇宙物理学，とくにブラックホール降着円盤やブラックホールジェットなど．天文教育にも関心が深い．主な著書に，『完全独習 現代の宇宙論』，『100歳になった相対性理論』（いずれも講談社），『そこが知りたい☆天文学』，共著『宇宙流体力学の基礎』（いずれも日本評論社），共編『超・宇宙を解く 現代天文学演習』（恒星社厚生閣），『輝くブラックホール降着円盤』（プレアデス出版），『最新天文小辞典』（東京書籍），『カラー図解 宇宙のしくみ』（日本実業出版社），『カラー図解でわかるブラックホール宇宙』（ソフトバンククリエイティブ）などがある．

NDC440　367p　21cm

完全独習現代の宇宙物理学(かんぜんどくしゅうげんだい うちゅうぶつりがく)

2015年6月22日　第1刷発行
2022年6月21日　第3刷発行

著　者	福江　純(ふくえ じゅん)
発行者	髙橋明男
発行所	株式会社講談社

〒112-8001　東京都文京区音羽2-12-21
　　販売　(03) 5395-4415
　　業務　(03) 5395-3615

KODANSHA

編　集	株式会社講談社サイエンティフィク
代表	堀越俊一

〒162-0825　東京都新宿区神楽坂2-14　ノービィビル
　　編集　(03) 3235-3701

印刷・製本　株式会社ＫＰＳプロダクツ

落丁本・乱丁本は購入書店名を明記の上，講談社業務宛にお送りください．送料小社負担でお取り替えいたします．なお，この本の内容についてのお問い合わせは講談社サイエンティフィク宛にお願いいたします．定価はカバーに表示してあります．
© Jun Fukue, 2015

本書のコピー，スキャン，デジタル化等の無断複製は著作権法上での例外を除き禁じられています．本書を代行業者等の第三者に依頼してスキャンやデジタル化することはたとえ個人や家庭内の利用でも著作権法違反です．

JCOPY　〈(社)出版者著作権管理機構 委託出版物〉
複写される場合は，その都度事前に(社)出版者著作権管理機構（電話 03-5244-5088, FAX 03-5244-5089, e-mail: info@jcopy.or.jp）の許諾を得てください．

Printed in Japan
ISBN 978-4-06-153291-5